AI와 40인의 괴짜들

AI와
40인의 괴짜들

• • 튜링에서 GPT까지, 인공지능 70년의 대서사 • •

• • 김용태 지음

"기계가 생각이란 걸 할 수 있을까?"

AI가 무엇이고, 어떻게 지금의 모습으로 진화해 왔는지 이해하는 것이 AI 리터러시의 핵심!

★ ★ ★
괴팍한 두뇌들이
연출하는 흥미진진한
드라마

★ ★ ★
AI를 만든 사람들의
생각을 따라가며 세상을
새롭게 보게 하는 책

★ ★ ★
쉽고 재미있게
읽히는 최고의
AI 입문서

좋은땅

머리말

청년 창업가들의 도전 스토리를 그린 드라마 〈스타트업〉2020년 작에 신박한 대화 장면이 나옵니다. AI 개발자인 남도산에게 여친 서달미가 묻습니다.

"너는 어떤 일을 해?"

"음 인공신경망 만드는 일을 해."

"인공신경망?"

잘 이해하지 못하는 달미에게 컴퓨터를 타잔에 비유하면서 이렇게 설명하죠.

"타잔은 무인도에서 자라서 여자를 한 번도 본 적이 없어. 그런데 어느 날 갑자기 제인이 온 거야. 그래서 돌멩이를 주니까 싫어해. 근데 꽃을 주니까 좋아해. 또 뱀을 잡아다 주니까 싫어해. 근데 예쁜 토끼를 주니까 좋아해. 소리치면 싫어하고 웃어 주면 좋아하고. 그렇게 경험을 많이 하면서 제인의 마음을 얻어 가는 걸 배워."

여기서 돌멩이, 꽃, 뱀, 토끼 등이 파라미터가중치에 해당합니다. 무엇을 주면 제인이 좋아할까, 이것저것 비교 조정해 가면서 제인의 마음을 얻는 최적의 솔루션을 구하는 거지요. 컴퓨터에 많은 데이터를 주고 인공신경망을 학습시켜서 예측하게 하는 것이 기계학습이라는 걸 타잔의 비유로 쉽게 이해시켜 줍니다.

그런데 인간인 타잔은 '뇌'가 있어서 시행착오를 거치면서 '제인의 마음을 얻는 법'을 학습할 수 있지만, 무생물인 기계는 어떻게 이런 일을 할 수 있을까요?

"기계가 생각이란 걸 할 수 있을까?"

이것이 AI의 출발점입니다. 이런 기발한 발상을 누가 시작했을까요? 그런데 이제는 생각을 넘어 기계와 말을 하는 시대가 되었습니다. 살아 있는 동물과의 대화도 불가능한데, 생명이 없는 사물에게 말을 걸고 대답을 듣다니요. 놀랍지 않나요?

어떻게 이게 가능했을까를 단계별로 짚어 보겠습니다. 일단 고철 덩어리를 살아 있는 상태로 만드는 작업부터 시작해야겠지요. 고철을 깨우려면 생명이 됐든 영혼이 됐든 무언가를 불어넣어야 하니까요. 그런데, 무엇을 어떻게 불어넣는다는 말인가요?

인류는 19세기 그 단초를 찾아냅니다. 전자기학이 발전하면서 전기라는 것을 발견했거든요. 전기를 흘려주면 죽어 있는 사물도 깨어날 수 있다는 사실을 깨닫게 됩니다. 예를 들어, 전구는 사물인데, 전기를 흘려주면 빛을 내지요.

그리고 전기는 전자(electron)라는 입자의 흐름이라는 사실도 알게 됩니다. 그렇다면 전자의 흐름을 조정하면 기계한테 신호를 보낼 수 있지 않을까요? 모스 부호처럼 전기를 흘렸다가 끊었다가 하면서 말이지요.

ON/OFF 스위치를 붙이면 됩니다.

이것이 컴퓨터의 원리입니다. 컴퓨터는 0과 1밖에 모른다고 하는데, 틀린 말입니다. 컴퓨터는 0, 1 그런 것 모릅니다. 그냥 전기가 흘렀다 끊겼다 하는 것으로 인간이 보내는 신호를 인식하고 소통하는 거지요. 클라우드 센터에 있는 서버들을 보면 작은 불빛들이 매우 빠른 속도로 깜빡거리면서 움직이는 걸 볼 수 있습니다.

컴퓨터는 계산기 용도로 시작된 기계입니다. 컴퓨터(computer)는 원래 계산하는 사람이라는 의미의 직업명이었습니다. 1960년대까지만 해도 인간 컴퓨터가 있었습니다. 계산 기계가 인간을 대체할 수준이 되면서 그 명칭을 갖다 붙인 거죠.

메모리로 진공관 대신 트랜지스터 반도체를 쓰게 되고, 또 집적회로(IC) 기술이 발달하면서 컴퓨터를 계산용으로만 쓸 게 아니라 다른 일도 시킬 수 있겠다는 생각을 하게 됩니다. 문서도 작성하고, 데이터 통계도 처리하고, 그림도 그릴 수 있지 않을까요? 워드 프로세서, 스프레드시트, 웹 브라우저 등의 응용(application) 프로그램들이 나오지요. 응용 프로그램은 특정 작업을 주어진 그대로 틀림없이 수행하게 만드는 명령어의 묶음입니다.

그런데, 한편에서는 엉뚱한 상상을 하는 사람들이 있었습니다. 컴퓨터에게 시키는 일만 하게 하지 말고 스스로 판단하게 할 수는 없을까 하는 생각인 거죠. 그러려면 두 가지가 추가로 필요한데 '지능'과 '학습'입니다. 즉, 기계에게 지능을 만들어 주고, 학습을 시키는 겁니다. 인간은 두뇌가 있어서 그게 가능한데, 기계는 어렵습니다. 기계를 깨우고 전기신호를 보내서 계산이나 주어진 프로그램은 수행하게 하겠는데, 인간처럼 생각을 해서 스스로 판단할 수 있으려면 다른 무언가가 있어야겠죠.

그것이 인공지능 연구의 시작이었습니다. AI는 단순히 명령만 수행하는 게 아니라, 스스로 의미를 추론하고 상황을 판단하는 응용 프로그램입니다. 그리고 기계와 말을 할 수 있게 된 건, 결국 AI라는 응용 프로그램이 진화한 결과인 셈이고요.

이 책은 "누가 생명 없는 기계에게 지능을 만들어 주겠다는 괴팍스러운 발상을 했을까?" 하는 호기심에서 시작되었습니다. 그래서 70년의 AI 역사를 따라가 보기로 했습니다.

출발은 1950년대부터입니다. 앨런 튜링이 이미테이션 게임을 제안하고, 1956년 다트머스 회의에서 'Artificial Intelligence' 용어가 쓰이기 시작한 시점이지요. 이후 두 번의 붐과 두 번의 겨울을 건딘 후 딥러닝, 트랜스포머, 그리고 GPT와 같은 대형언어모델로 이어지는 드라마틱한 서사입니다.

이 여정에서 많은 사람을 만나게 되실 겁니다. "어떻게 이런 생각을 다 했을까?" 감탄을 자아내게 하는 괴짜 같은 천재들이지요. 엉뚱한 발상을 하며 괴팍스러운 질문을 던지고 해결책을 찾는 과정을 통해서 자연스럽게 AI의 원리와 실체를 느낄 수 있으실 거고요.

이 책은 일반 대중들을 대상으로 AI 리터러시를 높이기 위한 목적으로 썼습니다. 사실 챗GPT와 같은 생성형 AI를 사용하는 방법 자체는 어렵지 않습니다. UI User Interface는 단순합니다. 프롬프트 창에 글만 입력하면 되니까요. 그런데, 왜 주저하고 활용을 어려워할까요?

첫째, 낯설기 때문입니다. 우리가 모르는 사람과 만났다고 가정해 볼까요? 서먹서먹한 상황에서 무슨 말을 해야 할지, 이런 말을 해도 될지 등 입이 쉽게 열리지 않을 겁니다. 얼굴을 맞대고 말하는 것도 어려운데, GPT는 얼굴이 보이지 않습니다. 얘가 도대체 어디 있는 건지, 어떻게 생겼는지 깜깜한 상태에서 대화를 이어 가려니 힘든 거지요.

AI는 소프트웨어입니다. 몸은 컴퓨터고요. 우리가 프롬프트를 날리면, 클라우드 센터에 있는 서버로 전송되고, 컴퓨터가 불빛을 반짝반짝해 가며 열심히 연산과 추론을 해서 답변을 다시 내 PC로 보내 줍니다. 내 질문을 알아듣고 꽤 괜찮은 말을 해 주는 걸 보면 정신이라 해야 할지 영혼이라 해야 할지, 그런 뭔가가 있는 거지요. 소프트웨어요.

둘째는 "AI로 뭘 하지?" 즉, AI를 활용해서 내가 할 일을 정의하지 못했기 때문입니다. GPT가 답변해 주고, 그림 그려 주고, 데이터 분석해 주는 걸 보면 신기하긴 한데, "그래서?"

알파고나 챗GPT가 처음 선보였을 때는 온 세상이 난리가 났다가 수그러진 것도 이런 이유 때문입니다. AI의 정체와 원리를 알면 답답함이 해소될 수 있습니다. 이 책을 쓴 이유가 여기에 있습니다.

괴짜 천재들이 70년간 만들어 온 AI를 이해한다는 건 어려운 일입니다. 전공자나 개발자라도 전반적인 AI의 구조나 흐름을 모르는 이유도 여기에 있고요. 나무 프레임에 갇히지 않고 숲을 보는 시야를 갖게 되면 AI 생태계의 전체적인 조감도를 이해하고 색다른 발상을 얻는 데에 도움이 될 것입니다.

처음에는 문송이나 일반인들이 AI를 쓰면서 알아야 할 수준으로 설명해 보는 걸 목표로 삼았습니다. 어떻게 해야 쉬우면서도 통찰력을 주는 글을 쓸 수 있을까 고민하다가 두 권의 책이 떠올랐습니다. 하나는 찰스 펫졸드의 《코드(CODE)》이고, 또 하나는 크리스 밀러의 《칩워(Chip War)》입니다.

《코드》는 컴퓨터 분야에서는 유명한 책이지요. 컴퓨터의 구조와 작동원리를 이야기체로 쉽게 풀어 쓰면서도 깊이 있게 설명한 베스트셀러입니다. 또 '누가 반도체 전쟁의 최후 승자가 될 것인가'라는 부제의 《칩워》는 냉전 시대부터 현재까지 반도체를 둘러싼 역사를 기술한 책인데, 탐정소설 읽듯이 빨려 들어갔습니다. 두 책 모두 두 번씩 정독해야 했어요.

저자의 내공과 통찰력이 부러웠고, 나도 저렇게 책을 쓰고 싶다는 생각은 있었지만 엄두가 나질 않았습니다. 그런데, 방법이 생겼지요. AI의 도움을 받으면 됩니다. 기계가 손발의 확장이듯이, AI는 두뇌의 확장이니까요. 자료 수집, 글쓰기, 도표와 그림 만들기 등을 혼자 했으면 이 책을 완성하지 못했을 겁니다. 옆에서 브레인스토밍하면서 원고를 리뷰해서 코멘트도 해 주고, 부족한 부분은 채워 준 AI는 든든한 조력자입니다.

본격적으로 AI 시대에 들어섰습니다. AI 시대를 살아가려면 반드시 AI를 알아야 합니다. AI 리터러시가 낮으면 "여기가 어딘가?" 길을 잃은 것 같고, 세상을 이해할 수 없으면 답답함을 느끼게 될 테니까요. 반면 인류 역사상 최고의 장난감인 AI를 조금만 이해한다면 훨씬 신나고 재밌고 역동적인 삶을 살아갈 수 있습니다.

AI 리터러시가 높아지면 활용도도 달라집니다. AI를 업무를 자동화하고 시간과 비용을 절약하는 데에 사용할 수 있지만, 그 정도로만 쓰기엔 아까운 물건입니다. 문제를 정의하고, 분석해서 솔루션을 찾아내는 데까지 가야지요.

예를 들어, AI에게 "이번 주 세일 홍보 카피 써 줘"라고 하면 생성해 주겠지요. 마케팅 분야에서 홍보 키트를 제작하거나 소셜미디어 게시물 자동 생성 등에 활용하는 건 업무 효율성을 높이는 일이지요. 그런데 여기서 한 걸음 더 나가 창의성을 발휘하는 데까지 확장해야 합니다. 시장과 소비자에 대한 통찰력을 얻고, 회사가 처한 어려움을 타개하는 해결책을 찾는 조력자로 활용할 수 있습니다. 물론 사업 아이디어도 구할 수 있고요.

이것이 AI 트랜스포메이션(transformation)의 요체입니다. AI에 대한 역사적/원리적 이해가 뒷받침되지 않는 트랜스포메이션은 무늬만 AI지요.

AI 리터러시란 단지 사용법을 넘어, 어떤 질문을 던질 수 있느냐의 능력입니다. 그런데, 모르면 질문할 수 없는 법이지요. AI를 알면 안 보이던 게 보이고, 재미없던 게 재밌어집니다. 또 훨씬 잘 사용할 수 있게 되고요. 이것이 AI 리터러시를 높여야 하는 이유입니다. 또 좋은 AI 스타트업들이 나오고 우리나라가 AI 강국이 되기 위해서는 사회 전반적으로 AI 리터러시가 밑받침되어야 합니다. 민도는 국가 수준의 척도니까요.

AI 70년의 역사를 따라가면서 많은 사람을 만나 볼 겁니다. 그러나 이들이 AI 연구에 어떤 기여를 했는지와 같은 위인적 서사가 이 책의 주 관심사는 아닙니다. 그들이 어떤 고민을 했고, 그 문제를 해결하기 위해서 고군분투하고 때로는 인내하면서 기다리던 모습을 통해서 AI가 무엇이고, AI가 어떻게 지금의 모습으로 진화해 왔는지 이해하는 것이 핵심이지요. 더 본질적인 질문은 "인간의 지능이란 게 무엇일까" "나는 어떻게 존재하는가"가 아닐까요?

졸고가 많은 분께 AI와 친해지고 AI의 실체를 파악하는 촉매제가 되었으면 좋겠습니다. AI는 뿌연 안갯속에 있어 보이지 않는 무언가가 아니라, 분명한 실체를 가진 비서이고 컨설턴트이고 친구입니다. 또 인류와 함께 동고동락해야 할 삶의 파트너고요.

2025년 12월
김용태

목차

※ 많은 비유를 들어 AI의 원리를 가능한 한 쉽게 설명하려고 노력했지만, 간혹 이
해하기 어려운 부분도 있을 겁니다. 사실 AI는 수학, 통계, 확률 등을 토대로 하
고 있기 때문이지요. 그런 부분은 건너뛰고 스토리에 집중하셔도 좋겠습니다.
또 유튜브에 올려놓은 동영상 개요를 같이 보시면 내용을 이해하는 데 도움이
되실 겁니다. 각 장 말미의 QR코드를 스마트폰으로 스캔하면, 해당 챕터 내용
을 요약한 동영상을 보실 수 있습니다. 구글 노트북LM으로 제작된 이 동영상
들은 책으로 읽은 내용을 쉽고 재미있게 정리해 드립니다.

PART 1

꿈의 시작(1950-1970):
"첫 발걸음, 그리고 거대한 오해"

"기계가 생각할 수 있을까?"

1950년, 한 영국 수학자가 던진 이 단순한 질문은 신의 영역이라 여겼던 '지능 창조'에 대한 도전장이었다. 아무도 상상하지 못했다. 이 질문이 70년간 이어질 장대한 모험의 서막이 될 줄은.

6년 후, 뉴햄프셔의 작은 대학에서 열린 여름 회의. 10여 명의 젊은 천재들이 모여 인간의 '생각'을 기계에 불어넣겠다는 원대한 꿈을 꾸기 시작했다. 그리고, 그들은 두 갈래 길로 나뉘었다. 논리와 규칙으로 지능을 만들려는 기호주의의 길. 다른 하나는 뇌를 모방하여 학습하는 기계를 만들려는 연결주의의 길.

과연 이 기발한 괴짜들은 무생물에 '지능'이라는 생명을 불어넣는 데 성공할 수 있을까? 그리고 그 첫걸음인 '퍼셉트론'은 어떤 희망과 절망을 동시에 안겨 주었을까? 21세기 챗GPT까지 이어지는 대서사가 지금부터 시작된다.

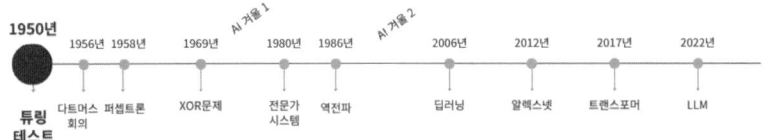

제1장

생각하는 기계의 꿈, 그 시작 이야기

"기계가 생각할 수 있을까?"

앨런 튜링의 이 질문이 많은 괴짜들을 깨웠다. 지능이란 무엇일까? 기계에 생각을 심어 줄 수 있을까? 그의 도발적인 물음은 70년간 이어질 드라마 같은 모험의 신호탄이 되었다. 누가 짐작할 수 있었을까? 이 질문이 2025년 챗 GPT까지 이어질 줄을.

- 지능 테스트

인공지능 연구는 "기계도 인간처럼 지능을 갖게 할 수 없을까?" 궁금증에서 출발했습니다. 우리가 일상에서 지능이란 용어를 많이 쓰지요. 그런데, 지능(intelligence)이란 구체적으로 무엇일까요? 사전에는 이렇게 정의하고 있습니다.

☞ "새로운 사물 현상에 부딪쳐 그 의미를 이해하고 처리 방법을 알아내는 지적 활동의 능력"

어떤 낯선 사물이나 새로운 현상에 부딪혔을 때 우리는 어떻게 하나요? 일단 의미와 상황을 파악하려 합니다. 그리고는 거기에 내가 어떻게 대처해야 할지, 문제 해결책 즉, 처리 방법을 생각해 냅니다. 그것을 지능이라고 할 수가 있죠.

잠시 눈을 감고 상상해 볼까요? 당신은 처음 가 보는 도시의 한복판에 서 있습니다. 스마트폰은 배터리가 나갔고, 지갑에는 현금이 조금 있습니다. 호텔로 돌아가야 하는데, 호텔 이름만 겨우 기억납니다. 어떻게 하시겠습니까?

아마 이런 생각들이 머릿속을 스쳐 지나갈 겁니다. '일단 큰길로 나가서 택시를 잡을까? 아니면 주변 사람에게 물어볼까? 근처에 관광 안내소가 있을지도 몰라. 아, 저기 경찰이 보인다!' 이것이 바로 '문제 해결(problem solving)'입니다. 현재 상황을 파악하고, 가능한 선택지를 떠올리고, 최선의 방법을 선택하는 지적 능력, 이것이 사전에서 정의하고 있는 지능의 개념입니다.

자, 지능이란 무엇인가를 이해하기 위해서 IQ 테스트 문제를 하나 드려보겠습니다. 다음 수열 문제 빈칸에 어떤 숫자가 들어가야 할지 풀어 보시겠어요?

수열 문제: 다음 빈칸에 들어갈 숫자는 무엇일까요?

2, 6, 12, 20, 30, ( ), 56

우리는 이렇게 생각합니다. 이 숫자가 바뀔 때마다 어떠한 규칙으로 움직일까? 2에서 6으로 바뀌었을 때 4가 더해졌네? 또는 3이 곱해졌네? 이렇게 생각할 수 있겠죠.

자, 그런데 패턴의 변화를 보니까 2에서 6으로 갔는데 4가 더해지고, 6에서 12로 갔더니 이번에는 6이 더해졌어요. 그다음에 12에서 20으로 갔을 때 8이 더해졌습니다. 또 20에서 30으로 갔을 때 10이 더해졌고요. 그러니까 한 번 움직일 때마다 계속 2씩 플러스 되면서 증가하는 패턴이죠. 그렇다면 30 다음에 나올 숫자는 12가 더해져서 42가 될 테고, 다음에는 14가 더해져서 56이 되겠군요. 빈칸에 들어갈 답을 찾았습니다. 42.

인간은 어떤 문제에 부딪쳤을 때 패턴의 변화를 파악하는 식으로 추론을 하죠. 이렇게 패턴을 인식하는 걸 지능이라고 할 수 있겠습니다. 그러면 이번에는 도형 문제를 한번 내볼게요. 다음과 같은 순서로 도형이 나열되어 있습니다. 네 번째 도형의 모양은 어떻게 변할까요?

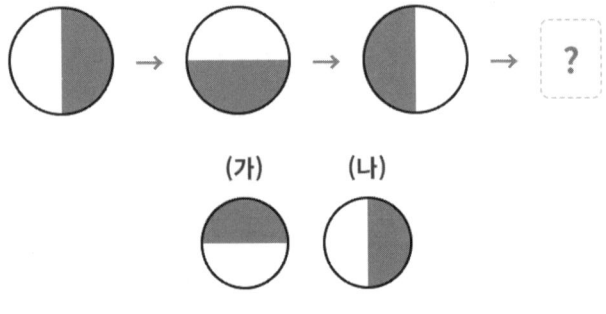

그림 1-1: 도형 문제

이것도 일정한 패턴이 있습니다. 반원이 오른쪽, 즉 시계방향으로 90도씩 회전합니다. 그렇다면 또 한 번 시계방향으로 움직이면 (가)가 답이 되겠네요. 이것이 인간이 패턴의 변화를 읽어서 추론하는 방법입니다.

그러면 AI도 이런 문제를 해결할 수 있을까요? 이 문제는요, 내가 만든 게 아니라 AI가 만들어 준 문제입니다. AI가 이미 인간처럼 지능을 갖게 되었다는 얘기지요.

- '생각하는 기계'의 꿈, 메커니컬 터크

기계에게 어떻게 이런 지능을 심어 줄 수 있을까요? 아니, 그 전에 무생명체인 기계가 지적 능력을 갖는다는 게 가능키나 한 걸까요?

그런데, 인간은 오래전부터 그런 꿈을 꿔 왔습니다. 18세기 오스트리아에 등장한 '메커니컬 터크(Mechanical Türk)'라 불리는 터키인 체스 기계가 온 유럽을 떠들썩하게 했답니다. 1770년, 볼프강 폰 켐펠렌이 만든 이 기계는 터키 복장을 하고 머리에 터번을 두른 인형이 인간처럼 체스판 앞에 앉아 나무 팔을 움직이며 체스를 두는 모습이었습니다. 놀라운 점은 이 기계가 스스로 체스를 두는 것처럼 보였고, 대부분의 사람들을 이길 정도로 실력이 뛰어났다는 것인데요, 호기심이 생긴 나폴레옹이 오스트리아에 방문해서 체스를 두었다는 일화도 있었다네요.

그림 1-2: 18세기 사람들의 '생각하는 기계'에
대한 환상을 보여 주는 메커니컬 터크

물론 이 기계가 진짜 지능을 갖고 있는 건 아니었습니다. 기계 안에는 체스 고수가 숨어 있었거든요. 하지만 84년간이나 비밀이 유지되었다는 것은 사람들이 얼마나 '생각하는 기계'에 대한 환상을 갖고 있었는지 보여 줍니다.

아무래도 생각하는 기계를 실현해 보려면 과학기술의 발전이 더 필요했겠지요. 1950년 10월, 철학 저널 〈마인드〉에 흥미로운 논문이 실렸습니다. "Computing Machinery and Intelligence(계산 기계와 지능)"라는 제목의 이 논문은 첫 문장부터 도발적이었습니다.

☞ "나는 '기계가 생각할 수 있는가(Can machines think)?'라는 질문을 제안하고자 한다."

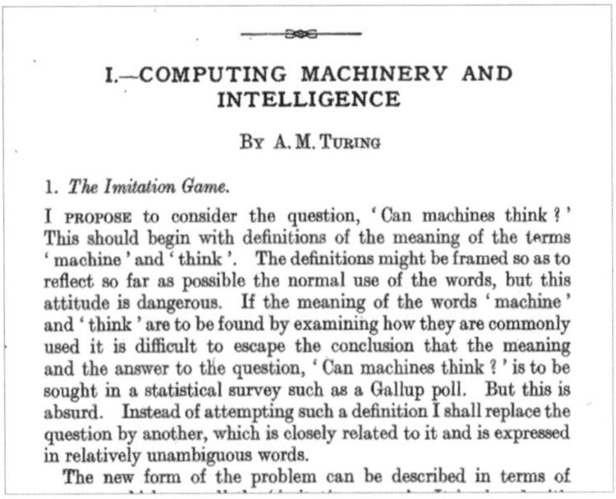

I.—COMPUTING MACHINERY AND INTELLIGENCE

BY A. M. TURING

1. *The Imitation Game.*

I PROPOSE to consider the question, 'Can machines think?' This should begin with definitions of the meaning of the terms 'machine' and 'think'. The definitions might be framed so as to reflect so far as possible the normal use of the words, but this attitude is dangerous. If the meaning of the words 'machine' and 'think' are to be found by examining how they are commonly used it is difficult to escape the conclusion that the meaning and the answer to the question, 'Can machines think?' is to be sought in a statistical survey such as a Gallup poll. But this is absurd. Instead of attempting such a definition I shall replace the question by another, which is closely related to it and is expressed in relatively unambiguous words.

The new form of the problem can be described in terms of

그림 1-3: 앨런 튜링의 1950년 논문, '계산 기계와 지능'

논문의 저자는 앨런 튜링(Allen Turing, 1912-1954). 영화 〈이미테이션 게임〉의 롤 모델이기도 하죠. 이 영화는 제2차 세계대전 당시의 상황을 배경으로 합니다. 연합군들이 독일군의 암호 애니그마를 풀지 못해서 번번이 폭격을 당하고 전쟁에서 승기를 잡을 수가 없었던 상황에서 독일군의 암호를 풀 수 있는 방법이 없을까? 이 프로젝트를 앨런 튜링이라고 하는 영국의 천재 수학자한테 의뢰합니다. 앨런 튜링이 애니그마 암호를 해독할 수 있는 기계를 만들고, 그 기계 덕분에 연합군이 독일군을 이길 수 있는 계기가 되었다, 이것이 〈이미테이션 게임〉 영화의 줄거리죠.

- 흉내 내기 게임, 튜링 테스트

이미테이션 게임(imitation game)은 앨런 튜링 논문의 첫 챕터 제목입니다. 그런데, "기계가 생각할 수 있을까?"라는 질문에는 함정이 있습니다. '생각'이 무엇인지 정의하지 않고서는 답할 수 없는 질문이니까요. 하지만 튜링은 천재답게 이 문제를 우회합니다. "생각한다"는 것이 무엇인지 정의하는 대신, 나는 다른 게임을 제안한다."

튜링이 제안한 게임은 이렇습니다. 세 개의 방이 있습니다. A 방에는 남자, B 방에는 여자, C 방에는 질문자가 있습니다. 질문자는 타자기로 질문을 보내고 답변을 받습니다. 목표는 누가 남자이고 누가 여자인지 맞히는 것이죠.

그런데 트위스트가 있습니다. 남자는 자신이 여자인 척하며 질문자를 속이려 합니다. 여자는 정직하게 대답하여 질문자를 돕습니다. 이제 튜링은 묻습니다. "만약 A 방의 남자를 기계로 바꾸면 어떻게 될까? 기계가 인간인 척 질문자를 속일 수 있을까?"

이것이 흉내 내기 게임, 바로 유명한 '튜링 테스트'입니다. 만약 기계가 인간과 구별되지 않을 정도로 대화할 수 있다면, 그 기계는 '생각한다'고 볼 수 있지 않을까요? 정말 기발한 발상입니다. '생각'이라는 모호한 개념을 정의하는 대신, 관찰 가능한 행동으로 판단하자는 것이죠.

인간을 흉내 내는 기계와 진짜 인간을 구분해 내는 게임, 이것이 튜링 테스트입니다. 예를 들어서 중간에 스크린을 가려 놓고 저쪽에 누군가와 내가 대화를 하는데, 상대방이 사람인지 AI인지 분간할 수 없다면 그런 AI는 완벽하게 튜링 테스트를 통과한 AI라 할 수 있겠지요.

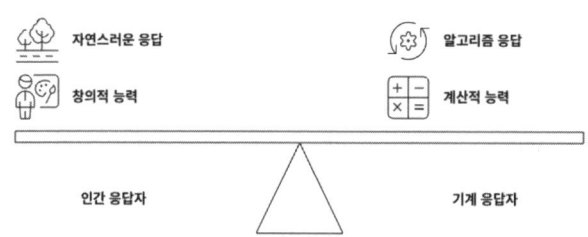

그림 1-4: 튜링 테스트: 기계가 인간을 흉내 낼 수 있을까?

TV 프로그램 중에 노래를 듣고, AI인지 진짜 가수 목소리인지를 분간하는 시합 프로그램을 보신 적이 있을 겁니다. 인간 가수가 노래를 하거나, 또는 이 가수의 목소리를 복제를 해서 AI가 부릅니다. 그런데 이게 진짜 가수가 부른 건지 아니면 AI가 부른 건지를 인간이 그걸 듣고 잘 구별해내기가 쉽지 않죠. 왜냐면 요즘 AI가 발전을 해서 튜링 테스트를 쉽게 통과할 수 있는 수준까지 오게 되었기 때문입니다.

- 나는 로봇이 아닙니다

혹시 캡차(CAPTCHA)라고 기억하시나요? 2000년대 초반, 인터넷을 사용하던 사람이라면 누구나 한 번쯤 경험했을 겁니다. 웹사이트에 가입하려고 하면 갑자기 나타나는 이상한 글자들. 비틀리고 흐릿하고 때로는 줄이 그어진 문자들을 보고 "이게 P일까, R일까?" 하며 눈을 찡그렸던 기억이 있었지요.

CAPTCHA Completely Automated Public Turing test to tell Computers and Humans Apart는 번역하자면, 컴퓨터와 인간을 구분하기 위한, 완전 자동화된 공개 튜링 테스트입니다. 스팸 소프트웨어의 자동 계정 등록을 막기 위해 계정을 등록할 때 거치는 테스트인데, 아이러니하게도, 이는 앨런 튜링이 제안한 튜링 테스트를 거꾸로 뒤집은 것이었습니다. 튜링 테스트가 "기계가 인간처럼 생각할 수 있는가?"를 묻는다면, CAPTCHA는 "당신이 정말 인간인가?"를 묻는 것이었지요.

처음 CAPTCHA가 등장했을 때, 그것은 꽤 효과적이었습니다. 인간에게는 쉽지만 컴퓨터에게는 어려운 일, 바로 시각적 패턴 인식이었지요. 인간은 글자가 조금 기울어져 있거나 노이즈가 섞여 있어도 별 어려움 없

그림 1-5: 컴퓨터와 인간을 구별하는 '캡차(CAPTCHA)' 예시

이 읽을 수 있지만, 당시 컴퓨터는 그렇지 못했으니까요. 픽셀에 담긴 숫자들을 읽어서 형상을 추론하는 건 쉬운 일이 아니니까요.

하지만 세월이 흐르면서 상황이 바뀌기 시작합니다. 2010년대 들어 딥러닝이 급발전했습니다. 컴퓨터의 이미지 인식 능력이 급격히 향상되면서 합성곱 신경망(CNN)은 인간보다도 더 정확하게 이미지를 분류할 수 있게 되었고, CAPTCHA의 비틀린 글자들도 더 이상 큰 장벽이 아니었습니다.

이런 변화를 감지한 구글은 2014년 "reCAPTCHA"를 선보이면서, 단순히 체크박스 하나만 클릭하면 되는 "I'm not a robot" 방식을 도입했습니다. 어떻게 이게 가능할까? 구글은 사용자의 마우스 움직임, 클릭 패턴, 브라우저 정보 등을 종합적으로 분석해서 봇과 인간을 구분합니다. 인간의 마우스 움직임은 미묘한 떨림과 불규칙성을 가지고 있지만, 봇의 움직임은 너무 완벽하거나 반복적이지요.

오늘날 전통적인 CAPTCHA를 보기는 어렵습니다. 그 자리를 대신한 것은 더 정교한 행동 분석이나, 때로는 "신호등이 있는 사진을 모두 선택하세요" 같은 새로운 형태의 테스트지요. 하지만 이마저도 AI가 발전하면서 점점 의미를 잃어 가는 형국입니다.

결국 CAPTCHA의 역사는 AI 발전의 척도이기도 했습니다. 한때 컴퓨터가 할 수 없었던 일들글자 인식, 이미지 분류, 패턴 인식이 이제는 너무나 쉬운 일이 되어 버렸고, 인간만이 할 수 있다고 여겨졌던 영역의 경계선이 계속해서 뒤로 밀려나고 있습니다. CAPTCHA의 진화는 결국 인간과 기계 지능의 격차를 보여 주는 거울입니다.

- 인간 지능 vs 기계 지능

인간의 지능은 30만 년에 걸친 오랜 진화의 산물입니다. 우리 뇌는 '생존'이라는 절대적 목표를 위해 최적화되었습니다. 위험을 감지하고, 먹을 것을 찾고, 동료와 협력하고, 다음 세대를 키우는 것. 모든 지적 능력이 이 목표를 중심으로 발달했습니다.

생존을 위해 필요한 지적 능력은 분류와 예측입니다. 숲과 들판을 뛰어다니던 우리의 조상들은 희미한 그림자만 봐도 뱀인지 나뭇가지인지 순간적으로 판단해야 했습니다. 또 사자가 덤불 속에서 튀어나올 때, 사자의 속도와 방향을 순간적으로 계산해 도망칠 방향을 정해야 했겠지요. 0.1초의 차이가 생사를 가를 테니까요.

사람의 표정을 읽고 감정을 파악하는 능력도 마찬가지입니다. 집단생활에서 누가 적이고 누가 아군인지 아는 건 생사가 걸린 문제였습니다. 특히 언어는 인간만의 압축 알고리즘입니다. 예를 들어 "사과"라는 단어는 실제 사과의 맛, 모양, 냄새, 색깔을 전부 담고 있진 않지만, 우리는 그 단어 하나만으로 머릿속에 과일 하나를 떠올릴 수 있습니다.

이건 대단한 일 아닌가요? 단어 몇 개로 생각을 압축하고 추상화해 전달할 수 있다는 것은, 곧 '정보의 효율적 표현'을 가능하게 만듭니다. 인간은 이렇게 복잡한 개념을 단순한 기호로 표현하고, 그걸 다시 해석할 수 있는 존재입니다.

반면 기계 지능은 목적이 다릅니다. 아니, 정확히 말하면 목적이 없습니다. AI는 생존 본능도, 욕구도, 감정도 없습니다. 단지 인간이 정해 준 과제를 수행할 뿐입니다. 고양이 사진을 구분하라고 하면 구분하고, 텍스트를 번역하라고 하면 번역합니다.

기계어밖에 처리하지 못하는 AI는 어떻게 인간을 흉내 낼까요? 통계적 확률(Stochastic Probability) 게임을 통해서입니다. 컴퓨터의 CPU가 하는 일은 매우 단순한 연산입니다. 기본적으로는 산술연산, 논리연산, 시프트 연산 등의 단순한 연산들로 구성되어 있습니다. 그것도 0과 1 이진법으로 계산하지요. 그런데, 이걸로 확률을 계산해서 이 사진이 고양이인지 개인지 분류합니다. 고양이일 확률이 높으면 '고양이', 개일 확률이 높으면 '개'라고 출력하는 거지요.

챗GPT와 같은 글을 생성하는 AI도 마찬가지입니다. 인간이 프롬프트를 입력하면 다음에 올 단어 중 가장 확률이 높은, 즉 그럴듯한 단어들을 죽 뱉어내면서 문장을 완성합니다. AI가 학습한 지식이 내부에 백과사전처럼 저장되어 있다가 나오는 게 아니라 그때그때 문맥에 맞는 확률을 따져서 출력하는 거지요.

- AI의 실체

실제로 AI의 내부를 들여다보면 어떤 모습일까요? 놀랍게도 거기엔 우리가 상상하는 지식이나 기억이란 게 없습니다. 백과사전 대신 수많은 숫자들이 거미줄처럼 연결되어 있을 뿐이죠. 숫자란 가중치(weight)와 편향(bias)의 벡터 형태입니다.

갑자기 수학 용어가 나오니까 낯설게 느껴지시죠? 그러나 오디오 장비를 떠올려 보면 금방 이해됩니다. 음악을 들을 때 우리는 여러 가지 다이얼이나 슬라이더를 조절하잖아요? 볼륨, 베이스, 트레블, 밸런스 등등. 이런 설정을 미세하게 바꾸면서 내가 듣기 좋은 소리를 찾아갑니다. 이렇게 다이얼을 조정하는 게 가중치를 찾는 것이고, 내 취향이 편향입니다.

AI의 뇌는 거대한 음향 믹싱 콘솔과 비슷합니다. 수천, 수만 개의 다이얼(가중치)이 있고, 각각이 미세하게 조정되어 있습니다. 또 하나의 중요한 요소는 '기본 세팅값(편향)'인데, 이는 마치 내가 좋아하는 음향 프리셋을 저장해 둔 것과 비슷합니다.

'고양이'라는 이미지가 들어오면, 이 신호가 수많은 다이얼을 거치며 변형되고, 최종적으로 "고양이일 확률 95%"라는 결과가 나오는 것이죠. 이때 중요한 것은 AI 자신도 왜 그 다이얼이 그렇게 설정되어 있는지 모른다는 점입니다. 그저 수백만 장의 사진을 보며 '이렇게 조절하니 정답률이 올라가더라'는 경험이 쌓인 결과일 뿐입니다.

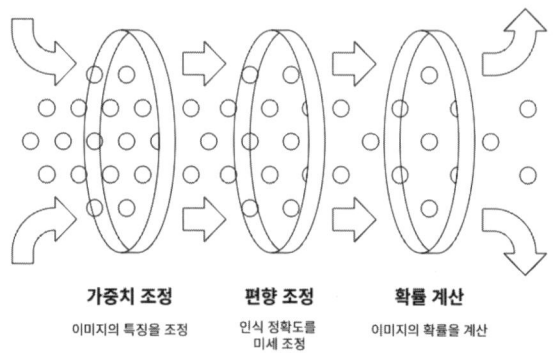

가중치 조정
이미지의 특징을 조정

편향 조정
인식 정확도를
미세 조정

확률 계산
이미지의 확률을 계산

그림 1-6: 인공지능(AI)이 이미지를 인식하는 원리

이렇듯 AI는 생각하는 것이 아니라 계산합니다. 왜 이 일을 해야 하는지 모르면서, 목표도 의미도 없이 묵묵히 주어진 일을 수행하는 순진한 기계라는 사실을 잊어서는 안 됩니다. 그렇다고 AI를 과소평가하거나 과대평가하는 것도 경계해야 합니다. 있는 그대로 봐야 AI를 잘 활용할 수 있습니다. 이 책을 쓴 이유도 인공지능의 실체를 파헤쳐 보기 위함이고요.

이것이 인간 지능과 인공지능의 근본적인 차이점입니다. 호모 사피엔스의 지능은 생존을 위한 진화의 산물이고, 인간의 뇌 속에는 30만 년간의 진화 과정에서 형성된 본능과 인지 능력들이 유전자를 통해 전해져 있습니다. 그래서 갓난아이는 말을 몰라도 엄마의 얼굴 표정, 말투, 손놀림에서 감정을 느끼지요. 뇌는 그 안에서 패턴을 찾고, 반복되는 상황을 기억하고, 예측합니다.

"엄마가 이 표정을 지으면 우유가 나왔다."

"저 소리가 나면 누군가 방에 들어온다."

이것이 바로 학습이지요. 인간은 세상을 패턴으로 이해합니다. 또 아이들은 개와 고양이를 빅데이터 없이도 쉽게 구분합니다. 진화 과정에서 생존에 유리한 패턴 인식 능력을 가진 개체들이 선택되면서, 우리는 태어날 때부터 특정 패턴들을 쉽게 학습할 수 있는 뇌 구조를 갖게 되었기 때문입니다. 반면 기계는 개와 고양이 사진이 수십만에서 수백만 장은 있어야 정확한 패턴 변화를 계산할 수 있는 거고요.

- 기계의 꿈, 인간의 질문

"기계가 생각할 수 있을까?"

앨런 튜링이 1950년에 던진 질문은 여전히 남아 있습니다. 70여 년이

지난 지금, 우리는 튜링이 상상했던 것보다 훨씬 정교한 기계들을 만들어 냈지요. 챗GPT가 튜링 테스트를 통과할 만큼 자연스럽게 대화하고, 알파고는 인간 최고수를 이겼으며, 이미지 인식 AI는 의사보다 정확하게 암을 진단합니다. 하지만 정작 그 핵심 질문에 대한 답은 더 복잡해졌습니다.

지금까지 살펴본 것처럼, 인간의 지능과 기계의 지능은 근본적으로 다른 방식으로 작동합니다. 인간은 30만 년의 진화가 만들어 낸 생존 도구로서 지능을 사용합니다. 우리의 뇌는 완전하지 않지만, 그 불완전함 속에서 창조성과 직관이 싹틉니다. 실수를 하고, 감정에 휘둘리고, 때로는 비논리적이지만, 바로 그렇기 때문에 예측 불가능한 통찰과 혁신을 만들어 낼 수 있는 것이지요.

반면 기계는 인간이 설계한 목표를 향해 묵묵히 계산을 반복합니다. 실수하지 않고, 감정에 흔들리지 않으며, 24시간 지치지 않고 일합니다. 하지만 왜 그 일을 해야 하는지, 그 일이 어떤 의미인지는 알지 못합니다. 기계에게는 고양이와 개를 구분하는 것도, 바둑을 두는 것도, 시를 쓰는 것도 모두 똑같은 최적화 문제일 뿐이지요.

	AI에 대한 오해	AI의 실체
지식 저장	백과사전처럼 저장	실시간 확률 계산
내부 구조	논리적 지식 체계	숫자들의 거미줄
의사 결정	논리적 추론	통계적 확률 게임
자기 인식	왜 그렇게 판단하는지 안다	자신도 이유를 모른다

그림 1-7: 'AI에 대한 오해' vs '실제 인공지능의 실체' 비교

그렇다면 기계는 정말 생각하는 것일까요?

답은 우리가 '생각'을 어떻게 정의하느냐에 달려 있을 것 같네요. 만약 생각이 정보를 처리하고 패턴을 찾아 결과를 도출하는 것이라면, 기계는 분명히 생각하고 있는 것처럼 보입니다. 하지만 생각이 의식, 감정, 의도를 포함하는 것이라면, 현재의 AI는 생각한다고 보기 어렵습니다.

중요한 것은 이 질문 자체가 우리에게 무엇을 의미하느냐입니다. 튜링의 질문을 단순히 과학기술에 대한 것으로 생각해선 안 됩니다. 지금 21세기는 인간이 특별한 존재인지, 우리의 지능이 무엇인지, 의식이란 무엇인지에 대한 근본적인 철학적 질문으로 승화시켜 재해석해야 할 때입니다.

AI 시대를 살아가는 우리에게 필요한 것은 기계를 두려워하거나 맹신하는 것이 아니라 기계가 무엇을 잘하고 무엇을 못하는지, 인간이 무엇을 잘하고 무엇이 부족한지를 정확히 아는 것입니다. 그래야만 기계와 경쟁하지 않고 협력할 수 있습니다.

생각하는 기계의 꿈을 꾸는 사람은 앨런 튜링만은 아니었습니다. 앨런 튜링이 세상을 떠난 지 2년 후인 1956년 여름, 미국 뉴햄프셔의 작은 대학 도시 다트머스에서 특별한 모임이 열렸습니다. 존 매카시라는 젊은 교수가 당대 최고의 두뇌들에게 편지를 보냈죠. "이번 여름, 기계가 언어를 사용하고, 추상적 개념을 형성하고, 인간만이 할 수 있다고 여겨지는 문제들을 해결할 수 있도록 만드는 방법을 찾아봅시다."

이 모임에서 'Artificial Intelligence'라는 용어가 처음 사용되지요. 다음 장에서 우리도 여기에 참석해 보려고 합니다.

- 에필로그: 앨런 튜링, 그 이후

앨런 튜링은 1950년에 역사적인 논문 〈Computing Machinery and Intelligence〉를 발표한 후에도 맨체스터 대학에서 연구를 계속했습니다. 기계가 스스로 학습할 수 있는 알고리즘에 관심을 보이며 간단한 체스 프로그램지금 기준으로는 매우 단순한 규칙 기반 알고리즘을 설계해서 실험하기도 했다고 합니다.

그러나 1952년 동성애자라는 이유로 '외설죄'로 기소되어 징역형 대신 호르몬 치료화학적 거세를 선택했고, 이 처벌로 인해 정부의 기밀 프로젝트나 연구 활동에서 배제되었고, 사회적으로도 고립되기 시작했습니다.

결국 1954년 6월 7일, 자택에서 청산가리에 의한 사망 상태로 발견됩니다. 침대 옆에는 독이 든 사과가 있었다는데, 스스로 목숨을 끊은 것으로 추정했습니다. 영국 정부는 오랜 시간이 흐른 후에야 그의 공로와 부당한 처우를 인정하게 됩니다. 2009년에는 고든 브라운 영국 총리가 공식 사과했고, 2013년엔 엘리자베스 2세 여왕이 튜링에게 사면을 내렸습니다. 그리고 2021년, 50파운드 지폐의 인물로 선정되었지요. 앨런 튜링은 AI의 철학적 기반을 세운 사상가이자, 편견과 법의 폭력에 의해 파괴된 천재로 기억되고 있습니다.

▶ **Coming Next**

1950년 튜링의 질문은 시작에 불과했다. 6년 후 뉴햄프셔의 작은 대학에서 10명의 천재들이 모여 AI의 운명을 가를 중대한 결정을 내린다. 이후 두 갈래 길로 나눠지는데, 그중 어느 것이 진짜 지능으로 이어질까?

 QR코드를 스캔하시면 〈제1장 내용 요약〉
팟캐스트 형식의 동영상을 보실 수 있습니다.

제2장

1956년 다트머스의 여름, 두 갈래 길

"여름이 끝나기 전에 인공지능을 만들겠다."

1956년, 뉴햄프셔의 작은 대학에서 열린 여름 워크숍. 참석자는 겨우 10여 명에 불과했지만, 야망은 거대했다. 그런데 꿈을 향한 길은 하나가 아니었다. 논리와 규칙을 신봉하는 기호주의, 그리고 연결과 학습을 추구하는 연결주의. 두 갈래 길은 어떤 운명을 맞이하게 될까? 이들이 만든 'Artificial Intelligence'라는 용어는 세계를 뒤흔들 운명이었다.

- 존 매카시의 비전

1948년 가을, 캘리포니아 공과대학의 한 심포지엄에서 존 매카시라는 대학생이 충격에 빠졌습니다. 과학자들이 인정한 천재 중의 천재라 불렸던 존 폰 노이만(1903-1957)현대 컴퓨터를 폰 노이만 구조라 불리게 한 인물의 대담한 선언을 들은 그날 밤 잠을 이룰 수 없었습니다.

캘리포니아 공과대학(Caltech)에서 수학을 전공하던 매카시는 이날 교내에서 개최된 인지 과학 심포지엄에서 폰 노이만의 오토마타 이론과 워렌 맥컬럭의 신경망 이론 발표를 듣고 '생각하는 기계'에 대한 관심이 생기게 됩니다. 이 심포지엄이 매카시에게 결정적인 영감을 준 순간이었던 모양입니다.

매카시가 대학을 다니던 당시 미국은 제2차 세계대전이 끝나고 컴퓨터와 뇌 과학에 관한 연구들이 활발하던 시기였습니다. 1946년 폰 노이만은 대담한 가설을 제시합니다. 인간의 뇌도 결국 정보를 처리하는 기계라면, 전자 기계 역시 뇌와 같은 일을 할 수 있지 않을까? 당시만 해도 뇌과학은 걸음마 수준이었지만, 수학자들의 눈에는 뉴런의 작동 방식이 논리 회로와 놀랍도록 비슷해 보였나 봅니다.

MIT의 노버트 위너는 한발 더 나아갔습니다. 1948년 출간된 그의 저서 《사이버네틱스(cybernetics)》는 당시 지식인 사회에 충격을 주었는데, 인공두뇌학이라 번역되는 사이버네틱스는 인간의 두뇌와 기계, 심지어 사회조직까지도 모두 같은 원리로 작동한다는 주장이었습니다.

이런 분위기 속에서 성장한 매카시는 지능은 매우 복잡하지만 계산 가능한 대상이고, 인간의 사고, 학습, 문제 해결 등을 논리와 수학으로 모델링할 수 있다고 생각합니다.

1955년 서른도 안 된 나이에 다트머스대 조교수로 임용된 존 매카시 (John McCarthy, 1927-2011)는 평소 연구하고 구상해 오던 '생각하는 기계'에 대한 개념과 아이디어를 정립하기 위해 전문가와 과학자들이 참여하는 워크숍을 구상합니다. 당시 수학, 심리학, 철학, 전산학은 따로 놀고 있었는데, 매카시는 이 분야들을 통합해 '지능'을 다룰 새로운 과학을 만들고자 했던 거지요.

기존의 연구 프레임워크로는 한계가 있다고 판단한 그는 사이버네틱스와는 차별화되는 새로운 연구 모임에 대한 명분이 필요했기에 클로드 섀넌 교수정보이론의 아버지의 도움을 받아 록펠러 재단에 재정 후원을 요청하게 됩니다. 그 제안서의 제목은 "AI에 관한 다트머스 여름 연구 프로젝트 Dartmouth Summer Research Project on Artificial Intelligence".

여기에 "인공지능(Artificial Intelligence)"이라는 용어가 처음 등장하지요. 매카시는 왜 '인공지능'이라고 명명했을까요?

☞ "처음엔 '복잡한 정보 처리'나 '기계 지능' 같은 이름도 고려했죠. 하지만 뭔가 임팩트가 부족했어요. '인공지능'이라고 하니 사람들의 상상력을 자극하더군요."

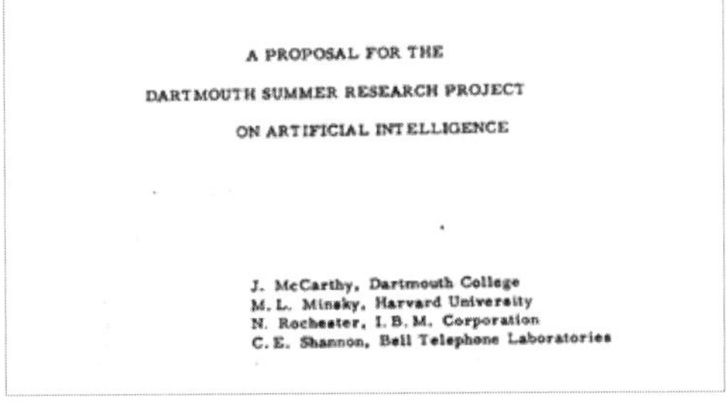

A PROPOSAL FOR THE
DARTMOUTH SUMMER RESEARCH PROJECT
ON ARTIFICIAL INTELLIGENCE

J. McCarthy, Dartmouth College
M. L. Minsky, Harvard University
N. Rochester, I. B. M. Corporation
C. E. Shannon, Bell Telephone Laboratories

그림 2-1: 1955년 존 매카시가 록펠러 재단에 제출한
"AI에 관한 다트머스 여름 연구 프로젝트 제안서"

- 다트머스에 모인 청년들

그리고 매카시 교수의 주도로 1956년 7월, 미국 뉴햄프셔 주 하노버의 조용한 대학 도시에 생각하는 기계를 꿈꾸는 사람들이 모입니다. 다트머스 대학의 수학과 회의실에서 역사적인 모임이 시작되지요. 당시 회의 제안서에는 이렇게 쓰여 있었습니다.

☞ "기계가 언어를 사용할 수 있고, 추상화하고, 개념을 형성하고, 문제를 스스로 해결할 수 있다는 가정을 바탕으로 연구를 진행할 것이다."

또 "우리는 2개월이면 충분할 거라고 생각한다"라며 당대 최고의 두뇌 10여 명을 모아 여름 동안 '생각하는 기계'를 만드는 방법을 찾겠다고 선언합니다. 이 문서의 공동 제안자에는 쟁쟁한 이름들도 함께 올라 있습니다.

▷ 마빈 민스키(Marvin Minsky, 1927-2016)

같은 기간에 프린스턴 수학과에서 박사 과정을 밟고 있었던 동년배 논리연산 이론가. 하버드 대학원생 시절, 진공관 3,000개로 최초의 신경망 기계 SNARC를 만든 청년. 쥐가 미로를 빠져나가는 과정을 모방한 이 기계는 실제로 '학습'할 수 있었습니다.

"인간의 뇌도 결국 뉴런의 집합이잖아요. 그걸 기계로 만들 수 없을 이유가 없죠."

▷ 클로드 섀넌(Claude Shannon, 1916-2001)

정보이론의 아버지. 이미 1950년에 체스 프로그램 논문을 발표한 전설적 인물. 매카시와는 1952년 벨 연구소에서 함께 연구한 인연이 있습니다.

"체스는 지능의 초파리입니다. 초파리로 유전학을 연구하듯, 체스로 지능을 연구할 수 있죠."

▷ 나다니엘 로체스터(Nathaniel Rochester, 1919-2001)

IBM 701의 수석 설계자. 1955년 로체스터가 매카시를 여름 동안 IBM
에서 패턴 인식, 정보이론, 신경망, 실험 심리학 등을 연구할 수 있게 초청
했습니다. 기업에서 온 유일한 참가자답게 실용적인 질문을 던졌습니다.
"이론도 좋지만, 실제로 뭘 만들 수 있을까요?"

이들 외에도 허버트 사이먼, 앨런 뉴웰논리 이론가를 개발하며 기호주의의 주역이 됨
등 당대 최고의 두뇌들이 모여 회의를 이어 갔습니다. 그들의 평균 나이
는 30대 초반. 젊음의 패기가 넘쳤죠.

- 미국은 어떻게 인공지능의 주도국이 될 수 있었을까?

두 달간 다트머스 회의에서 어떤 일이 벌어졌는지를 들여다보기 전에
잠깐 제2차 세계대전 이후 미국 사회의 분위기를 살펴보고 가겠습니다.
어떻게 인공지능 연구의 중심지가 미국이 될 수 있었을까에 대한 단서가
될 수 있기 때문이죠.

제2차 세계대전은 중심축을 유럽에서 미국으로 이동시켰습니다. 20세
기 초반까지만 하더라도 세계의 중심은 단연 영국과 프랑스 등 유럽이었
습니다. 그러나 두 차례의 세계대전을 거치면서 아인슈타인, 폰 노이만,
괴델 등 유럽 출신 과학자들과 연구가, 기업가들이 전쟁을 피해 미국으로
옮겨갔고, 또 미국은 전쟁 특수로 대공황의 늪을 벗어날 수 있었지요. 전
세계 금 보유량의 상당 부분이 미국으로 집중되면서 세계 금융의 축도 유

럼에서 미국으로 이동하는 결과를 낳게 됩니다.

1944년 종전을 향해 달려가던 당시 연합국 지도자들은 전쟁 이후의 경제 질서를 의논하기 위해 미국 뉴햄프셔주 브레튼우즈에 모이는데, 이 회의에서 미국 달러화를 중심으로 글로벌 금융시스템을 운용하기로 협정을 맺습니다.

미국은 금 1온스당 35달러의 금 태환을 보장하고, 다른 국가들의 통화는 달러를 통해 간접적으로 금과 연결되는 고정환율제도에 합의합니다. 사실상 달러가 기축통화가 된 셈이지요. 또 1930년대 금본위제 해체의 교훈을 되살려 IMF국제통화기금과 IBRD국제부흥개발기구도 창설합니다.

달러가 기축통화가 되는 대가로 미국은 자국 시장을 활짝 개방하고 세계 교역 통행로의 안전을 보장하는 막대한 비용을 떠안기로 했습니다. 또 마셜 플랜과 같은 전후 서방 국가들의 복구를 위한 원조 계획도 시행하고요. 소련 공산주의에 맞서기 위해 우방들에게 경제 지원을 한 것인데, 당시 한국도 수혜국이었습니다. 원조를 받았고, 대미 수출의 길도 열렸으니까요.

또 제2차 세계대전 이후 미국 중심의 자본주의 진영과 소련 중심의 공산주의 진영 간의 경쟁과 대립 관계가 극심해집니다. 이른바 냉전 체제지요. 이때부터 미국과 소련의 군비 경쟁이 시작됩니다. 미국은 과학기술을 지원하기 위해 1950년 NSF국가과학재단를 만들지요.

그뿐 아닙니다. 국방성의 연구와 개발 부문을 담당하는 ARPAAdvanced Research Projects Agency, 고등 연구 계획국이 신설된 게 1958년이었고, 1957년 10월 4일 소련의 세계 최초의 인공위성 스푸트니크 1호의 발사 성공에 충격을 받은 미국은 1958년 NASA미국 항공우주국를 발족합니다.

또 1950년대 미국 대학가는 베이비붐 세대의 대학 진학으로 그야말로 들끓는 분위기였습니다. 냉전의 긴장감 속에서 과학기술에 대한 투자가 급증했고, 젊은 수학자, 심리학자, 철학자, 공학자들이 한데 모여 토론했습니다. "인간은 정말 특별한 존재인가?", "지능이란 무엇인가?", "기계가 마음을 가질 수 있을까?"

이처럼 1950년대의 미국은 경제적으로 풍요로우면서도 냉전을 위한 과학기술에 지원을 아끼지 않았습니다. 컴퓨터와 인공지능이 미국에서 꽃 피울 수 있었던 배경에는 사회적 공감대의 형성과 경제적 지원의 뒷받침이 있었던 거지요.

- 두 갈래 길

자, 이제 다트머스 회의실로 들어가 볼까요? 흥미로운 일이 있었습니다. 앨런 뉴웰과 허버트 사이먼이 자신들이 만든 '논리 이론가Logic Theorist'를 시연했는데, '논리 이론가'는 화이트헤드와 러셀의 〈수학 원리Principia Mathematica〉에 나오는 정리 중 38개를 증명해 내면서 놀라움을 자아냈습니다. 자동화된 추론을 수행하도록 의도적으로 설계된 최초의 인공지능 프로그램으로 평가받습니다.

"보세요! 기계가 수학 정리를 증명했습니다. 이게 생각이 아니면 뭐겠습니까?"

하지만 수학자 마빈 민스키는 고개를 저었습니다.

"그건 그냥 기호 조작일 뿐이에요. 진짜 지능은 학습하는 겁니다. 경험에서 배우는 것이죠."

두 달간 이어진 다트머스 회의에서는 자동 컴퓨터Automatic Computers, 프로그래밍 언어, 추상화Abstraction, 자연어 처리Natural Language Processing, 신경망Neural Networks, 학습과 개선, 탐색과 최적화 등의 주제가 논의되었습니다.

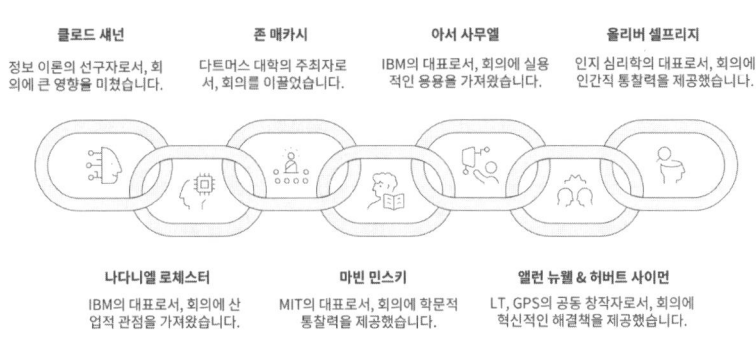

클로드 섀넌
정보 이론의 선구자로서, 회의에 큰 영향을 미쳤습니다.

존 매카시
다트머스 대학의 주최자로서, 회의를 이끌었습니다.

아서 사무엘
IBM의 대표로서, 회의에 실용적인 응용을 가져왔습니다.

올리버 셀프리지
인지 심리학의 대표로서, 회의에 인간적 통찰력을 제공했습니다.

나다니엘 로체스터
IBM의 대표로서, 회의에 산업적 관점을 가져왔습니다.

마빈 민스키
MIT의 대표로서, 회의에 학문적 통찰력을 제공했습니다.

앨런 뉴웰 & 허버트 사이먼
LT, GPS의 공동 창작자로서, 회의에 혁신적인 해결책을 제공했습니다.

그림 2-2: 1956년 다트머스 회의의 주요 참석자들

그러나 무엇보다도 가장 중요하고 핵심적인 성과는 AI 연구의 두 갈래 길이 모습을 드러냈다는 점입니다. 기호주의(Symbolism)와 연결주의(Connectionism). 물론 다트머스 회의에서 이 용어가 쓰인 건 아닙니다. 이 당시에는 이런 용어 자체가 없었고, 모든 AI 연구의 방향성을 기호주의와 연결주의로 정확히 정의할 수 있는 건 아니지요.

결론적으로, 1956년 다트머스 회의에 참석한 사람들의 의견이 명확히 '기호주의'와 '연결주의'로 나뉘었다고 보기에는 이르지만, 그 회의에서 논의된 생각들이 훗날 이 두 흐름의 씨앗이 되었고 지금까지 이어져 오고 있습니다. 그러면 기호주의와 연결주의는 어떤 차이가 있는 걸까요?

- 기호주의: 생각을 규칙으로

허버트 사이먼과 앨런 뉴웰이 주도한 기호주의 접근법은 매력적이었

습니다. 인간의 사고 과정을 논리적 규칙으로 표현할 수 있다면, 그 규칙을 기계에 입력하면 되니까요. 예를 들어 의사의 진단 과정을 생각해 볼까요? "체온이 38도가 넘고 기침을 하면, 감기 가능성이 높다. 감기 가능성이 높고 콧물이 나면 감기약을 처방한다." 이를 if-then 논리식으로 표현하면 다음과 같습니다.

> IF 체온 〉38도 AND 기침 = 있음, THEN 감기 가능성 = 높음
> IF 감기 가능성 = 높음 AND 콧물 = 있음, THEN 감기약 처방

이런 식으로 전문가의 지식을 규칙으로 만들면, 기계도 전문가처럼 판단할 수 있지 않을까요? 실제로 이 접근법은 초기에 큰 성공을 거뒀습니다. '논리 이론가Logic Theorist'에 이어 '일반 문제 해결기General Problem Solver'가 만들어졌고, 퍼즐 풀기부터 화학 구조 분석까지 다양한 문제를 해결했으니까요. 기호주의자들은 확신에 차 있었죠.

☞ "인간의 모든 지식을 규칙으로 만들면, 완벽한 AI가 완성될 것이다!"

이처럼 기호주의는 인간의 지능을 기호(Symbol)를 조작하는 정보 처리 과정으로 보는 관점입니다. AI를 만들기 위해서는 명시적 규칙과 구조화된 지식 표현 방식이 필요했던 거고요.

- 연결주의: 뇌를 모방하자

한편 마빈 민스키로 대표되는 연결주의자들은 다른 길을 택했습니다.

"규칙을 일일이 프로그래밍하는 것은 비효율적입니다. 아이가 개와 고양이를 구분하는 법을 배울 때 규칙을 외우나요? 아니죠. 많이 보고 자연

스럽게 배웁니다."

　연결주의자들은 뇌의 구조를 모방하려 했습니다. 1943년 워렌 맥컬럭과 월터 피츠가 제안한 인공 뉴런 모델을 기반으로, 여러 개의 인공 뉴런을 연결한 '신경망'을 만들었죠.

그림 2-3: 인공신경망의 기본 연결 구조

　각 연결의 '가중치'를 조절하면서 학습하는 방식입니다. 마치 시냅스의 연결 강도가 변하는 것처럼요. 예를 들어, 마빈 민스키가 대학원 시절에 만든 SNARCStochastic Neural Analog Reinforcement Calculator는 40개의 인공 뉴런으로 이뤄져 있었고, 실제로 미로 찾기를 학습할 수 있었습니다. 비록 진공관 3,000개로 만든 거대한 기계였지만, '학습하는 기계'의 가능성을 보여 준 것이죠.

　초기에는 연결주의 AI를 옹호하던 마빈 민스키는 훗날 퍼셉트론 신경망의 한계를 느끼고 기호주의 AI 연구의 대표자가 되긴 하지만, 인공신경망의 초석을 다진 인물입니다. 이와 같은 인공신경망이 지금의 딥러닝으로 이어지게 되는데, 이에 대해서는 뒷장에서 다시 자세히 살펴보겠습니다. 정리하자면,

◇ 기호주의(논리와 규칙)

- 인간의 사고를 논리 규칙으로 표현
- "만약 A라면 B다" 같은 명확한 규칙
- 설명 가능하고 이해하기 쉬움
- 체스, 수학 증명 같은 논리적 문제에 강함

◇ 연결주의(뇌를 모방)

- 뉴런의 연결을 흉내 내는 방식
- 데이터에서 패턴을 스스로 학습
- 작동 원리를 설명하기 어려움
- 이미지 인식, 패턴 인식에 강함

	기호주의	연결주의
지식 표현	명시적인 규칙과 기호	분산된 형태의 가중치
추론 방식	논리적 추론	패턴 인식
학습 능력	제한적	뛰어남
설명 가능성	높음	낮음
유연성	낮음	높음
데이터 요구량	낮음	높음
문제 해결 방식	기호 조작	신경망 학습
대표적인 예시	전문가 시스템, 논리 프로그래밍	심층 학습, 이미지 인식, 자연어 처리

그림 2-4: 인공지능 연구의 두 가지 흐름: '기호주의'와 '연결주의'의 차이

여러분이 다트머스 회의에 참석했다면 어느 쪽이 더 끌리시나요? 기호주의자들은 연결주의를 비판합니다.

"뉴런 흉내 내기? 그게 뭘 하는지도 모르면서 어떻게 신뢰할 수 있죠? 뇌는 블랙박스 아닙니까?"

연결주의자들도 이렇게 반박하겠지요.

"규칙으로 모든 걸 표현한다고? 아이가 엄마 얼굴을 알아보는 규칙이 뭔가요? 불가능한 일입니다."

- 인공지능 연구가 1차 부흥기를 맞다

다트머스 회의가 끝난 1950년대 중후반, 인공지능 업계에는 핑크빛 전망이 나돌면서 인공지능 연구가 1차 부흥기를 맞습니다. "10년 내에 기계가 체스 세계 챔피언을 이길 것이다", "20년 내에 기계가 모든 인간의 일을 대체할 것이다", "5년 내에 기계가 셰익스피어 수준의 시를 쓸 것이다", "15년 내에 기계가 완벽한 언어 번역을 할 것이다" 등등.

'논리 이론가'가 수학 정리를 증명하고, SNARC가 미로를 학습하는 것을 보면, 10년이면 정말 모든 것이 가능해 보였을 것도 무리는 아닙니다. 미국 정부는 모든 첨단 기술에 관심을 쏟기 시작했고, AI 분야도 예외가 아니었습니다. 국방부 산하 ARPA고등연구계획국가 AI 연구에 막대한 자금을 지원했지요.

그러나 당시의 AI 연구 성과들은 장난감 프로젝트toy project 수준이었습니다. 규칙이 명확하고, 변수가 제한적이고, 예외가 없는 깔끔한 문제들이죠. 예를 들어,

- 체스? 64칸의 판 위에서 정해진 규칙대로 움직이면 됩니다.

- 수학 증명? 공리와 추론 규칙만 있으면 됩니다.
- 블록 쌓기? 물리 법칙은 단순하고 예측 가능합니다.

하지만 현실은 훨씬 복잡합니다. "로봇 팔로 컵을 잡아라"라는 간단해 보이는 명령을 생각해 보세요. 인간에게는 너무나 쉬운 일이지만, 기계에게는 악몽입니다.

- 컵이 어디 있는가?(시각 인식)
- 어떤 각도로 접근할 것인가?(경로 계획)
- 얼마나 세게 잡을 것인가?(힘 조절)
- 컵에 물이 있다면?(상황 판단)
- 갑자기 누가 건드리면?(예외 처리)

이것이 바로 '프레임 문제'입니다. 현실 세계에서는 고려해야 할 변수가 무한하고, 모든 상황을 미리 프로그래밍할 수 없다는 것이죠.

- 겨울이 온다

1960년대 중반, AI 연구는 기로에 서게 됩니다. ARPA와 NASA의 지원금도 받았고 민간 투자도 쏟아진 상황에서 AI 연구자들은 현실적인 성과를 내야 하는 압박을 받게 된 거지요. 그러나 1973년, 영국 정부가 의뢰한 '라이트힐 보고서'는 AI 연구의 현실을 냉정하게 평가했습니다.

"지금까지의 AI 연구는 약속한 것을 전혀 달성하지 못했다."

기호주의는 당장 쓸 수 있는 시스템을 만들어 냈지만, 확장성에 한계가 보였습니다. 규칙이 늘어날수록 시스템은 복잡해지고, 예외 상황은 끝없이 나타났죠. 연결주의는 학습의 가능성을 보여 줬지만, 당시 컴퓨터로는 대규모 신경망을 만들 수 없었습니다. 그리고 왜 작동하는지 설명할 수 없다는 점도 문제였죠. AI 연구는 거의 중단되었고, 정부 지원금도 끊기고 투자도 회수되기 시작합니다. AI의 첫 번째 긴 겨울이 찾아온 거죠.

- 꿈은 계속된다

이 두 갈래 길은 AI 겨울을 지나면서 어떻게 이어졌을까요?

- 1970-80년대: 기호주의가 우세(전문가 시스템의 시대)
- 1980-90년대: 두 번째 AI 겨울(둘 다 한계 봉착)
- 2000년대: 연결주의 부활(컴퓨터 성능 향상)
- 2010년대: 딥러닝 혁명(연결주의의 대승리)
- 2020년대: 다시 융합?(신경-기호 AI의 등장)

결국 인공지능의 역사가 보여 준 것은, 두 접근법이 경쟁하고 보완하며 발전해 왔다는 것입니다. 다트머스에서 시작된 두 갈래 길은 70년이 지난 지금도 계속되고 있습니다.

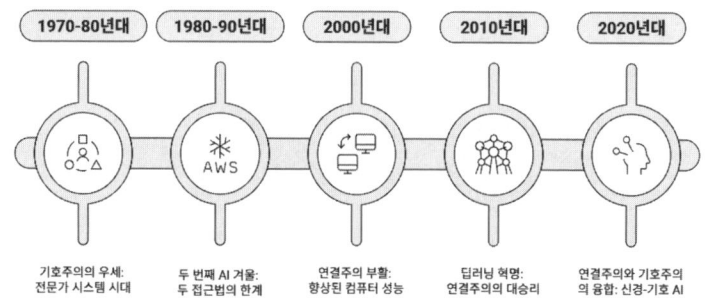

그림 2-5: '다트머스 회의 이후 AI 변천사'와 두 접근법의 경쟁 및 융합

오늘날의 GPT는 연결주의의 후예입니다. 수천억 개의 파라미터를 가

진 거대한 신경망이죠. 하지만 여전히 상식 추론에는 약하고, 때때로 엉뚱한 대답을 합니다. 한편 기호주의의 정신은 지금도 지식 그래프, 온톨로지, 설명 가능한 AI 등으로 이어지고 있습니다. 규칙과 논리의 힘은 여전히 필요하니까요.

실제로 기호주의Symbolism와 연결주의Connectionism는 오랫동안 대립해 왔지만, 최근에는 이 둘을 통합하려는 시도, 즉 신경-기호 AINeuro-symbolic AI가 활발히 연구되고 있습니다. 두 길을 합쳐서 더 강력한 AI를 완성하려는 움직임이지요.

1969년, 마빈 민스키는 자신이 사랑했던 신경망 연구에 치명타를 날립니다. 《퍼셉트론》이라는 책으로. 왜 그는 자신의 꿈을 스스로 짓밟게 되었을까요? 그리고 그 겨울은 얼마나 길고 추웠을까요? 다음 장에서는 AI의 첫 번째 겨울, 그 혹독한 추위 속에서도 꿈을 포기하지 않았던 사람들의 이야기를 들어 보겠습니다.

- 에필로그: 다트머스 회의 참가자들, 그 후

▷ 존 매카시(John McCarthy, 1927-2011): "AI의 아버지"

- 1958년: LISP 프로그래밍 언어 개발 - AI 연구의 표준 언어가 됨
- 1960년: 시분할 시스템(Time-sharing) 개념 제안
- 1969년: 스탠퍼드 AI 연구소(SAIL) 설립
- 1971년: 튜링상 수상

"인공지능"이라는 이름을 만든 장본인이지만, 정작 자신은 이 용어를 후회했다고 합니다. "계산 지능(Computational Intelligence)"이 더 적절

했을 거라고 말년에 고백했죠. 2011년 10월 24일, 84세로 캘리포니아 자택에서 평화롭게 잠들었습니다. 마지막까지 "언젠가 AI가 인간 수준에 도달할 것"이라는 믿음을 버리지 않았습니다.

▷ 마빈 민스키(Marvin Minsky, 1927-2016): "AI의 예언자이자 파괴자"

- 1969년: 《퍼셉트론》 출간 - 신경망 연구에 찬물을 끼얹음
- 1970년: 튜링상 수상
- 1985년: 《마음의 사회(The Society of Mind)》 출간
- MIT 미디어랩 공동 설립

SNARC를 개발하는 등 초기 연결주의 연구의 선구자였으나, 자신의 책으로 신경망 연구를 10년 이상 정체시켰습니다. 하지만 말년에는 "내가 틀렸다. 딥러닝이 답이었다"고 인정했죠. 2016년 1월 24일, 88세로 뇌출혈로 세상을 떠났습니다. 아이러니하게도 딥러닝이 세상을 놀라게 하던 시기였죠. 제자들은 "선생님이 조금만 더 사셨다면…" 아쉬워했답니다.

▷ 클로드 섀넌(Claude Shannon, 1916-2001): "정보이론의 아버지"

- 1948년: 정보이론 창시 - 디지털 시대의 수학적 기초
- 1950년: 체스 프로그램 논문 발표

MIT 복도를 외발자전거로 다니며 저글링을 했고, 집에는 로켓 추진 프리스비, 불 뿜는 트럼펫 등 기괴한 발명품이 가득했답니다. 2001년 2월 24일, 알츠하이머와의 긴 투병 끝에 84세로 별세. 아내는 "그는 마지막까지 0과 1의 아름다움에 매료되어 있었다"고 회고했습니다.

▷ 나다니엘 로체스터(Nathaniel Rochester, 1919-2001): "IBM의 숨은 영웅"

- IBM 701 컴퓨터 수석 설계자
- 최초의 어셈블리 언어 개발
- IBM의 AI 연구 초석 마련

다른 참가자들에 비해 덜 알려진 조용한 공헌자였지만, 실제 컴퓨터로 AI를 구현하는 데 핵심적 역할을 했습니다. "이론가들 사이의 유일한 엔지니어"였죠. 2001년 6월 8일, 82세로 조용히 생을 마감. IBM은 그를 "실용적 AI의 선구자"로 기렸습니다.

▷ 허버트 사이먼(Herbert Simon, 1916-2001): "인공지능계의 레오나르도 다 빈치"

- 1956년: 논리이론가(Logic Theorist) 개발
- 1975년: 튜링상 수상
- 1978년: 노벨 경제학상 수상(AI 연구자 중 유일)
- 만족화(Satisficing) 개념 창시

심리학, 경제학, 경영학, 컴퓨터과학 등 9개 분야에서 박사 학위급 연구를 수행한 다재다능의 극치였습니다. "인간은 제한된 합리성을 가진다"는 통찰로 행동경제학의 선구자가 되었고요. 2001년 2월 9일, 84세로 별세. 죽기 직전까지 "인간 사고의 비밀"을 연구했습니다. "내 목표는 단순했다. 인간의 마음을 이해하는 것"이 그의 마지막 말이었답니다.

▷ 앨런 뉴웰(Allen Newell, 1927-1992): "조용한 혁신가"

- 사이먼과 함께 논리이론가(Logic Theorist), 일반 문제해결기(GPS) 개발
- 1975년: 튜링상 공동 수상
- 인지 아키텍처 SOAR 개발
- 통합인지이론 제안

"사이먼이 스타였다면, 뉴웰은 진짜 일꾼이었다"라고 인정받을 정도로 겸손하고 치밀한 성격으로 많은 후학을 양성했습니다. 1992년 7월 19일, 암으로 65세의 젊은 나이에 세상을 떠났습니다. 임종 직전까지 인간 인지의 통합 이론을 완성하려 애썼습니다.

▷ 특별 언급: 참석하지 못한 거인들

- 앨런 튜링(1912-1954): 다트머스 회의 2년 전 비극적으로 생을 마감. 만약 참석했다면 AI의 역사가 바뀌었을지도…
- 노버트 위너(1894-1964): 사이버네틱스의 창시자. 매카시와 견해차로 불참. "AI라는 용어가 마음에 안 든다"며 끝까지 거부했답니다.

▶ **Coming Next**

다트머스 회의는 끝났지만 꿈은 시작됐다. 2년 후, 코넬대의 한 심리학자가 세상을 놀라게 할 발명품을 공개한다. '전자 두뇌'가 스스로 학습한다고?

 QR코드를 스캔하시면 〈제2장 내용 요약〉
팟캐스트 형식의 동영상을 보실 수 있습니다.

제3장

퍼셉트론, AI 최초의 불꽃

"전자 '두뇌'가 스스로를 가르치다."

1958년 7월, 뉴욕타임즈의 헤드라인. 프랭크 로젠블랫의 퍼셉트론의 등장을 알리는 순간이었다. 인간의 뇌를 모방한 이 기계는 스스로 학습하며 패턴을 인식했다. 마치 생명 없는 기계에 지능의 씨앗이 뿌려진 듯했다. 이 작은 씨앗이 훗날 딥러닝 혁명의 거대한 뿌리가 될 줄, 당시 누가 상상이나 했을까?

- 퍼셉트론의 화려한 등장

1958년 7월 8일 아침, 뉴욕의 통근자들은 신문을 펼치다 깜짝 놀랐습니다.

☞ "Electronic 'Brain' Teaches Itself"전자 '두뇌'가 스스로를 가르치다

공상과학 소설에서나 보던 일이 현실이 된 것일까요? 미 해군의 지원 아래 새로 개발된 연산 장치에 대한 소개였습니다. 이 장치는 '퍼셉트론(Perceptron)'이라 불렸고, 인간의 훈련이나 조종 없이 스스로 주변을 감지하고 인식하며 분별하는 능력을 가졌다고 보도되었습니다.

이 혁명적인 발명의 주인공은 프랭크 로젠블랫(Frank Rosenblatt). 1928년 뉴욕에서 태어난 그는 코넬대학교에서 컴퓨터공학이 아닌 사회심리학을 전공한 심리학 박사였는데, 그의 목표는 똑똑한 컴퓨터를 만드는 것이 아니라 '인간 뇌의 미스터리'를 푸는 것이었지요. 인간 뇌의 작동원리를 연구하고 증명하기 위한 노력의 결과물이 퍼셉트론이었습니다.

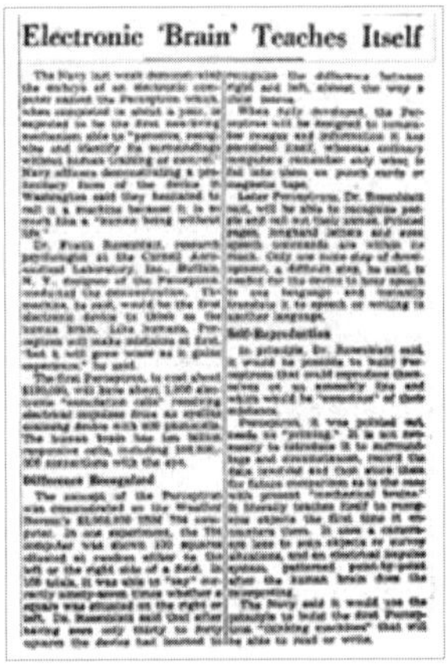
Electronic 'Brain' Teaches Itself

그림 3-1: "전자 '두뇌'가 스스로를
가르치다"는 퍼셉트론 발표
신문기사(1958년 7월 8일)

미국 해군이 자금을 지원한 프로젝트의 실제 기자회견에서 로젠블랫은 퍼셉트론이 시각 패턴을 인식하는 과정을 시연했는데, 이 기계는 사진을 보고 삼각형과 사각형을 구별해냈습니다. 더 놀라운 것은 아무도 가르쳐 주지 않았는데도 스스로 학습했다는 점이었죠. 로젠블랫은 기자회견에서 호기롭게 선언했습니다.

☞ "퍼셉트론은 최초로 인간의 뇌를 모방한 기계입니다. 곧 글을 읽고, 말하고, 심지어 자의식을 가질 수도 있을 겁니다!"

기자회견은 대성공이었습니다. 기자는 이렇게 소개합니다.

"The Navy revealed the embryo of an electronic computer today that it expects will be able to walk, talk, see, write, reproduce itself and be conscious of its existence." 해군은 오늘 걷고, 말하고, 보고, 쓰고, 스스로 번식하고, 자신의 존재를 의식할 수 있을 것으로 기대하는 전자 컴퓨터의 배아를 공개했다.

당시 언론은 퍼셉트론을 "사람처럼 보고, 듣고, 판단할 수 있는" 미래형 기계로 소개했습니다. 사실 퍼셉트론은 지금 우리가 사용하고 있는 딥러닝의 원형이자 조상입니다. 지금 우리가 사용하는 인공지능 기술들스마트폰 얼굴 인식, 챗봇, 자율주행차, GPT 같은 대형언어모델 등 모두는 퍼셉트론에서 출발한 거지요. 퍼셉트론의 후예 신경망을 겹겹이 쌓고 깊게 연결한 것이 딥러닝 AI입니다. AI 역사에 가장 중요한 사건이라 할 수 있는 퍼셉트론의 등장은 화려할 만했습니다.

- 뉴런, 자연이 만든 최초의 컴퓨터

AI를 이해하기 위해서는 퍼셉트론을 반드시 알아야 합니다. 퍼셉트론은 인간 뇌의 구조와 작동 원리를 모방해서 만든 인공신경망이기 때문이지요. 그렇다면 퍼셉트론에 대해 설명하기 전에 인간 뇌를 먼저 살펴봐야겠네요.

우리 뇌는 어떻게 작동하나요? 지금 순간, 당신이 이 글자들을 읽고 있는 동안 당신의 뇌 속에서는 경이로운 일이 벌어지고 있습니다. 망막에 비친 이미지를 시신경이 전기신호로 바꿔 뇌로 전달하면 뉴런들이 초당 수십에서 수천 번씩 전기신호를 주고받으며, 검은 글자들을 의미 있는 단어로, 단어들을 생각으로 변환하고 있겠지요.

이 과정을 자세히 들여다볼까요? 뇌의 기본 단위는 뉴런neuron, 신경세포입니다. 약 1,000억 개의 뉴런이 인간의 뇌를 구성하고 있습니다. 하나하나의 뉴런은 매우 단순한 구조를 가지고 있는데, 크게 세 부분입니다. 입력부 - 처리부 - 출력부. 그림을 볼까요? 마치 나무와 비슷하게 생겼죠.

- 수상돌기(dendrite): 나무의 뿌리처럼 다른 뉴런으로부터 신호를 받아들입니다. - 입력 담당
- 세포체(cell body): 나무의 줄기처럼 받은 신호들을 처리합니다. - 처리 담당
- 축삭돌기(axon): 나무의 가지처럼 처리된 신호를 다른 뉴런으로 전달합니다. - 출력 담당

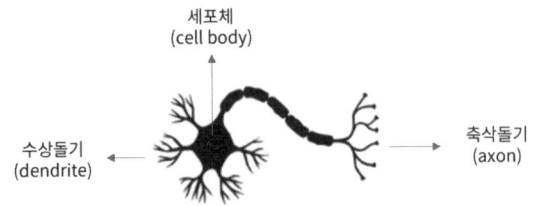

그림 3-2: 인간 뇌의 기본 단위, '뉴런'의 구조

축삭돌기axon가 주위 뉴런의 수상돌기dendrite에게 다시 전달하고, 또 옆 뉴런에게 전달하고, 이 과정을 계속하는 거지요. 마치 이어달리기 같지 않나요? 이 과정에서 정보가 처리됩니다. 정보 처리라는 용어를 어렵게 생각하지 마세요. 지금 보고 있는 글자도 정보이고, 그림, 도표, 책 모두 정보입니다. 그걸 뉴런들이 처리해서 보고 있는 글자가 무슨 뜻인지, 읽고 있는 책의 내용이 어떤 건지 이해한다는 얘기입니다. 정보 처리 능력이 곧 지능이죠.

그런데 여기 문제가 한 가지 있습니다. 읽고 있는 내용을 전부 다 이해할 수는 없다는 점이죠. 어떤 건 알겠는데, 생소한 단어나 의미를 이해할 수 없는 문장도 생깁니다. 왜 그럴까요? 내 뉴런들이 그걸 처리하지 못하기 때문입니다. 그리고 처리하지 못하는 건 학습learning이 안 되어 있어서고요.

여기서 발화(發火, fire)라는 개념을 이해해야 합니다. 쉽게 말해 불이 켜지는 거죠. 우리는 가끔 머리가 반짝반짝해지는 경우가 있습니다. 이때 필이 꽂힌다, 느낌이 왔다 등의 표현을 쓰지요. 이게 뉴런이 발화해서 그런 겁니다.

- 뉴런의 정보 처리 과정

발화가 무엇인지 설명하기 위해 뉴런의 구조를 도식화한 다음 그림을 볼까요? x, y가 나오고 수식이 나오면 갑자기 뉴런의 발화가 멈추는 분도 있겠지만, 이 부분은 절대 놓쳐서는 안 됩니다. 약간 생소하더라도 이걸 알아야 딥러닝의 원리를 이해할 수 있습니다. 또 이 대목이 책의 핵심입니다.

아래 그림을 볼까요? x는 입력, y는 출력, s는 처리부입니다. 뉴런으로 치자면, x는 수상돌기, y는 축삭돌기, s는 세포체라 할 수 있겠네요. 즉, x_1, x_2의 입력값을 받아서 s가 처리하고, 처리한 결괏값 y를 다음 뉴런에게 전달합니다. 이 과정을 과정별로 나눠서 서술하면 이렇습니다.

1. 주위 뉴런에서 전기신호(x_1, x_2)가 수상돌기로 들어옵니다.
2. 세포체(s)에서 이 신호들을 모두 합칩니다.
3. 합쳐진 신호의 값이 어떤 임계점을 넘으면 발화합니다.
4. 축삭돌기를 통해 다른 뉴런들에게 신호(y)를 보냅니다.

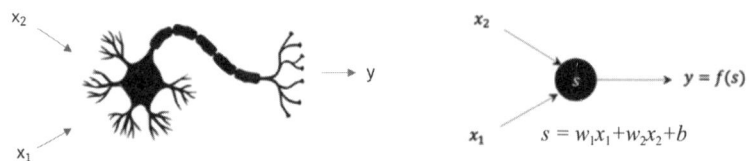

그림 3-3: 생물학적 뉴런과 인공신경망 '퍼셉트론'의 정보 처리 방식 비교

입력과 출력은 쉬운데 처리 부분이 좀 어렵습니다. 2번과 3번. 입력값들을 합친다? 그리고 임계점을 넘는다? 그림에서는 "$s = w_1x_1 + w_2x_2 + b$" 수식도 쓰여 있네요. w는 가중치(weight), b는 편향(bias)의 앞 글자입니다. 사실 학습이라는 것은 가중치와 편향을 계산해서 최적의 값을 찾는 과정입니다.

수학만으로는 이해하기 어려우니 비유를 들어 설명해 보겠습니다. 빵을 굽는 상황을 떠올려 보죠. 빵이 다 구워졌는지, 더 구워야 할지를 판단해서 적절한 타이밍에 오븐에서 빵을 꺼내야 합니다. 당신은 빵이 잘 구워졌는지를 무얼 보고 판단하시나요? 적당히 촉촉해졌는가? 적당히 따뜻한가?

좋습니다. 판단 내리기 위해 두 개의 변수를 씁시다. 하나는 수분량, 또 하나는 온도. 이걸 x_1=수분량, x_2=온도라 하겠습니다. 자, 그럼 수분량이 어느 정도 되고 온도는 어느 정도여야 잘 구워졌다고 할 수 있을까요?

'어느 정도'가 가중치(weight)의 개념입니다. 수분량은 w_1 정도, 온도는 w_2 정도가 가장 적당하다고 생각한다면 x_1에 w_1을 곱하고, x_2에 w_2를 곱합니다. 그리고 이 둘을 합칩니다. 합친 값이 우리가 적당하다고 생각했던 수치(임계점, threshold level)를 넘으면, 다른 말로 이 정도 촉촉하고 이 정도 따뜻하면 이제 빵을 오븐에서 꺼내도 되겠다고 판단하겠지요.

한 가지 더. 사람마다 빵의 취향이 다르지요. 그걸 편향偏向, bias이라고 하고, 수식에서는 b로 표현합니다. 그럼 이제 "$s = w_1x_1+w_2x_2+b$" 수식의 의미를 이해할 수 있겠습니다.

▷ 빵의 상태 = (수분량 × 적당한 정도) + (온도 × 적당한 정도) + 개인 취향

이걸 수식으로 쓰면 "$s = w_1x_1+w_2x_2+b$"가 됩니다. 또 발화의 개념도 아시겠지요? 빵 굽는 예화에서는 오븐에서 빵을 빼는 것이 발화입니다.

- AI가 학습하는 방식

사실 우리 머릿속에는 가중치가 설정되어 있습니다. 빵을 먹어 본 경험이 있기 때문이지요. 즉, 학습되어 있는 겁니다. 그러나 기계는 빵을 먹어

본 경험이 없어요. 그러다 보니 가중치(w)와 편향값(b)을 가지고 있지 않습니다.

이번에는 빵이 잘 구워졌는지를 판단하는 기계를 만들어 보겠습니다. 빵이 잘 구워지면 오븐에서 꺼내야 하는 로봇입니다. 먼저 수분량과 온도를 측정하는 센서를 달아야겠네요. 그리고 이 값이 일정 수준 임계점을 넘으면 빵을 꺼내면 됩니다.

그런데, 문제가 있습니다. 가중치가 없습니다. 인간은 '이 정도면 돼'라고 가중치가 이미 학습되어 있는데, 인간이 시키는 일만 하는 기계는 어느 정도가 적당한지 가중치를 모릅니다. 그러면, 두 가지 방법이 있겠네요. 하나는 우리가 가중치를 입력시켜 주는 방법, 또 하나는 기계가 스스로 가중치를 찾게 하는 방법.

첫 번째 방식을 프로그래밍이라 하고, 두 번째 방식을 기계학습machine learning이라 부릅니다. 머신러닝과 딥러닝은 두 번째 방식인 거죠. AI가 학습한다는 의미는 입력된 지식을 백과사전처럼 쌓아 놓고 저장하는 것이 아니라, 가중치(w)와 편향(b)을 계산하는 과정입니다. 즉, 스스로 학습해서 수많은 시행착오를 거치면서 최적의 가중치와 편향을 찾고, 그 값을 저장하고 있다가 어떤 상황에 부딪혔을 때 값을 꺼내서 문제를 해결합니다. AI의 내부를 뜯어보면 온통 벡터 형태의 숫자뿐이라고 했었는데, 그 숫자들이 가중치와 편향값인 거죠.

인간도 그렇지 않나요? 모르는 단어가 나오면 이해할 수 없습니다. 왜냐면, 입력에 대응하는 적절한 가중치 조합이 학습되지 않아 의미 있는 출력이 생성되지 않기 때문입니다. 아는 것만 보이고, 익숙한 음악을 들을 때 편해지는 것은 이미 학습된 연결 강도 덕분이죠. 공부하거나 책을 읽거나 새로운 경험을 할 때 우리 뇌의 뉴런들은 가중치와 편향을 조정해 나갑니다. 읽은 책의 문자가 뇌 어딘가에 고스란히 저장되는 게 아니라 가중치가 바뀐다는 얘기입니다.

흔히 '머리가 굳는다'는 표현을 쓰는데, 가중치와 편향값이 잘 업데이트 되지 않는다는 의미지요. 심한 경우 확증편향에 빠지기도 하고요. 이 같은 인지적 편향(cognitive bias)은 기존의 가중치 구조신념 체계가 너무 강해서 새로운 정보가 들어와도 쉽게 바뀌지 않는 상태라 할 수 있습니다. 반면, 머리가 잘 돌아간다든지 말랑말랑하다는 건 가중치의 업데이트가 원활하다는 의미겠지요.

- 시냅스, 뉴런들 사이의 대화

지금까지 뉴런에 대해 살펴봤습니다. 그럼 뉴런의 출력값을 주변에 있는 뉴런들에게 전달해서 신호의 이어달리기를 해야 하는데, 어떻게 할까요?

뉴런과 뉴런 사이에는 시냅스라는 틈이 있습니다. 이 틈에서 화학 물질(신경전달물질)을 통해 신호가 전달됩니다. 중요한 점은 이 연결의 강도가 변할 수 있다는 것입니다. 학습이 일어날 때 이 시냅스의 강도가 변하면서 기억이나 학습이 저장되는 거죠.

자주 사용되는 시냅스는 강해지고, 사용하지 않는 시냅스는 약해집니다. 이것이 바로 학습의 생물학적 기초입니다. "함께 발화하는 뉴런들은 함께 연결된다Neurons that fire together, wire together"는 유명한 말이 바로 이를 설명하는 거고요.

인간의 뇌는 1,000억 개의 뉴런과 약 100조 개의 시냅스로 구성되어 있다고 합니다. 뉴런이 시냅스라는 틈새를 통해 연결되어 전기·화학적 신호를 주고받으며 정보를 처리합니다. 이 과정에서 가중치와 편향이 조정되고 지능이 생기는 원리지요.

시냅스는 GPT 같은 인공신경망의 파라미터(parameter)에 해당합니다. 신경망은 수많은 층과 뉴런으로 이루어진 구조입니다. 뉴런 간 연결에는 가중치(weight)와 편향(bias)이라는 수치가 존재한다고 했죠. 이게 바로 '파라미터'입니다. 학습을 통해 이 수치들이 조금씩 조정되면서 모델이 점점 더 정교해지는 것이고, '가중치'는 생물학적 시냅스의 연결 강도와 대응됩니다.

현재 대형언어모델(LLM)들은 대략 수천억 개의 파라미터를 가지고 있지요. 파라미터가 많다는 건 두뇌가 크다는 것에 비유할 수도 있습니다. 물론 파라미터 수와 모델의 성능이 비례하는 건 아니지만요.

하지만 1950년대까지만 해도 이런 뇌의 작동 방식은 널리 알려진 사실이 아니었습니다. 과학자들은 뇌가 어떻게 학습하고 기억하며 판단하는지 잘 알지 못했죠. 뇌의 비밀을 컴퓨터로 흉내 내려고 시도한 결과물이 바로 '퍼셉트론'이었고, 이는 오늘날 우리가 사용하는 모든 인공지능의 출발점이 되었습니다.

퍼셉트론은 앞 장에서 언급했던 기호주의와 연결주의 중 후자의 흐름입니다. 즉, 인공신경망을 만들어 서로 연결시키는 방식으로 기계가 스스로 학습하게 하자는 논리죠. 다음 도표는 뉴런과 인공신경망퍼셉트론의 구조적 유사성을 정리한 것입니다.

생물학적 뉴런	퍼셉트론
수상돌기 : 입력 신호 수신	입력층 : 데이터 수신
세포체 : 신호 처리	가중합 계산
임계점 : 발화 결정	활성화 함수 : 출력 결정
축삭돌기 : 다음 뉴런으로 신호 전달	출력층 : 다음 층으로 신호 전달
시냅스 강도 : 학습	가중치 조정 : 학습

그림 3-4: 생물학적 뉴런과 퍼셉트론의 학습 과정 유사성 비교

- 맥컬럭-피츠 모델을 개선하다

로젠블랫이 주목한 것은 뉴런들의 연결이었습니다. 퍼셉트론은 뉴런의 작동 방식을 수학적으로 모델링한 것입니다. 그러나 이건 사실 로젠블랫의 독창적인 아이디어는 아닙니다. 1943년, 신경생리학자 워런 맥컬럭과 수학자 월터 피츠는 뉴런의 작동을 수학적으로 단순화할 수 있다고 주장했습니다.

그런데, 문제가 있었습니다. 가중치가 미리 정해져 있어야 한다는 것이었죠. 하지만 앞서 얘기했듯이 기계는 가중치를 모르는데요? 즉 맥컬럭-피츠 모델로는 스스로 학습이 불가능하다는 얘기입니다. 이걸 해결한 사람이 로젠블랫이고, 그는 가중치를 자동으로 조정하는 알고리즘을 개발합니다. 알고리즘은 이렇습니다.

1. 답을 맞히면: 가중치를 그대로 둡니다.
2. 답을 틀리면: 가중치를 조정합니다.

- 정답이 1인데 0을 출력했다면: 가중치를 증가
- 정답이 0인데 1을 출력했다면: 가중치를 감소

- 퍼셉트론의 탄생

로젠블랫은 학습하는 인공 뉴런을 '퍼셉트론(Perceptron)'이라고 명명했습니다. 'Perception(인지)'과 'Neuron(뉴런)'을 합친 말이었죠. 퍼셉트론의 수학적 표현은 다음과 같습니다.

출력 = 1(만약 $w_1x_1 + w_2x_2 + \cdots + w_nx_n + b > 0$)

출력 = 0(그렇지 않으면)

$x_1, x_2, \cdots, x_n$: 입력값들

$w_1, w_2, \cdots, w_n$: 가중치들

b: 편향(bias)

이 수식은 앞에서 뉴런의 구조와 작동 방식을 설명할 때 봤던 거라 어렵지 않게 이해되실 겁니다. 입력값과 가중치를 곱한 후, 이를 편향까지 다 더해서 임계점을 넘으면 1, 아니면 0을 출력하라는 얘기지요. 그림으로 표현하면 이렇습니다.

1단계: x_1부터 x_n까지 입력받습니다.

2단계: 각각에 가중치 w_1부터 w_n까지 곱합니다.

3단계: 이를 모두 합칩니다(가중합).

4단계: 활성화 함수를 거쳐 1 또는 0의 값을 출력합니다.

그리고 그 결괏값을 다음 퍼셉트론에게 전달해 주는 거지요. 이렇게 하면 퍼셉트론들이 스스로 가중치를 계속 조정해 가며 최적의 해를 찾을 수 있습니다. 빵 굽는 로봇이 오븐에서 빵을 꺼낼 최적의 타이밍을 찾듯이요. 로젠블랫이 기자들 앞에서 시연할 때 문제로 던진 도형이 삼각형인지, 사각형인지를 이런 방식으로 스스로 학습해서 결과를 도출한 겁니다.

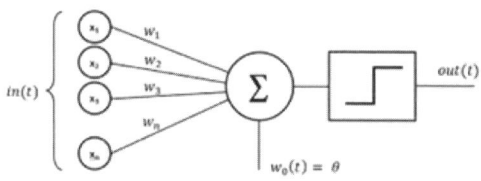

그림 3-5: 프랭크 로젠블랫이 개발한 퍼셉트론의 구조

- 퍼셉트론이 부딪힌 벽

퍼셉트론은 AND, OR 같은 문제는 완벽히 해결했습니다. 하지만 곧 과학자들은 이상한 점을 발견합니다. 어떤 간단해 보이는 문제들은 아무리 학습시켜도 풀 수 없는 것이 있었는데, 바로 XOR 문제였습니다. XOR 문제가 퍼셉트론의 발목을 잡습니다.

퍼셉트론이 발표되고 10년쯤 지난 1969년, MIT의 마빈 민스키와 시모어 페퍼트가 《퍼셉트론》이라는 책을 출간했습니다. 이 책은 수학적으로 단층 퍼셉트론은 선형 분리가 불가능한 XOR 문제를 절대 풀 수 없다는 것을 명쾌하게 증명해 냅니다. 그러면서 AI 겨울이 시작되고요.

프랭크 로젠블랫이 1958년에 꿈꾸었던 "생각하는 기계"는 지금은 우리 일상의 일부가 되었습니다. 우리가 스마트폰에 말을 걸거나, 인터넷에서

검색하거나, 번역 앱을 사용할 때마다, 그 안에는 뇌를 모방한 작은 신경
망들이 열심히 일하고 있는 거지요.

그러나 이게 한 방에 이루어진 일이 아닙니다. 1958년부터 현재까지,
우리가 퍼셉트론 기반의 AI를 사용하기까지 두 번의 겨울을 지나면서 약
50년 동안 혹독한 추위를 견뎌 내야 했으니까요. 화려하게 등장했던 퍼
셉트론은 우여곡절을 겪게 됩니다. 퍼셉트론은 어떤 일을 겪게 되는 걸
까요? 이 이야기는 다음 장에서 이어 가겠습니다.

- 에필로그: 비극의 주인공, 프랭크 로젠블랫

1928년생 로젠블랫은 천재였습니다. 코넬대 심리학 박사인 그는 인지
과학과 컴퓨터과학의 경계를 넘나드는 카리스마 있는 강연자였죠. 그러
나 마빈 민스키의《퍼셉트론》출간 후 연구비가 끊기고 학계에서 조롱받
는 신세가 됩니다.

- 1969년: "나는 옳다. 언젠가 증명될 것이다."
- 1970년: 우울증 진단.
- 1971년 7월 11일: 43세 생일날, 체서피크 만에서 요트 사고로 사망.

공식적으로는 사고사였지만 많은 동료들은 의구심을 품었습니다. 그
가 혼자 요트를 탔다는 점, 수영을 잘했다는 점, 그리고 그날이 그의 생일
이었다는 것. 20년 후 그의 이론이 옳았음이 증명되었을 때, 마빈 민스키
가 이렇게 말했답니다. "내가 너무 가혹했을지도…"

▶ Coming Next

퍼셉트론의 화려한 데뷔에 세상이 열광했다. 하지만 10년 후, 작은 논리 문제 하나가 이 모든 꿈을 산산조각낸다. XOR—신경망의 무덤이 될 세 글자.

 QR코드를 스캔하시면 〈제3장 내용 요약〉
팟캐스트 형식의 동영상을 보실 수 있습니다.

제4장

XOR의 벽, 작은 문제가 던진 거대한 메아리

"퍼셉트론으로는 XOR을 풀 수 없다."

때로는 작은 문제가 큰 꿈을 무너뜨린다. XOR이라는 단순한 논리 연산 하나가 신경망 연구 전체를 얼어붙게 만들었다. 1969년, 마빈 민스키의 수학적 증명은 퍼셉트론의 한계를 적나라하게 드러내면서 AI의 첫 번째 겨울을 불러왔다. 연구비는 끊기고, 연구자들은 뿔뿔이 흩어졌다. 작은 벽이 이토록 거대한 메아리를 만들 줄이야.

- XOR이 뭐길래

간단한 퀴즈 하나 풀어 보실래요? 여기에 두 개의 스위치가 있고, 하나의 전구가 있습니다. 스위치와 전구의 상태를 보고 규칙을 찾아 보세요.

- 스위치가 둘 다 OFF면 → 전구 OFF
- 스위치가 하나만 ON이면 → 전구 ON
- 스위치가 둘 다 ON이면 → 전구 OFF

이를 도표로 정리해서 보면 패턴을 좀 더 빨리 찾을 수 있을 겁니다.

스위치 1	스위치 2	전구 상태
OFF	OFF	OFF
OFF	ON	ON
ON	OFF	ON
ON	ON	OFF

아시겠나요? "아, 스위치의 상태가 서로 다를 때만 불이 켜지는구나!" 맞아요. 두 개의 스위치가 ON이건 OFF건 같은 상태이면 전구에는 불이 안 들어오고, 서로 다를 때만 전구에 불이 들어옵니다. 즉, 서로 배타적인 관계일 때만 불이 들어온다는 얘기죠. 배타적이란 공존할 수 없다는 뜻입니다. 이것이 바로 XOR(배타적 논리합, eXclusive OR)입니다.

일상에서도 흔히 볼 수 있죠. 커피숍에서 "아이스 아메리카노를 드릴까요, 따뜻한 걸로 드릴까요?"라고 물으면, 둘 중 하나만 선택해야 합니다. 둘 다 선택하거나 둘 다 선택하지 않으면 안 돼요. 이런 게 배타적 논리합, XOR입니다.

- 컴퓨터의 논리연산

아쉽게도, 퍼셉트론은 이 퀴즈의 규칙성을 이해할 수 없습니다. 인간이라면 조금 생각해 보면 이해 가능한 패턴인데, 기계는 이걸 못 합니다. 왜 못 할까? 이유는 퍼셉트론은 본질적으로 "선 긋기"밖에 못 하기 때문입니다. 이게 무슨 말인지 도표를 보면서 설명할게요. 우선 컴퓨터가 하는 논리 연산 중 AND와 OR 연산을 생각해 보겠습니다.

스위치 1	스위치 2	전구 상태 (AND)	전구 상태 (OR)	전구 상태 (XOR)
OFF	OFF	OFF	OFF	OFF
OFF	ON	OFF	ON	ON
ON	OFF	OFF	ON	ON
ON	ON	ON	ON	OFF

AND 연산은 스위치 두 개가 모두 ON일 때만 전구에 불이 들어오게 합니다. 즉, "스위치1(ON) AND 스위치2(ON) → 전구(ON)"인 거죠. 반면 OR 연산은 둘 중 하나만 ON이어도 불이 들어옵니다. OR은 '또는'이니까요. XOR 연산은 둘이 다를_{배타적인 관계} 때만 불이 들어오고요. 그럼 이걸 그림으로 표현해 볼까요?

x축과 y축 상에 표시된 점들을 잘 보세요. 검은 점은 ON 상태, 흰 점은 OFF 상태를 나타냅니다. AND 연산에서는 둘 다 ON(1, 1)일 때만 불이 들어오니 검은 점의 좌표는 (1, 1)입니다. OR 연산에서는 (0, 0)만 빼고 불이 들어오지요. AND 연산과 OR 연산의 경우, 검은 점과 흰 점을 하나의 직선으로 분리해낼 수 있죠. 선 긋기가 가능하다는 얘깁니다. 선형 분

류 문제를 해결할 수 있습니다.

그런데, XOR 문제는 그게 안 됩니다. (0, 1)과 (1, 0)처럼 서로 배타적이어야 ON이 되고 (0, 0)과 (1, 1)은 OFF가 되니 하나의 선으로 검은 점과 흰 점을 나눌 수 없지요. 선 긋기로는 해결될 수 없는 문제죠. 대각으로 배치되어 있어서 직선 하나로는 절대 분리할 수 없습니다.

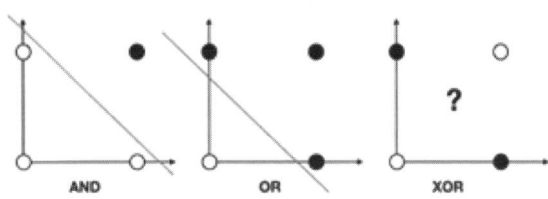

그림 4-1: 선형 분리가 불가능한 XOR 문제의 시각화
(출처: https://velog.io)

- 퍼셉트론이 부딪힌 거대한 벽

이런 연산이 왜 필요할까요? 컴퓨터는 아주 기본적인 연산만 할 줄 알기 때문입니다. 더하기, 빼기 같은 산술연산과 AND, OR, XOR 같은 논리연산이죠. 컴퓨터가 뭐 복잡하고 대단한 방식으로 계산하는 게 아니라, 이 단순한 연산들을 엄청나게 빠른 속도로 정교하게 조합하고 반복해서, 인간이 못 푸는 고차원 방정식도 풀고 복잡한 문제도 해결하는 겁니다.

예를 들어, 수많은 이미지를 학습한 AI는 더하기 계산과 논리연산을 바탕으로 고양이와 개를 구별하고, 글을 쓰고, 번역도 합니다. 컴퓨터는 마법사가 아니라, 전기만 먹여주면 단순한 연산을 빠르게 반복하는 충직한 기계입니다.

특히 XOR 연산은 간단하지만, 조합에 따라 복잡한 논리를 만들고 풀 수 있기 때문에 매우 중요합니다. 그런데, 퍼셉트론이 XOR 연산을 할 수 없다는 건 치명적인 약점입니다. XOR 구조는 현실 세계에 꽤 많이 존재하죠.

예를 들어, 헤드폰을 PC에 꽂으면 외부 스피커는 꺼져야 하고, 헤드폰이 안 꽂혀 있을 때는 외부 스피커는 켜져야 합니다. 동시에 둘 다 쓰거나, 둘 다 없으면 소리 안 나겠지요. 즉, "(헤드폰 연결됨 XOR 스피커 켜짐) → 소리 출력"인 조건인데, 퍼셉트론으로는 이 조건을 충족시키기 어렵습니다. 즉, 스피커를 제어하는 AI를 만들 수 없다는 얘깁니다.

1958년 로젠블랫이 퍼셉트론을 시연할 때 보여준 그림이 삼각형인지 사각형인지 구분할 수 있었던 건 '선형적'으로 분리 가능한linearly separable 문제였기 때문입니다. XOR처럼 '비선형적' 구조를 구분할 필요가 없도록 데이터가 구성되어 있었던 거죠.

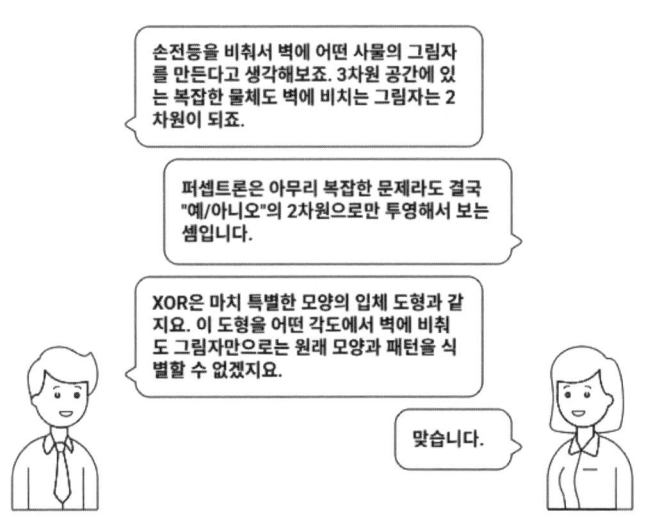

그림 4-2: 선형적인 문제만 해결할 수 있었던 단층 퍼셉트론의 본질적인 한계 설명

비유로 생각해 볼까요? 손전등을 비춰서 벽에 어떤 사물의 그림자를 만든다고 생각해 보죠. 3차원 공간에 있는 복잡한 물체도 벽에 비치는 그림자는 2차원이 되죠. 퍼셉트론은 아무리 복잡한 문제라도 결국 "예/아니오"의 2차원으로만 투영해서 보는 격입니다. XOR은 마치 특별한 모양의 입체 도형과 같은데, 이 도형을 어떤 각도에서 벽에 비춰도 그림자만으로는 원래 모양과 패턴을 식별할 수 없겠지요.

결과적으로 당시 퍼셉트론은 선형적인 단순한 문제는 풀 수 있는데, 비선형적인 복잡한 문제는 풀 수 없었던 겁니다. 현실 세계에는 O와 X의 선형적인 문제만 있는 게 아니죠. 다변적이고 복잡한 패턴을 인식해서 분류하고 예측할 수 있어야 하는데, 당시의 퍼셉트론으로는 넘을 수 없는 거대한 벽이었습니다. 이것이 로젠블랫을 절망에 빠뜨립니다.

- 학습할 수 없었던 다층 퍼셉트론

결정적으로 1969년, 마빈 민스키와 시모어 페퍼트가 낸 책《Perceptrons》은 인공신경망 연구에 찬물을 끼얹었습니다. 이 수학자들은 "단층 퍼셉트론은 선형 분리가 불가능한 문제를 절대 풀 수 없다"는 걸 수학적으로 증명해 내죠. 민스키는 이렇게 설명했습니다.

☞ "퍼셉트론은 종이 위에 직선 하나를 그어서 문제를 푸는 것과 같다. 하지만 세상의 많은 문제는 직선 하나로는 해결할 수 없다."

선형 분리란 직선(또는 고차원에서는 평면)으로 나눌 수 있다는 뜻입니다. 하지만 현실의 대부분 문제는 비선형적이지요. 예를 들어 볼까요?

- 얼굴 인식: 눈, 코, 입의 관계는 복잡한 곡선 패턴
- 언어 이해: 단어들 사이의 의미 관계는 다차원적

- 의료 진단: 여러 증상의 조합은 비선형적 상관관계

이런 문제들은 모두 단층 퍼셉트론으로는 불가능합니다. 로젠블랫은 반박했지요. "다층 퍼셉트론을 쓰면 된다!" 하지만 그는 그 방법을 찾기 전에 1971년 요트 사고로 세상을 떠났습니다. XOR의 벽을 넘지 못한 채로.

사실 퍼셉트론을 여러 층 쌓으면 이 문제를 해결할 수 있습니다. 퍼셉트론을 여러 층으로 쌓으면 NAND, OR, AND 게이트 세 개를 조합해서 XOR를 만들 수 있어요. 그러면 XOR 문제를 풀 수 있지요. 민스키와 패퍼트도 이를 알고 있었습니다.

그런데, 진짜 문제는 그게 아니었습니다. 다층 퍼셉트론으로 바꾸면 XOR 문제를 풀 수 있다는 건 알았는데, 어떻게 학습시킬 것인가가 문제였던 거죠. 단층 퍼셉트론은 단순했습니다. 틀리면 가중치를 조정하면 되니까요. 하지만 다층 퍼셉트론은 중간에 여러 은닉층(hidden layer)이 있어서 이런 질문에 답을 할 수 없었던 겁니다.

- 중간층의 뉴런이 틀렸는지 어떻게 알죠?
- 틀렸다면 얼마나 틀렸는지 어떻게 측정하죠?
- 여러 층에 걸쳐 오차를 어떻게 추적하죠?

결국, 민스키와 패퍼트는 이런 이유로 "다층 퍼셉트론을 학습시킬 방법은 없다"고 결론지은 겁니다. 이 책의 파장은 즉각적이었습니다.

- 1970년: "퍼셉트론 연구는 막다른 길이다" - ARPA 보고서
- 1971년: 대부분의 신경망 연구 프로젝트 중단
- 1973년: 영국 라이트힐 보고서 "AI는 과대평가되었다"
- 1974년: 연구비 70% 삭감

이후 AI 연구는 10여 년간 침체기에 빠집니다. 당시 사람들은 퍼셉트론을 생각하는 기계, 심지어 인간 수준의 학습 기계로 믿었는데, XOR 하나 못 푼다는 사실이 알려지자 실망감이 엄청났고 연구 자금도 끊기기 시작했고요. 퍼셉트론의 한계는 단순한 기술적 문제를 넘어, AI 전체에 대한 회의론으로 번졌습니다.

"기계는 결국 인간처럼 생각하지 못한다."

"AI는 허황된 꿈이다."

이런 분위기가 퍼지며, 1970년대는 AI 겨울(AI Winter)로 불리게 됩니다. 연구자들은 뿔뿔이 흩어졌습니다. 어떤 이는 월스트리트로, 어떤 이는 실리콘밸리의 신생 기업으로. "AI"라는 단어 자체가 아예 금기시되었죠. 한 연구자는 이렇게 회고했습니다.

"학회에서 '신경망'이라고 하면 사람들이 피했어요. 마치 전염병 환자 보듯이."

하버드 대학원생 시절 진공관 3,000개로 최초의 신경망 기계 SNARC를 만들었고, 1956년 다트머스 회의에서 뉴런의 방식을 흉내 내는 인공신경망의 주창자였던 마빈 민스키는 《퍼셉트론》 책을 낸 후, 연결주의 AI에서 기호주의 연구로 방향을 선회합니다. 신경망의 선구자였으나, 자신의 책으로 신경망 연구를 10년 이상 정체시킨 결과를 낳은 셈이죠. 하지만 말년에는 "내가 틀렸다. 딥러닝이 답이었다"고 인정했답니다.

그림 4-3: 마빈 민스키와 시모어 패퍼트의 《퍼셉트론》 표지

- AI 겨울이 오다

다음 장에서는 AI 겨울의 혹독한 추위 속에서도 신경망 연구를 포기하지 않았던 몇몇 괴짜들의 이야기로 이어 갑니다. 특히 캐나다의 한 교수, 제프리 힌튼이라는 이름을 기억해 두세요. 사람들이 그를 '신경망의 돈키호테'라고 불렀던 이유를 알게 될 겁니다.

또 연구를 묵묵히 이어 오던 사람 중 한 명이 폴 웨어보스(Paul Werbos)라는 하버드 대학원생이었습니다. 1974년에 쓴 박사 논문 제목이 "역전파(Backpropagation)". 그러나 당시 아무도 주목하지 않았답니다. 심사위원들도 "흥미롭네요" 정도였다지요. 하지만 이 논문에는 다층 퍼셉트론을 학습시킬 수 있는 묘책이 담겨 있었습니다. 은닉층의 오류를 계산하는 방법이 있었던 거지요.

10년 후, 이 방법은 데이비드 럼멜하트, 제프리 힌튼, 로널드 윌리엄스에 의해 재발견됩니다. 1986년 발표한 오차역전파(Backpropagation) 알고리즘. 오차(실제값과 예측값의 차이)를 출력층에서 입력층 방향으로 역으로 전파하며 각 층의 가중치를 업데이트하는 알고리즘인데, 마치 책임 추궁하는 것에 비유할 수 있습니다. 최종 출력에서 오차가 발생하면, 이 오차에 얼마나 기여했는지를 각 뉴런별로 계산해서 거꾸로 추적해 나가는 방식이죠.

이제 XOR은 문제가 아니었습니다. 더 복잡한 패턴들도 학습할 수 있게 되었고, 이것이 딥러닝 혁명의 출발점이 되지요. 그러나 너무 이른 기대는 하지 마세요. 2006년 딥러닝으로 발화하기까지 20년이 더 걸리니까요. 그 사이 두 번째 AI 겨울도 겪게 되고요. 그럼에도 포기하지 않고 묵묵히 견딘 사람들 덕분에 지금 챗GPT가 복잡한 질문에 답하고, 이미지 AI

가 환상적인 그림을 그리고, 자율주행차가 도로를 달릴 수 있게 됩니다.

생각해 보면 참 아이러니합니다. XOR 때문에 AI 연구가 10년간 멈췄다가, 그 XOR을 해결하는 과정에서 현재의 딥러닝이 탄생한 거니까요. XOR 문제는 AI 역사의 중요한 전환점이었습니다. 그리고 민스키의 책은 가혹했지만 필요했습니다. 때로는 가장 간단해 보이는 문제가 가장 깊은 통찰을 가져다주기도 하는 것 같습니다. XOR이 바로 그런 문제였죠.

- 에필로그: 마빈 민스키의 마지막 강연

2016년 1월, 88세의 마빈 민스키는 병상에서 제자들에게 말했습니다.

"내가 1969년에 쓴 책이 AI 연구를 10년간 얼려 버렸지. 하지만 그것도 필요한 과정이었어. 우리는 왜 안 되는지 알아야 어떻게 되게 할지 찾을 수 있으니까."

그는 알파고가 이세돌을 이기기 두 달 전에 세상을 떠났습니다. 신경망의 선구자이자 파괴자였던 그는, 결국 신경망의 승리를 목격하지 못한 채 눈을 감았죠. "과학의 발전은 직선이 아니다. 때로는 벽에 부딪혀야 우회로를 찾을 수 있다."- 마빈 민스키의 마지막 강연에서

▶ **Coming Next**

XOR의 벽이 무너뜨린 것은 퍼셉트론만이 아니었다. 인공신경망 연구가 조롱거리가 되면서 AI의 첫 번째 겨울이 시작됐다. 하지만 괴짜는 포기하지 않는 법. '신경망의 돈키호테'라는 사람이 있었다.

 QR코드를 스캔하시면 〈제4장 내용 요약〉
팟캐스트 형식의 동영상을 보실 수 있습니다.

PART 2

긴 겨울을 견딘 괴짜들(1970-2006):
"아무도 믿지 않을 때 홀로 걸어간 길"

"신경망은 사기다!"

XOR이라는 문제 하나가 원대한 꿈을 무너뜨렸다. 1969년, 퍼셉트론의 한계가 드러나며 AI의 첫 번째 겨울이 찾아왔다. 연구비는 끊기고, 신경망 연구는 학문적 자살로 치부되며 조롱이 쏟아졌다.

하지만 모두가 등을 돌린 암흑 속에서도 진정한 괴짜들은 포기하지 않았다. 토론토의 한 돈키호테 같은 교수는 꿋꿋이 신경망의 불씨를 끈질기게 지켜 냈고, 다른 한편에서는 상식을 가진 기계를 꿈꾸던 천재들이 1980년대 전문가 시스템으로 기호주의 AI의 짧은 봄을 맞이하기도 했다. 의사처럼 진단하는 기계, 지질학자처럼 광물을 찾는 컴퓨터. 한때는 수십억 달러 산업으로 성장했다.

그러나 상식이라는 거대한 벽 앞에서 좌절하고, 야심 찬 일본의 AI 프로젝트가 처절한 실패로 끝나는 동안, '머신러닝'이라는 이름의 조용한 혁명이 데이터 속에서 새로운 길을 모색하고 있었다. 과연 이들은 혹독한 추위를 어떻게 견딜까? 그리고 누가 AI의 새로운 봄의 불씨를 지필까?

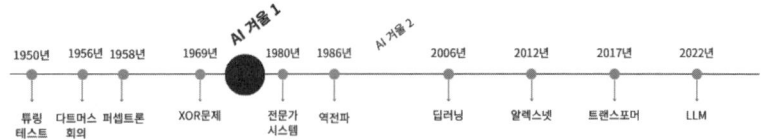

제5장

신경망의 돈키호테

"Winter is coming."

연구비는 끊기고 야유가 쏟아졌지만, 진짜 괴짜들은 포기하지 않았다. 토론토의 제프리 힌튼은 홀로 신경망의 꿈을 키웠다. 20년간의 혹독한 겨울 동안, 이 현대판 돈키호테는 무엇을 준비하고 있었을까? 그의 끈질긴 믿음이 훗날 딥러닝 혁명의 불씨가 될 줄 그 누가 알았으랴.

때로는 세상을 바꾸는 것은 합리적인 다수가 아니라, 미친 듯이 꿈을 좇는 소수의 괴짜일지도 모른다.

- 역전파가 작동한다!

1986년 어느 가을 아침, 토론토 대학교의 연구실에서 제프리 힌튼은 컴퓨터 화면을 바라보며 환호성을 질렀습니다. 화면에는 숫자들이 춤추고 있었죠. 0.7, 0.3, 0.9… 별것 아닌 것처럼 보이는 숫자들이었지만, 힌튼에게는 마법 같은 순간이었습니다.

"역전파가 작동한다!"

꺼져 가던 신경망 연구에 다시 불씨가 살아나고 있었지요. 이날은 AI 역사의 분수령이 되는 날이었습니다. 하지만 그 순간의 감격을 이해하려면, 먼저 당시의 참담한 현실을 알아야 합니다.

- 죽음의 계곡을 걷다

1980년대 중반, 인공신경망은 사실상 학계의 골칫거리였습니다. 1969년 마빈 민스키와 시모어 패퍼트가 《퍼셉트론》이라는 책에서 내린 사형선고는 여전히 유효했죠. "단층 퍼셉트론으로는 XOR 문제조차 풀 수 없다. 다층 신경망? 학습시킬 방법이 없지 않은가."

그들의 수학적 증명은 완벽했고, 결론은 명징했습니다. 신경망은 막다른 길이었어요. 하버드 대학원 시절부터, 그리고 다트머스 회의에서도 인공신경망의 선구자였던 마빈 민스키는 《퍼셉트론》 책을 낸 후, 신경망 연구를 포기합니다. 그리고 기호주의 AI 연구에 매진하지요.

1969년 《퍼셉트론》의 출간은 10년간 퍼셉트론에 매달렸던 프랭크 로젠블랫에게는 너무도 큰 충격이었죠. 연구비는 끊기고 학계에서 조롱받는 신세가 됩니다. 결국, 우울증 진단을 받고 1971년 요트 사고로 세상을 떠났지요. 주위에서는 자살로 추정하기도 했습니다.

AI 연구비는 돈이 되는 전문가 시스템과 논리와 규칙으로 지능을 만들어 내는 기호주의 AI로 몰렸습니다. 기호주의 AI에 대해서는 다음 장에서 살펴보겠습니다. 대학원생들은 신경망 연구를 "학문적 자살"이라고 부르며 기피했습니다. 교수직을 원한다면 절대 손대지 말아야 할 금기 영역이었죠. 제프리 힌튼 교수가 역전파를 발표했던 1986년은 그런 분위기였습니다.

하지만 세상에는 항상 이상한 사람들이 있습니다. 모든 사람이 "불가능하다"고 할 때, "정말 그럴까?"라고 의문을 품는 괴짜들 말이죠. 세상이 등을 돌린 AI 겨울 동안, 몇몇 연구자들은 묵묵히 자신만의 신념을 품고 연구를 계속했습니다. 이들이 없었다면 1986년의 역전파 알고리즘도, 2006년의 딥러닝 혁명도, 그리고 오늘 기계와 말을 나누는 일상도 불가능했을 겁니다.

그중 핵심 인물이 제프리 힌튼(Geoffrey Hinton)입니다. 인공신경망을 모두가 포기했을 때도 보이지 않는 곳에서 30년 넘는 끈질긴 구애 끝에 결국 딥러닝까지 이르게 한 '딥러닝의 대부'라 불리는 분이지요.

- 신경망의 돈키호테, 제프리 힌튼

제프리 힌튼은 좀 자세히 얘기하고 가야 할 인물입니다. 1947년 영국 윔블던에서 태어난 제프리 힌튼(Geoffrey Hinton)은 과학 금수저였습니다. 아버지 하워드 힌튼은 곤충학자/진화생물학자였고, 할아버지는 식물학자, 증조부는 4차원을 연구한 수학가였고, 고조 외할아버지가 바로 불대수학의 창시자 조지 부울(George Boole)이랍니다.

고등학교 시절, 친구가 "쥐의 뇌 연구가 재미있다"고 한 말에 흥미를 느낀 힌튼은 케임브리지 대학에서 실험심리학을, 에든버러 대학에서 인공지능 박사학위를 받습니다. 1970년대 후반, 그가 박사 과정을 마칠 무렵에는 이미 AI 겨울이었지요.

박사학위를 받은 후 힌튼은 영국에 머물며 연구를 계속하려 했지만, 정부와 기업의 AI 투자가 급감하면서 연구비 확보가 어려워졌습니다. 동료들은 하나둘 신경망 연구를 포기하고 다른 분야로 떠나갔고요. 그럼에도 힌튼은 신경망을 놓지 않습니다.

1980년대 초반, 영국에서 인공신경망의 새로운 지평을 열어가려 노력했지만 연구 여건이 워낙 어려워지자, 결국 1982년 미국으로 건너가기로 결심하지요. 1980년대 초중반, 퍼셉트론은 사장되고, 미국에서는 기호주의 전문가 시스템이 AI 연구의 주류를 이루고 있던 시절이었습니다. AI 겨울이라 불리는 1970-1980년대, 대부분의 연구자들은 이미 신경망을 떠났습니다. 주위에서도 힌튼의 고집을 말렸답니다.

"교수님, 정말로 신경망 연구를 계속하실 건가요? 다들 미쳤다고 하는데…"

"미쳤다고? 좋은 징조네. 콜럼버스도 미쳤다고 했잖아."

"제프, 자네 커리어를 망치고 싶나? 전문가 시스템이나 연구하게. 그게 돈이 되는 분야야."

하지만 힌튼은 흔들리지 않습니다.

"뇌가 규칙 기반으로 작동한다고? 말도 안 돼. 뇌는 학습하는 거야. 패턴에서 배우는 거라고."

1980년대 중반, 힌튼은 학계에서 '신경망의 돈키호테'로 불렸답니다. 불가능한 꿈을 좇는 무모한 사람이라는 의미였죠. 한 학회에서의 일화입니다. 힌튼이 신경망 연구를 발표하자, 한 노교수가 일어나 이렇게 말했답니다.

"젊은 교수, 우리가 1960년대에 다 해 본 거야. 안 된다니까. 왜 시간을 낭비하나?"

"1960년대엔 컴퓨터가 방 하나를 차지했죠. 지금은 책상 위에 있습니다. 10년 후엔 어떨까요?"

청중은 비웃었지만 힌튼은 확신이 있었죠.

"무어의 법칙을 아시나요? 컴퓨터 성능은 18개월마다 2배가 됩니다. 언젠가는 뇌만큼 복잡한 신경망도 돌릴 수 있을 겁니다."

- 존 홉필드와의 운명적 만남

미국에 온 힌튼은 운명적인 만남들을 갖게 됩니다. 존 홉필드, 데이비드 럼멜하트 같은 대가들과 만나면서 신경망 연구에 새로운 활력을 얻게 된 거죠.

이때 만난 사람 중 한 명이 존 홉필드(John Hopfield, 1933-) 교수였습니다. 2024년 노벨 물리학상은 존 홉필드와 제프리 힌튼에게 주어졌습니다. 그런데 존 홉필드는 물리학자지만, 제프리 힌튼은 물리학자가 아닙니다. 인공지능 교수가 노벨 물리학상을 받은 건 유례가 없던 일이기도 하죠. 두 사람이 인공 신경망 Artificial Neural Network을 활용한 기계학습(머신러닝)

그림 5-1: 2024년 존 홉필드와 제프리 힌튼의 노벨 물리학상 공동 수상

의 기초를 다진 공로를 인정받아 노벨 물리학상을 공동 수상했던 거지요.

힌튼은 1982년 나온 "홉필드 네트워크(Hopfield Network)"에 감명을 받습니다. 물리학 이론으로 신경망을 모델링한 것인데, "그건 거의 예술에 가까운 물리학이었다. 나는 그것을 읽고, 완전히 새로운 방식으로 신경망을 이해하게 되었다. 홉필드 네트워크는 내게 완전히 새로운 길을 보여 주었다."-제프리 힌튼, 인터뷰 중에서라고 할 정도였습니다.

비유를 들어서 홉필드 네트워크의 개념만 이해해 보죠. 가끔 사람 이름이 잘 기억나지 않는 적 있으시죠? "아, 이름이 뭐였더라?" 어떤 친구의 목소리나 얼굴은 떠오르는데, 이름이 기억나지 않아요. 그런데 조금 지나면 이름이나 인상이 서서히 머릿속에 복원되는 걸 경험한 적이 있을 겁니다. 홉필드 네트워크는 바로 그런 식입니다.

"연상 기억(associative memory)을 흉내 내서 부분 정보만 주면 전체 기억을 찾아가는 네트워크"

- 인공신경망의 계보

하지만 힌튼은 여기서 멈출 수 없었습니다. 홉필드 네트워크만으로는 자신의 목표를 달성하는 데에 한계가 있었죠. 정해진 패턴만 기억할 뿐, 새로운 패턴을 '학습'하거나 '생성'할 수는 없었기 때문입니다. "홉필드의 에너지 개념은 훌륭해. 하지만 우리에게 필요한 건 기억하는 기계가 아니라 학습하는 기계야."

힌튼은 홉필드 네트워크에서 한 걸음 더 나아갑니다. 19세기의 통계물리학자 루트비히 볼츠만(1844-1906)의 이론을 끌어온 거죠. 볼츠만은 분자들이 무작위로 움직이면서도 결국 가장 안정적인 상태를 찾아간다는 것을 증명한 열역학자입니다. "만약 신경망도 확률적으로 움직이면서 최적의 상태를 찾아간다면?"

1985년, 테리 세즈노스키와 함께 발표한 '볼츠만 머신(Boltzmann

Machine)'은 이런 아이디어의 결정체였습니다. '머신'이라 하니 무슨 기계를 만들었나 오해할 수도 있겠지만, 볼츠만 머신은 컴퓨터에서 돌아가는 소프트웨어 모델입니다. 확률에 기반해 학습하는 인공신경망이죠. 홉필드 네트워크가 '결정론적'이라면, 볼츠만 머신은 '확률론적'이었습니다. 간단히 말하자면,

- 홉필드 네트워크 = 기억을 꺼내는 장치(도서관의 책 찾기)
- 볼츠만 머신 = 패턴을 학습하고 생성하는 장치(작가가 새 책 쓰기)

볼츠만 머신은 1986년 폴 스몰렌스키에 의해 '제한된 볼츠만 머신(RBM: Restricted Boltzmann Machine)'으로 개선되고, 20년이라는 긴 인고의 시간이 지난 2006년, '제한된 볼츠만 머신'을 층층이 깊게 쌓은 '심층 신뢰망(DBN: Deep Belief Network)'으로 꽃을 피우게 됩니다.

주요 인공신경망의 계보를 정리하자면, 퍼셉트론(1958) - 홉필드 네트워크(1982) - 볼츠만 머신(1985) - 제한된 볼츠만 머신(1986) - 심층 신뢰망(2006)으로 이어집니다. 그리고 2017년 트랜스포머 혁명을 거쳐 현재 우리가 매일 쓰고 있는 LLM대형언어모델이 만들어집니다.

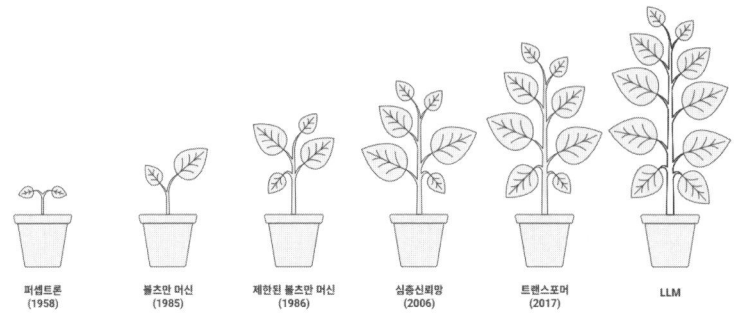

퍼셉트론
(1958)

볼츠만 머신
(1985)

제한된 볼츠만 머신
(1986)

심층신뢰망
(2006)

트랜스포머
(2017)

LLM

그림 5-2: 인공신경망의 역사적 계보

- 살아남은 지하 조직

그러나 아직 중요한 문제가 남아 있습니다. 두뇌만 만들면 뭐 해요, 학습을 해야 지능이 생기죠. 뉴런과 시냅스만 있다고 저절로 학습이 되는 건 아닙니다. 인간은 생존이라는 목표가 있어 진화하는 과정에서 학습을 해 왔습니다. 인간 지능은 오랜 진화의 산물이죠.

그러나 기계는 스스로 학습할 수 없습니다. 학습할 수 있도록 짜줘야 하는데, 다층 신경망에는 은닉층hidden layer이 있어 학습시킬 방법을 찾을 수 없었던 거죠. 그게 신경망 연구를 죽음의 계곡으로 몰고 간 장애물이었고요.

공식적으로는 죽은 분야였지만, 신경망 연구자들은 완전히 사라지지 않았습니다. 그들은 마치 지하 조직처럼 은밀하게 모였죠. PDP(Parallel Distributed Processing) 연구 그룹이 그중 하나였습니다. PDP의 참여자들은 스스로를 AI 연구자라고 생각하지도 않았고, 대부분 컴퓨터 과학자도 아니었습니다. 그들은 인지과학 현상을 설명하기 위해 신경망을 연구하는 심리학자, 언어학자, 철학자들이었죠.

연구 그룹 이름부터 '신경망'이라는 단어는 아예 쓰지 않았습니다. 대신 '병렬분산처리'라는 중립적인 용어를 사용했습니다. 연구비 신청서에서 이것이 오히려 장점이 되었다죠. AI 겨울의 영향을 직접적으로 받지 않으면서도, 신경망 연구를 계속할 수 있었으니까요.

PDP 그룹의 수장은 데이비드 럼멜하트(1942-2011) 교수였습니다. 그는 AI 연구자가 아니라 인지심리학자였습니다. 럼멜하트는 인간의 학습 과정을 연구하다가 흥미로운 통찰에 도달합니다. "인간은 실수로부터 배운다. 그것도 거꾸로 추적하면서." 1985년 어느 날, 힌튼과 럼멜하트는 커피를 마시며 이야기를 나눕니다.

럼멜하트: "우리가 실수했을 때, 뇌는 어떻게 그 원인을 찾을까요?"

힌튼: "역으로 추적하겠죠. 결과에서 원인으로."

럼멜하트: "그렇다면 신경망도…"

힌튼: "역으로 오류를 전파시키면 되겠군요!"

- 은닉층 학습의 해법, 역전파 알고리즘의 재해석

힌튼과 럼멜하트는 당시 "은닉층(hidden layer)을 가진 신경망은 학습시킬 수 없다"는 정설에 맞서기로 합니다. 층을 여러 개 쌓으면 입력과 출력 사이에 은닉층이 생기는데, 문제는 은닉층은 말 그대로 숨어 있어서 hidden 그 안에서 어떤 연산이 어떻게 일어나는지 사람이 알 방법이 없다는 점입니다. 컴퓨터가 1,000차 방정식도 푸는데 어떻게 푸는지 블랙박스 같은 거죠. AI가 하는 일을 인간이 모른다는 게 이런 의미입니다.

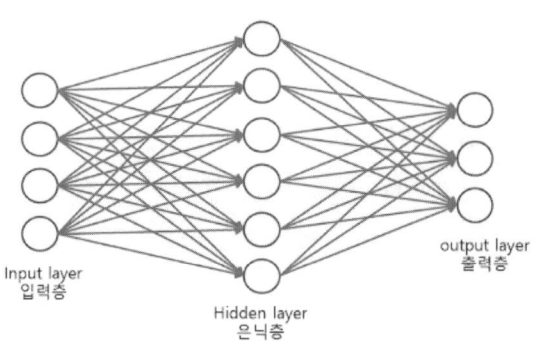

그림 5-3: 인공신경망의 다층 구조와 '은닉층'의 블랙박스 문제
(출처: 위키독스)

이 은닉층은 단순히 중간 계산을 담당하는 곳이라 그 가중치를 직접 조정하기가 매우 어렵습니다. 문제는, 이 은닉층의 가중치를 어떻게 조절할지 방법이 없었다는 것이었습니다. 당시에는 신경망에 데이터를 넣고 결과를 비교해도, 중간에 있는 은닉층이 정확히 어떤 연산을 수행하고 있는지를 사람이 계산해 낼 수 없었고, 그 결과 신경망의 성능을 향상시킬 수 없었던 겁니다.

많은 연구자들이 신경망을 포기했던 이유는 이처럼 은닉층을 훈련시킬 실용적인 방법이 없었기 때문이었죠. AI 겨울을 끝내고 봄이 오게 하려면 은닉층 학습 방법을 반드시 찾아야 합니다. 힌튼과 럼멜하트가 여기에 천착했고, 1986년 제안한 알고리즘이 역전파(backpropagation)입니다.

사실 역전파 알고리즘 자체는 1960년대부터 이미 개발되어 있었습니다. 1969년 브라이슨과 호가, 1974년 폴 워보스가 이미 기본 아이디어를 제시했죠. 하지만 AI 겨울의 분위기 속에서 이런 연구들은 제대로 주목받지 못했습니다. 워보스의 1974년 하버드 박사 논문은 무려 8년 후인 1982년에야 발표될 정도였으니까요.

럼멜하트와 힌튼은 이런 선행 연구들을 바탕으로, 다층 신경망에서 실제로 작동하는 역전파 알고리즘을 완성했습니다. 1986년, 힌튼은 데이비드 럼멜하트, 로날드 윌리엄스와 함께 역전파 알고리즘을 재발견하고 개선합니다. 네이처(Nature)지에 발표된 이 논문은 AI 역사의 전환점이 됩니다. 그러나 럼멜하트는 딥러닝이 만개하는 걸 보지 못하고 2011년 알츠하이머로 사망하죠.

- 실수에서 배우는 통찰

역전파 알고리즘은 인공신경망 연구의 핵심 개념입니다. 역전파가 뭐길래 죽어 가던 신경망 연구를 심폐 소생시킬 수 있었을까요? 역전파(Backpropagation)라는 용어는 거꾸로 전파한다는 의미죠. 출력층(뒤)으로부터 입력층(앞) 방향으로 오차를 수정해 가는 방식입니다.

다트 던지기를 상상해 보세요. 첫 번째 던지기에서 과녁을 빗나갔습니다. 어떻게 하시겠어요? 아마 "아, 너무 왼쪽으로 갔네. 다음엔 좀 더 오른쪽으로 던져야겠다"라고 생각하며 조정할 겁니다. "어깨 힘을 좀 빼야 하나? 다리를 좀 더 벌릴까?" 등등. 이것이 가중치를 조정하는 것이고, 가중치를 조정하는 과정이 학습입니다. 실수를 하고, 그 실수가 어디서 왔는지 분석하고, 다음번에는 더 나은 결과를 위해 행동을 조정하는 과정을 반복하는 것이죠.

신경망도 마찬가지입니다. 신경망은 정답을 모르고 시작합니다. 처음 했더니 개를 고양이라고 출력했습니다. 틀렸지요? 오차가 생긴 겁니다. 오차를 수정하려면 가중치(weight)를 바꿔야 합니다. 앞 장에서 가중치와 편향을 조정해 가는 것이 학습이라고 한 말 기억하시나요? 이때 뒤에서부터 앞으로 가중치를 조정해 가는 방식이 역전파입니다. 학생들의 공부에 비유해 보겠습니다.

1. 모의고사를 봅니다(순전파: 입력→출력)

2. 채점을 합니다(오차 계산)

3. 틀린 문제를 분석합니다(역전파: 출력→입력)

4. 어느 과목, 어느 단원이 약한지 파악합니다

5. 그 부분을 집중적으로 공부합니다(가중치 업데이트)

역전파도 똑같습니다. 일단 순방향으로 갔다가 최종 결과에서 오차가 나면, 그 오차가 어디서 비롯됐는지 거꾸로 추적해 나가는 방식입니다.

신경망은 입력층 → 은닉층 → 출력층의 연쇄 계산입니다. 출력 결과와 정답의 차이(오차)를 계산하고, 이 오차를 출력층에서부터 은닉층 쪽으로 '역으로' 전달하며, 각 가중치가 얼마나 이 오차에 책임이 있는지를 평가해서 그만큼 조금씩 수정합니다.

출력층: "답이 틀렸네? 오차가 0.5야."
↓
은닉층2: "내가 0.3만큼 잘못했구나."
↓
은닉층1: "나는 0.2만큼 책임이 있네."
↓
입력층: "다음엔 가중치를 조정해야겠다."

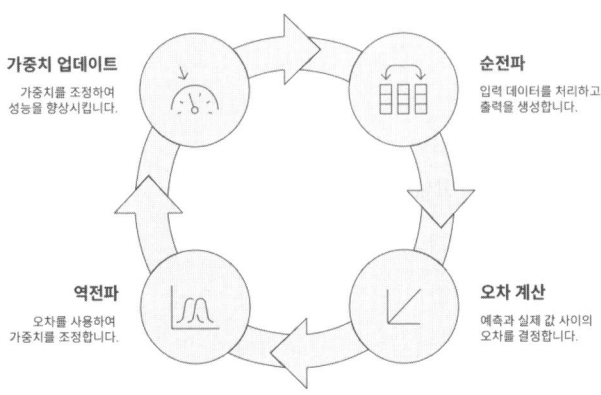

그림 5-4: '오차 역전파' 학습 주기를 통한 신경망 가중치 조정 프로세스

신경망의 계산은 입력층 → 은닉층 → 출력층으로 순방향(forward)으로 흘러가지만, 학습(가중치 수정)은 출력층 → 은닉층 → 입력층 방향으로 거꾸로 흐릅니다. 이 흐름을 "역방향으로 오류를 전파"한다고 해서 역전파(back-propagation)라고 부르는 거지요. 이렇게 순전파와 역전파를 계속 반복하면서 최적의 가중치를 찾아가는 과정이 학습입니다.

수학의 미분 연쇄 법칙(Chain Rule)을 다층 신경망에 적용한다는 발상이 혁신적이었습니다. 출력의 오차가 조금이라도 변했을 때, 이 가중치를 얼마나 바꾸면 도움이 되는가? 그 기울기를 구해보는 것이죠. 핵심은 "책임 소재를 명확히 하는 것"이고요.

정리하자면, 역전파란 신경망이 실수했을 때, 그 실수의 흔적을 뒤에서부터 따라가며 누구 책임인지 추적하고, 그만큼 살짝 고쳐주는 똑똑한 조정자입니다. 결국, 인간은 은닉층에서 일어나는 계산을 알 수는 없지만, 신경망이 스스로 정답에 가까워지도록 학습시킬 수 있게 된 겁니다.

- 부활의 신호탄

드디어 그 순간이 왔습니다. 1986년, 럼멜하트와 힌튼, 윌리엄스는 《Nature》에 논문을 발표했습니다. 제목은 "Learning representations by back-propagating errors"오차역전파를 통한 표현 학습였죠. 오차역전파(Backpropagation) 알고리즘의 공식 데뷔였습니다.

논문 발표 전, 힌튼은 잠을 이룰 수 없었을 겁니다. "정말 작동할까? 혹시 어디서 실수한 건 아닐까?" 하지만 컴퓨터는 거짓말하지 않았습니다. XOR 문제를 풀었고, 더 복잡한 문제도 해결했습니다. 민스키와 패퍼트가 "불가능하다"고 선언했던 그 일이 현실이 된 거죠.

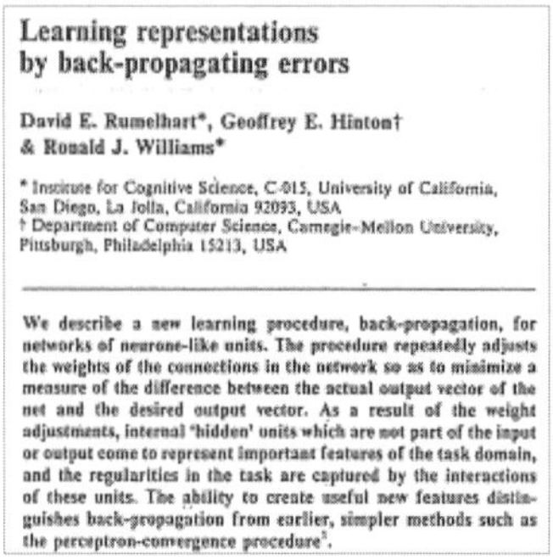

**Learning representations
by back-propagating errors**

David E. Rumelhart*, Geoffrey E. Hinton†
& Ronald J. Williams*

* Institute for Cognitive Science, C-015, University of California,
San Diego, La Jolla, California 92093, USA
† Department of Computer Science, Carnegie-Mellon University,
Pittsburgh, Philadelphia 15213, USA

We describe a new learning procedure, back-propagation, for
networks of neurone-like units. The procedure repeatedly adjusts
the weights of the connections in the network so as to minimize a
measure of the difference between the actual output vector of the
net and the desired output vector. As a result of the weight
adjustments, internal 'hidden' units which are not part of the input
or output come to represent important features of the task domain,
and the regularities in the task are captured by the interactions
of these units. The ability to create useful new features distin-
guishes back-propagation from earlier, simpler methods such as
the perceptron-convergence procedure¹.

그림 5-5: 1986년 역전파 알고리즘을
발표한 기념비적인 논문

하지만 세상의 반응은 즉각적이지 않았습니다. 17년간 "죽은 분야"였던 신경망에 대한 편견은 쉽게 바뀌지 않았죠. "또 신경망 타령이군. 이번엔 또 뭘 할 수 있다는 거야?"

하지만 힌튼은 포기하지 않고 학회마다 다니며 역전파를 설명했고, 데모를 보여 줬습니다. 신경망이 손글씨를 읽고, 패턴을 찾아내는 모습을 직접 보여 준 것이죠. 천천히, 하지만 확실하게 분위기가 바뀌기 시작했습니다. "이거… 정말 되는 것 같은데?"

1986년은 AI 역사에서 '연결주의의 부활'이 시작된 해로 기록됩니다. 힌튼이 쏘아 올린 신호탄은 세계 곳곳에서 잠들어 있던 신경망 연구자들을 깨웠습니다. 도쿄에서는 후쿠시마가 네오코그니트론을 발전시키고 있었고, 파리에서는 얀 르쿤이 합성곱 신경망을 구상하고 있었습니다. 핀란드에서는 코호넨이 자기조직화 지도를 연구하고 있었죠.

"겨울이 끝났다!"

- 그러나 두 번째 AI 겨울이 오다

하지만 이것은 산 하나 넘은 것에 불과했습니다. '제한된 볼츠만 머신 (RBM)'도 고안했고 오차역전파 알고리즘으로 은닉층도 학습할 수 있게 되면서 1990년대 초, 신경망은 잠시 부활하는 듯했습니다. 오차역전파 알고리즘이 제대로 작동했고, 실용적인 응용도 나왔죠. 하지만 크게 두 가지 문제가 또 발목을 잡습니다. 기울기 소실 문제(Vanishing Gradient) 와 과적합 문제(Over-fitting). 이에 대해서는 10장에서 설명하겠습니다.

무엇보다도 1980-1990년대 컴퓨터 성능으로는 깊고 복잡한 신경망을 학습시키기에는 아직 부족했습니다. '제한된 볼츠만 머신(RBM)'처럼 확률적 샘플링을 필요로 하는 모델은 매우 많은 반복 연산과 샘플링을 요구합니다. 실험 하나 돌리려면 며칠이 걸렸던 거죠. 아이디어는 있었지만, 실제로 학습시켜 보기조차 힘들었던 시기였습니다. 또 학습시킬 데이터도 부족했고요. 공부하려 해도 교재가 부족했던 셈이죠.

결국, 또다시 '실패한 낭만주의자들의 꿈'으로 치부되었고, 힌튼은 한동안 전통 AI 학회가 아니라 신경과학 쪽에서 연구를 발표했습니다. 두 번째 AI 겨울도 혹독했지요. 역전파로 살아난 신경망은 앞으로 20년 동안 더 큰 시련을 겪어야 했고, 더 드라마틱한 진화를 해 나가야만 했습니다.

그러나 제프리 힌튼이라는 돈키호테가 모두가 '계산기'라고 부르는 신경망에서 '생각하는 기계'의 가능성을 보고 무모하고도 대담한 실패와 도전을 이어 왔기에 오늘날 우리가 챗GPT와 대화할 수 있는 겁니다. 세상을 바꾸는 건 상식을 의심하는 괴짜의 괴팍스러운 호기심이니까요.

- 에필로그: 역전파의 동지들, 그 후

▷ 데이비드 럼멜하트(David Rumelhart, 1942-2011)

1987년 스탠퍼드 대학교로 이직하여 활발하게 연구 활동을 이어 가면서 맥아더 천재상, 미국 과학아카데미 회원, 미국심리학회 우수 과학기여상 등 수많은 상을 받았습니다. 그러나 안타깝게도 1990년대에 신경퇴행성 질환이 그의 뛰어난 지적 능력을 앗아갔지요. 1998년 은퇴 후 오랜 투병 끝에 2011년 3월 13일, 68세의 나이로 신경퇴행성 질환 합병증으로 사망합니다.

럼멜하트는 천재성과 비극이 함께한 인물이었습니다. 역전파 알고리즘을 독립적으로 개발한 핵심 인물이었지만, 정작 그 기술이 꽃피우는 딥러닝 시대를 보지 못하고 신경퇴행성 질환으로 고생하다 세상을 떠났네요.

▷ 로널드 윌리엄스(Ronald Williams, 1945-2024)

럼멜하트, 힌튼과 함께 1986년 역전파 논문에 참여했던 윌리엄스는 노스이스턴 대학교에서 컴퓨터과학 교수로 꾸준한 학자의 길을 걸어갔습니다. 신경망의 개척자 중 한 명으로 순환신경망과 강화학습 분야에 기초적인 기여를 했지요.

최근까지도 단백질 구조에서 활성 아미노산 예측에 사용되는 기계학습 방법을 연구하다가 2024년 2월 16일 매사추세츠 주 프레이밍햄에서 79세의 나이로 사망했습니다. 그는 화려하지는 않지만 꾸준히 연구를 이어 간 학자였습니다.

▶ Coming Next

힌튼이 홀로 신경망을 연구하는 동안, 한편에서 다른 꿈을 키우는 이가 있었다. 존 매카시의 상식을 가진 기계. 기호주의 AI의 황금시대가 열린다.

 QR코드를 스캔하시면 〈제5장 내용 요약〉
팟캐스트 형식의 동영상을 보실 수 있습니다.

제6장

상식이라는 큰 산, 섭씨 0도의 물은 차갑다

"상식 있는 기계를 만들 수 있을까?"

존 매카시가 던진 이 질문은 AI 연구자들을 좌절시켰다. 어린아이도 아는 "섭씨 0도의 물은 차갑다"는 상식을 기계에게 어떻게 가르칠 것인가? 세상의 모든 상식을 컴퓨터에 입력할 수는 없는 노릇이었다.

상식의 산은 생각보다 높고 험했다. 1984년 더글라스 레넷이 시작한 Cyc 프로젝트는 40년이 지난 지금도 진행 중이다. 과연 기계는 인간의 상식을 이해할 수 있을까?

- 다트머스 회의 이후

1962년 가을, 스탠퍼드 대학교에 한 젊은 교수가 도착했습니다. 존 매카시 기억하시죠? 1956년 다트머스 회의를 주동했던 그 열정파. 다트머스 회의 후 참석자들은 각자의 분야에서 연구를 이어가는 동안, 존 매카시는 서부로 향했습니다. 그의 가방에는 야심 찬 계획서 한 장이 들어 있었죠.

"10년 내에 인간의 상식을 가진 기계를 만들겠다."

매카시가 스탠퍼드로 온 이유는 단순했습니다. MIT에서는 마빈 민스키가 신경망 연구에 집중하고 있던 한편, 매카시는 다른 길을 걸었거든요. 1956년 다트머스 회의에서 함께 'Artificial Intelligence'라는 용어를 만들었던 두 사람이지만, 접근 방식은 완전히 달랐습니다.

"민스키는 뇌를 흉내 내려 하지만, 나는 생각을 모델링하고 싶다." 다트머스 회의 당시, 민스키는 연결주의민스키는 1969년 《퍼셉트론》 출간 후 기호주의로 전향, 매카시는 기호주의의 대표주자였습니다. 매카시는 "인간의 사고란, 결국 기호(symbol)를 다루는 일이다"라고 생각한 거죠.

사람은 단어, 숫자, 개념을 가지고 논리적으로 추론하고 문제를 풀지요. 그렇다면, 컴퓨터에게도 기호를 조작하게 만들면 사람처럼 생각하게 만들 수 있지 않을까? 이 생각이 바로 기호주의(symbolic AI)의 시작입니다.

매카시는 스탠퍼드에 도착하자마자 SAIL(Stanford Artificial Intelligence Laboratory)을 설립합니다. 1963년, 힐스 캠퍼스에 세워진 이 연구소는 곧 AI 연구의 메카가 되었죠. 이곳은 훗날 구글 창업자, 자율주행차 연구진, 로봇 연구자들을 다수 배출한 전설적인 AI의 요람이 됩니다.

그런데 매카시가 추구한 것은 뇌의 구조를 모방하는 것이 아니었습니다. 인간의 '사고 과정' 자체를 논리로 표현하는 것이었지요. 그는 이곳에서 자동 추론 시스템, 기호적 표현 구조, 로봇 지능, 상식 추론 등에 집중합니다.

- 기호주의 vs 연결주의

여기서 잠깐, AI 연구의 두 가지 철학이 어떻게 다른지 다시 한번 회상하고 가겠습니다. 다트머스 회의 이후 인공지능 연구가 두 갈래 길로 나뉘었다는 것 기억하시죠? 연결주의 vs 기호주의입니다.

◇ **연결주의(Connectionism)**
- 핵심 철학: "지능은 패턴 인식이다"
- 구현 방식: 인간의 뇌를 모방한 신경망
- 학습 방법: 데이터에서 패턴을 찾아 확률적으로 판단
- 대표 인물: 로젠블랫, 제프리 힌튼 등
- 예시: "이런 패턴들을 많이 봤으니까 이게 고양이일 확률이 90%"

◇ **기호주의(Symbolism)**
- 핵심 철학: "지능은 논리적 추론이다"
- 구현 방식: 명확한 규칙과 기호를 이용한 논리 체계
- 학습 방법: 전문가의 지식을 규칙으로 입력
- 대표 인물: 존 매카시, 마빈 민스키연결주의→기호주의
- 예시: "털이 있고 + 네 다리 + 야옹 소리 = 고양이"

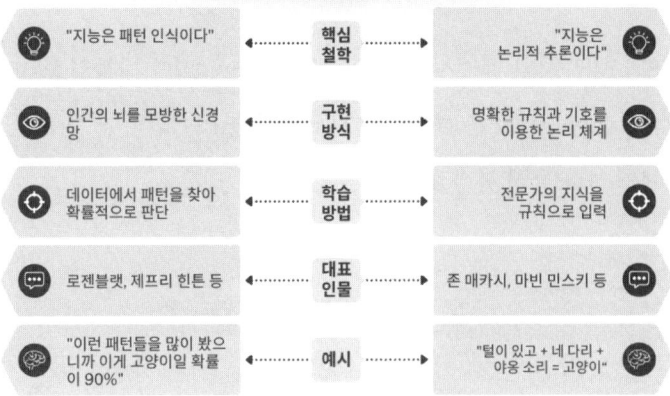

그림 6-1: '연결주의'와 '기호주의' AI의 대조적인 접근 방식

지금까지 3-5장에서 우리가 살펴본 퍼셉트론, XOR 문제, 제한된 볼츠만 머신, 역전파 알고리즘은 모두 연결주의 AI의 역사였습니다. 인간의 뇌처럼 수많은 연결을 통해 패턴을 학습하고, 확률을 바탕으로 판단하는 방식이죠. 제프리 힌튼의 신경망 연구가 어떻게 딥러닝으로 발화했는지는 10장에서 다시 살펴보고, 이번 장부터는 기호주의 AI 연구가 다트머스 회의 이후 어떻게 진전되었는지 따라가 보겠습니다.

- LISP, 생각을 위한 언어

다시 매카시 이야기를 이어 가죠. 매카시가 자신의 꿈을 실현하기 위해 했던 첫 번째 프로젝트는 프로그래밍 언어를 만드는 일이었습니다. 컴퓨터에게 논리를 가르치고 추론하게 하려면 기호(Symbol)를 다루는 언어가 필요했습니다. 그런데 기존 프로그래밍 언어들은 숫자 계산에 특화되어 있었습니다. FORTRAN은 수학 공식을, COBOL은 비즈니스 데이터를 처리했죠.

1958년 MIT 시절 맥카시는 LISP(LISt Processing)를 만들었습니다. 오늘날에도 쓰이는 LISP은 괄호가 많기로 유명한 언어입니다. 어떤 식인지 살짝 예를 하나 들어 볼까요?

(if (〉 x 5) (print "hello"))

이게 어떤 의미인 것 같으세요? if가 있으니까 조건문입니다. "만약 x가 5보다 크면, 'hello'를 출력하라(그렇지 않으면 아무 일도 하지 않는다)" 명령입니다. 어떠세요? 생각보다 어렵지 않죠. 요즘 인공지능 연구를 위해 많이 사용되는 파이썬으로 하면 이렇습니다.

if x 〉 5:
    print("hello")

비슷하죠? 인간의 언어와 가장 가까워 직관적으로 이해할 수 있다는 파이썬(Python)과 비교해도 별 손색이 없습니다. 파이썬보다 30년도 더 일찍 만들어진 언어인데도요.

LISP은 단순히 계산을 위한 언어가 아니었습니다. '생각'을 위한 언어였죠. 학창 시절 삼단논법 공부하신 적 있죠. "소크라테스는 사람이다 - 모든 사람은 죽는다 - 그러므로 소크라테스는 죽는다." 이걸 LISP로 표현하면,

(human Socrates) → 소크라테스는 사람이다

(mortal human) → 모든 사람은 죽는다

(if (and (human X) (mortal human))

    (mortal X)) → 만일 X가 사람이고, 모든 사람이 죽는다면 X는 죽는다

논리를 프로그래밍 언어로 표현한 것입니다. 매카시는 이렇게 설명했습니다. "컴퓨터가 숫자만 다룰 이유가 없다. 개념도, 관계도, 논리도 다룰 수 있어야 한다."

LISP의 아름다움은 단순함에 있었습니다. 모든 것이 리스트(목록)로 표현되었죠. 데이터도 리스트, 프로그램도 리스트. 심지어 프로그램이 스스로를 수정할 수도 있었습니다. 이는 '자기반성적 프로그래밍(reflective programming)'이라는 혁신적 개념이었죠. LISP은 프로그래밍 언어 역사에 지대한 영향을 끼친 언어입니다.

1960년대 후반, SAIL의 연구자들은 LISP로 놀라운 것들을 만들어 내게 됩니다. 수학 정리를 증명하는 프로그램, 영어를 이해하는 프로그램, 심지어 간단한 대화를 나누는 프로그램까지.

- 상식이라는 거대한 산

그러나 단어, 숫자, 개념 등을 기호로 전환해서 기계에게 학습시키겠다는 매카시는 곧 큰 벽에 직면했습니다. 바로 '상식common sense'이었죠. 1969년, 그는 "상식을 가진 프로그램들(Programs with Common Sense)"이라는 유명한 논문을 발표합니다. 여기서 그는 진정한 AI가 되려면 인간의 상식을 가져야 한다고 주장합니다. 상식이 뭐길래 그렇게 중요할까요?

간단한 예시를 들어 보겠습니다.

"존이 공항에 갔다. 그리고 런던으로 떠났다."

이 두 문장을 읽으면 우리는 자동적으로 이런 것들을 추론합니다.

- 존은 비행기를 탔을 것이다.
- 존은 지금 런던에 있을 것이다.
- 존은 여권을 가지고 있었을 것이다.
- 존은 돈을 지불했을 것이다.

그러나 컴퓨터에게는 이런 추론이 불가능합니다. 명시적으로 프로그래밍되지 않은 것, 즉 인간이 일일이 입력해 주지 않은 것은 알 수 없거든요. 컴퓨터는 아주 고지식하고, 맹목적인 기계입니다. 눈치도 없고 상식도 없는 게 당연합니다. 매카시는 더 복잡한 예를 들었습니다.

"로봇에게 '나를 공항으로 데려다줘'라고 명령했다고 해 보자. 로봇은 무엇을 해야 할까?"

인간이라면 당연히 다음과 같이 생각할 겁니다.

- 차 키를 가져온다.
- 연료가 충분한지 확인한다.
- 교통상황을 고려해 경로를 선택한다.
- 출발 시간을 역산한다.

하지만 이 모든 것을 로봇에게 일일이 프로그래밍해야 합니다. 프로그래밍(programming)이란 컴퓨터가 알아먹을 수 있는 언어로 코드를 짜서 입력해 주는 행위입니다. 사람은 '아' 하면 '어' 하고 어느 정도는 눈치껏 추론해서 행동할 텐데 컴퓨터는 그게 안 됩니다. 모든 걸 다 가르쳐 줘야 한다면 끝이 없겠지요.

"상식은 빙산 같다. 보이는 부분은 작지만, 보이지 않는 부분이 거대하다."

- 프레임 문제: 무엇을 고려하고, 무엇을 무시할 것인가?

1980년대 들어 기호주의 AI는 더 근본적인 문제에 부딪힙니다. 바로 '프레임 문제(Frame Problem)'였죠. 간단한 예를 들어 볼까요.

당신은 AI 로봇입니다.

지금 당신은 의자 위에 앉아 있고, 눈앞엔 탁자가 있습니다.

당신에게 이렇게 명령이 주어집니다.

"일어나서 냉장고까지 걸어가라."

인간이라면 그냥 일어나서 걸어갈 겁니다. 그런데 컴퓨터는 아주 고지식하고 꼼꼼하죠. 그래서 이런 생각을 합니다.

"내가 일어나면 내 몸의 위치가 바뀌겠지?"

"그럼 탁자의 위치는? 의자의 위치는? 벽지 색깔은?"

"혹시 내 키가 줄어들진 않을까? 내 이름이 바뀔까?"

당연히 아무 일도 안 생기는데도, AI는 바뀌지 않을 수많은 사실들을 일일이 고려합니다. 헛웃음이 나오시나요? 하늘이 무너지거나 땅이 꺼지는 것도 아닌데, 컴퓨터는 없는 걱정도 사서 합니다. 인간에게는 당연한 상식이지만, 컴퓨터는 이를 어떻게 알 수 있을까요? 모든 가능한 변화를 다 나열해야 할까요? 그렇다면 끝이 없을 것입니다.

프레임 문제란 "어떤 행동을 취할 때, 무엇이 변하고 무엇이 변하지 않는지를 어떻게 알 것인가?" 다시 말해, AI가 어떤 행동을 했을 때, 바뀐 것만 고려하면 되는데 바뀌지 않은 모든 것까지도 하나하나 명시해야 하는 비효율의 딜레마를 말합니다. 행동의 직접적인 결과만 고려하면 되는데도, 모든 사실의 변경 여부를 점검하려는 태도는 계산량을 폭발시키고 비효율을 유발하는 거죠.

더 복잡한 예를 생각해 보죠. 다니엘 데닛이 제시한 유명한 사례입니다. "로봇 R1은 방에서 배터리를 가져와야 한다. 하지만 배터리 위에는 시한폭탄이 있다. 로봇은 배터리를 가져오되, 폭탄은 가져오면 안 된다."

R1은 열심히 계산했습니다. "배터리를 가져오면 폭탄도 따라온다. 이는 원하지 않는 결과다." 그래서 R1은 아무것도 하지 않았고, 폭탄이 터져서 파괴되었습니다.

개선된 로봇 R2는 이렇게 생각했습니다. "관련 없는 것들은 무시하자. 천장의 색깔이나 벽의 온도 같은 건 신경 쓰지 말자." 하지만 R2는 천장 색깔이 변하지 않는다는 것, 벽 온도가 변하지 않는다는 것 등등을 계산하느라 바빴습니다. 그사이 폭탄이 터졌죠.

사오정 같나요? 이것이 프레임 문제입니다. 현실 세계에서는 고려해야 할 변수가 무한하기 때문에, 무엇을 고려하고 무엇을 무시할지 결정하는 것 자체가 거대한 문제가 되었던 것이죠. 사실 프레임 문제는 지금도 해결해야 할 고민거리입니다. 로봇청소기나 자율주행이 제대로 작동하려면 상태의 변화를 인지해야 하니까요.

> 진공 청소기 로봇이 방을 청소하는 상황을 생각해 봅시다.

> 로봇은 방 안을 돌아다니며 먼지를 흡입합니다. 하지만, 로봇은 청소하는 동안 방 안의 가구 위치가 바뀌거나, 새로운 장애물이 나타나는 상황에 적절하게 대처하지 못합니다. 예를 들어, 의자가 넘어지거나, 아이가 장난감을 방에 가져다 놓으면, 로봇은 이를 인식하지 못하고 의자에 부딪히거나 장난감을 흡입하려고 시도할 수 있습니다.

> 프레임 문제는 어떻게 발생합니까?

> 로봇은 초기 방의 구조에 대한 정보를 가지고 있지만, 청소 과정에서 발생하는 환경 변화를 실시간으로 반영하지 못합니다. 로봇은 어떤 변화가 청소 작업에 영향을 미치는지 스스로 판단하지 못하고, 외부 센서를 통해 변화를 감지하더라도 이를 기존 정보와 통합하는 데 어려움을 겪습니다.

그림 6-2: '로봇청소기'를 통해 본 '프레임 문제'의 어려움 설명

- 브리트니 스피어스 문제

더 재미있는 사례도 있습니다. AI 연구자들 사이에서 "브리트니 스피어스 문제"라고 불렸던 것인데, 기호주의 AI 모델에게 이런 질문을 해 보세요. "브리트니 스피어스는 얼마나 많은 머리카락을 가지고 있는가?" AI는 이렇게 답할 것입니다. "모르겠습니다. 데이터베이스에 그런 정보가 없습니다."

여기까진 좋습니다. 그럼 이런 질문은요? "브리트니 스피어스가 슈퍼마켓에 갈 때 머리카락을 가져갈까요?" 인간이라면 즉시 "당연하죠! 머리카락을 떼 놓고 갈 수는 없잖아요"라고 답할 것입니다. AI는? 논리적으로 생각하면, AI는 "브리트니 스피어스의 머리카락 개수를 모르므로 답할 수 없다"고 대답합니다.

이것이 상식과 논리의 차이입니다. 인간은 명시적으로 가르쳐 주지 않은 것도 상식적으로 추론할 수 있지만, 기호주의 시스템은 명시적으로 프로그래밍된 것만 알 수 있죠.

- 더글러스 레넷의 Cyc 프로젝트

이런 한계를 극복하려는 야심 찬 시도가 더글러스 레넷(Douglas Lenat)의 Cyc 프로젝트였습니다. 1984년 시작된 이 프로젝트의 목표는 단순했습니다. 인간의 모든 상식을 컴퓨터에 입력하는 것. 한 마디로, 무한도전이었죠.

"백과사전 프로젝트는 지식을 정리한 것이다. 우리는 한 걸음 더 나아가 상식을 정리할 것이다."

레넷과 그의 팀은 미친 듯이 일했습니다. "물은 아래로 흐른다", "사람은 하루에 한 번 이상 먹는다", "깨진 유리는 다시 붙지 않는다", "섭씨 0도의 물은 차갑다" 같은 상식들을 하나하나 논리 규칙으로 변환했죠. 10년 후, Cyc에는 100만 개가 넘는 규칙이 입력되었습니다. 하지만 여전히 3살 아이의 상식에도 미치지 못했습니다. 상식이란 끝없는 바다니까요.

더 문제가 된 것은 '상식의 상호작용'이었습니다. 개별 규칙들은 맞았지만, 이들이 결합되면 예상치 못한 결과가 나왔죠. 예를 들어, Cyc는 이런 규칙들을 알고 있었습니다.

- "사람은 숨을 쉰다"
- "물속에서는 숨을 쉴 수 없다"
- "수영장에는 물이 있다"

그런데 "사람이 수영장에서 수영한다"고 입력하면, Cyc는 "그 사람은 죽을 것이다"라고 결론지었습니다. 수영할 때는 잠깐 숨을 참는다는 상식이 없었거든요.

- 의미를 잃은 기호들

1980년대 말, 기호주의 AI는 근본적인 철학적 문제에 직면했습니다. 존 설(John Searle)의 "중국어 방 논증"이었죠. 설은 이런 사고실험을 제시했습니다.

"중국어를 전혀 모르는 사람이 방 안에 있다. 그에게는 중국어 질문에 대답하는 완벽한 규칙서가 있다. 외부에서 중국어 질문이 들어오면, 그는 규칙서를 보고 중국어 답변을 내보낸다. 외부 사람들은 이 사람이 중국어를 완벽히 안다고 생각할 것이다. 하지만 방 안의 사람은 중국어를 전혀 이해하지 못한다."

"이것이 바로 컴퓨터가 하는 일이다. 기호를 조작할 뿐, 의미를 이해하지는 못한다."

이 논증은 AI 학계에 큰 파장을 일으켰습니다. 기호주의 AI가 아무리 정교해져도, 상식과 이해가 없이는 결국 의미 없는 기호 조작에 불과한 것 아니냐는 것이었죠.

인간 이해
의미를 알고 이해합니다

컴퓨터 시뮬레이션
기호를 조작하지만 이해하지 못합니다

그림 6-3: 존 설의 '중국어 방 논증'이 제시한 통찰

- 기호주의의 유산

그럼에도 불구하고 기호주의 AI가 아무 성과도 없었던 건 아닙니다. 1960-70년대 AI 겨울을 맞이했다가 1980년대 들어 AI의 봄을 이끌었던 건 신경망 연구가 아니라 기호주의 기반의 '전문가 시스템'이었습니다. 전문가 시스템(Expert System)이란 특정 분야 전문가의 지식을 입력해서 판단을 내리게 하는 프로그램입니다. 다음 장에서 전문가 시스템의 놀라운 성과들을 살펴보겠습니다.

결국, 2000년대 들어 연결주의 연구의 산물인 딥러닝이 부상하면서, 기호주의 AI는 주류에서 밀려납니다. 논리 기반의 기호주의 AI와 확률 기반의 연결주의 AI의 오랜 경쟁, 그러나 현재 다시 이 둘은 신경-기호neuro-symbolic AI로 이어지며 서로 보완적인 역할을 하고 있습니다. 또한 기호주의가 남긴 유산은 결코 적지 않습니다.

LISP는 여전히 AI 연구에서 사용되고 있고, 함수형 프로그래밍의 아이디어는 현대 프로그래밍 언어들에 큰 영향을 미쳤습니다. 더 중요한 것은 '설명 가능한 AIExplainable AI'의 필요성이 다시 대두되면서, 기호주의의 아이디어들이 재조명받고 있다는 점입니다.

GPT와 같은 LLM(대형언어모델)들도 실제로는 기호주의와 연결주의의 하이브리드입니다. 표면적으로는 신경망을 연결한 것이지만, 학습과 연산의 단위는 '토큰'이라는 언어적 기호입니다. 언뜻 보기에는 순수한 신경망처럼 보이지만, 실제로는 기호적 구조를 통계적으로 학습한 하이브리드 시스템인 거죠.

또한 현재의 AI도 여전히 상식 문제에 시달리고 있습니다. 예를 들어, 챗GPT는 "얼음이 뜨거운 물에 들어가면 어떻게 될까?"처럼 현실에서 자주 접하는 물리적 상식은 잘 처리하지만, "매우 뜨거운 얼음을 만들 수 있을까?" 같이 언어적으로 가능하지만 논리적으로 모순되는 문장에는 혼란스러워합니다. 이는 LLM이 기호 간의 논리적 관계보다는 확률적 연관성에 기반하고 있기 때문이죠. 50년 전 매카시가 제기했던 상식의 문제가 여전히 남아 있는 셈입니다.

- 존 매카시의 마지막 꿈

2011년 10월 24일, 존 매카시는 84세의 나이로 세상을 떠났습니다. 생전 마지막 인터뷰에서 그는 이렇게 말했습니다. "나는 여전히 상식을 가진 기계가 가능하다고 믿는다. 다만 우리가 생각했던 것보다 훨씬 어려운 문제였을 뿐이다." 그의 연구실 벽에는 여전히 1962년에 쓴 메모가 붙어 있었다고 합니다.

- 목표: 인간의 상식과 창의성을 가진 기계
- 방법: 논리와 지식 표현
- 예상 완성 시기: 1972년

50년이 지나도 완성되지 않은 꿈이었지만, 그 꿈이 AI 발전에 미친 영향은 지대했습니다. 기호주의가 보여 준 것은 '지능이란 단순히 패턴 인식이 아니라, 추상적 사고와 논리적 추론을 포함한다'는 것이었습니다. 요즘 연구가 활발한 에이전틱 AI, AGI, physical AI 등은 신경망에 존 매카시가 꿈꾸었던 진정한 지능이 붙을 때 완성될지 모릅니다.

- 에필로그: LISP의 전설

2019년, 한 프로그래머가 트위터에 이런 농담을 올렸습니다.

"LISP를 배우면 두 가지 일이 일어난다.

1. 당신은 깨달음을 얻는다.

2. 당신은 직업을 잃는다."

LISP는 여전히 가장 우아하고 강력한 프로그래밍 언어 중 하나로 여겨집니다. 하지만 배우기 어렵고 실용성이 떨어진다는 이유로 주류에서는 밀려났죠.

그럼에도 실리콘밸리의 일부 전설적인 프로그래머들은 여전히 LISP를 사랑합니다. 폴 그레이엄은 "LISP를 알면 다른 언어들이 장난감 같이 느껴진다"고 했고, 에릭 레이먼드는 "LISP는 프로그래밍 언어의 맥스웰 방정식"이라고 평했습니다.

AI의 양심 같은 존재였던 존 매카시가 1958년에 만든 언어가 65년이 지난 지금도 일부 해커들의 마음을 사로잡고 있다는 것, 그것만으로도 기호주의의 유산은 충분히 의미가 있다고 할 수 있겠습니다.

매카시의 상식 프로젝트가 고전하는 동안 더 실용적인 해법이 등장했다. 전문가의 지식을 기계에 이식하는 것. 1980년대, '지식이 곧 돈'이 되는 시대가 온다.

 QR코드를 스캔하시면 〈제6장 내용 요약〉
팟캐스트 형식의 동영상을 보실 수 있습니다.

제7장

전문가 시스템의 영광과 몰락,
IF-THEN의 황금시대

"IF 환자의 증상이 발열이고 두통이면, THEN 독감일 가능성이 높다."

1970년대, 기호주의 AI가 화려한 부활을 했다. 전문가의 지식을 IF-THEN 규칙으로 컴퓨터에 넣으면, 기계도 전문가처럼 판단할 수 있었다. DENDRAL, MYCIN의 놀라운 성과에 세상은 열광했다.

1980년대 중반, 전문가 시스템은 수십억 달러 산업으로 성장했다. 하지만 규칙은 예외를 낳고, 예외는 또 다른 예외를 낳았다. 복잡한 현실 앞에서 IF-THEN의 황금시대는 어떤 결말을 맞았을까?

- AI 겨울이 가고 봄이 찾아오다

1980년 어느 날, DEC Digital Equipment Corporation의 임원진들이 회의실에 모였습니다. 테이블 위에는 뜻밖의 보고서가 올려져 있었죠.

"R1 시스템이 연간 4천만 달러를 절약해 주고 있습니다."

R1은 컴퓨터를 주문 제작할 때 최적의 구성을 찾아 주는 전문가 시스템 AI였습니다. 예를 들어, 고객이 "메모리 32MB, 하드디스크 500MB가 필요해요"라고 주문하면, R1은 수천 가지 부품 조합 중에서 가장 효율적이고 경제적인 구성을 찾아 주는 식이었죠.

이전에는 숙련된 엔지니어 20명이 며칠씩 머리를 맞대고 해결하던 일을 R1은 몇 분 만에 처리했습니다. 게다가 실수도 없었고요. DEC의 성공 소식이 전해지자, 실리콘밸리는 들끓었습니다.

"전문가 시스템이 금광이다!"

"지식이 곧 돈이다!"

1980년대 초, AI 업계에 두 번째 AI 봄이 시작되었습니다. 자금 지원이 이어지고, 투자가 쏟아졌죠. 이번에는 신경망이 아니라 기호주의 AI 명시적인 규칙과 논리를 기반으로 지식을 표현하고 추론하는 방식인 지식 기반 시스템이 주인공이었습니다.

- 화학자보다 화학을 더 잘 아는 DENDRAL

전문가 시스템(Expert System)이란 특정 분야 전문가의 지식을 입력해서 판단을 내리는 AI 프로그램입니다. 기호주의 AI 연구의 산물이었죠. 전문가 시스템의 역사는 1960년대 스탠퍼드로 거슬러 올라갑니다. 에드워드 파이겐바움(Edward Feigenbaum) 교수는 1958년 노벨 생리학/의학상을 수상한 분자생물학자인 조슈아 레더버그와 함께 야심 찬 프로젝트를 시작했습니다.

"화학자가 하는 일을 컴퓨터가 대신할 수 있을까?"

그들이 택한 문제는 '분자 구조 해석'이었습니다. 질량 분석기로 얻은 데이터를 보고 화합물의 구조를 추론하는 일이죠. 수없이 시뮬레이션을 돌려봐야 하고, 숙련된 화학자도 며칠씩 걸리는 복잡한 퍼즐이었습니다.

1965년부터 시작된 DENDRAL 프로젝트는 놀라운 결과를 보여 줬습니다. 레더버그의 실험실에서 밤을 새워 연구하던 대학원생들이 "교수님, DENDRAL이 우리보다 빨라요!"라고 감탄할 정도였죠. 요즘 우리가 챗 GPT를 쓰면서 "세상에 이런 일이" 혀를 내두르는 것처럼요.

하지만 더 놀라운 일이 기다리고 있었습니다. DENDRAL은 단순히 기존 지식을 재활용하는 것이 아니라, 새로운 발견까지 해냈던 겁니다. 1969년, DENDRAL은 한 화합물의 구조를 분석하면서 기존 화학 이론으로는 설명할 수 없는 결과를 내놓았습니다.

"이상하네요. 이 구조라면 기존 반응 메커니즘과 맞지 않는데…"

레더버그는 실험실로 달려가 직접 확인해 봤습니다. 결과는? DENDRAL이 맞았고, 기존 이론이 틀렸던 것이었죠. 컴퓨터가 화학자보다 화학을 더 잘 아는 순간이었습니다. 단순히 인간의 작업을 대신하는 것을 넘어, 컴퓨터가 능동적으로 새로운 지식을 창출할 수 있음을 증명한 획기적인 사건이었죠. 이 성과는 1971년 사이언스지에 발표되어 큰 화제가 되었습니다. "컴퓨터가 과학적 발견을 했다"는 헤드라인이 전 세계를 놀라게 한 거죠.

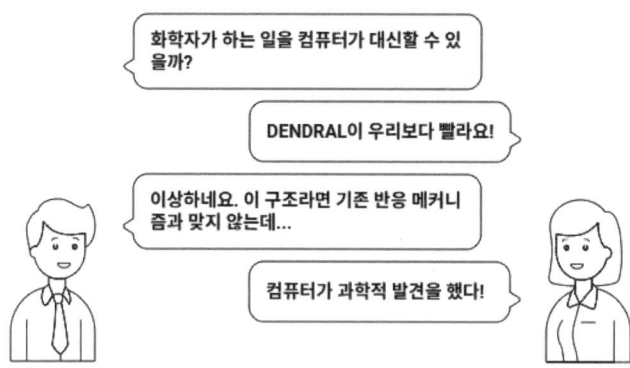

그림 7-1: 인간 화학자의 능력을 넘어 새로운 과학적 발견까지 해낸
전문가 시스템 DENDRAL 설명

- MYCIN, 생명을 구하는 코드

DENDRAL의 성공에 고무된 파이겐바움은 더 야심 찬 프로젝트에 착수했습니다. 1972년, 그의 제자 에드워드 쇼트리프(Edward Shortliffe)와 함께 의료 진단 시스템 MYCIN을 개발하기 시작합니다.

"화학자를 도울 수 있다면, 의사도 도울 수 있지 않을까?"

하지만 의료 진단은 화학 분석보다 훨씬 복잡했습니다. 환자의 증상은 모호하고, 같은 병도 사람마다 다르게 나타났죠. 게다가 잘못된 진단은 생명과 직결되는 문제였습니다.

처음 MYCIN이 다룬 분야는 혈액 감염과 뇌막염이었습니다. 응급실에 환자가 고열과 함께 의식을 잃고 들어왔을 때, 어떤 항생제를 써야 할지 결정하는 것이죠. 시간이 생명인 상황에서 의사가 바쁘든지 잘못 판단을 내리면 심각한 사태를 맞이할 수도 있는 문제니까요. 명칭을 MYCIN으로 붙인 건 항생제 이름의 접미사에서 따왔다고 합니다.

MYCIN의 지식은 모두 규칙으로 표현되었습니다. 지식 베이스는 혈액

감염 전문의들의 노하우를 규칙으로 변환한 것이었죠. 예를 들어,

IF: 환자가 면역력이 저하된 상태이고

AND: 혈액에서 그람 음성균이 발견되고

AND: 감염 부위가 복강이면

THEN: 녹농균 감염 가능성이 80%

따라서: 세프타지딤 처방(확신도: 0.8)

흥미로운 점은 MYCIN이 '확신도(Certainty Factor)'라는 개념을 도입했다는 것입니다. 의학은 흑백논리가 아니라 확률의 세계이니까요. "아마도", "가능성이 높다", "거의 확실하다" 같은 의사들의 모호한 표현을 수치로 변환한 것이죠. 1979년 스탠퍼드 의과대학에서 실시한 평가는 충격적이었습니다.

- MYCIN: 69% 정확도
- 감염 전문의: 80% 정확도
- 일반 내과의: 62.5% 정확도
- 의대생: 42.5% 정확도

MYCIN이 일반 내과의보다 더 정확한 진단을 내린 것이죠. 요즘 GPT와 같은 LLM대형언어모델들의 성능 평가에 사용되는 벤치마크와 비슷한 거죠. 어느 AI가 변호사 시험과 의사 고시에서 몇 점을 맞았다든지 등등. 게다가 MYCIN은 24시간 내내 일할 수 있었고, 밥도 안 먹고 일만 합니다.

더 놀라운 것은 MYCIN의 '설명 능력'이었습니다. 왜 그렇게 진단했는지 물어보면, MYCIN은 자신의 추론 과정을 상세히 설명해 줬습니다.

의사: "왜 녹농균 감염이라고 생각하나?"

MYCIN: "환자의 면역상태(규칙 15), 혈액 검사 결과(규칙 23), 감염 부위(규칙 37)를 종합해 판단했습니다. 각각의 증거는 다음과 같습니다…"

이는 인간 의사들도 따라 하기 어려운 수준의 투명성이었습니다. 대부분의 의사들은 "경험상 그렇다"거나 "직감적으로 느낀다"고 말할 뿐, 논리적 과정을 명확히 설명하지 못했거든요. 이는 명확한 정답이 없는 복잡한 현실 세계에서 인간 전문가들이 불확실한 정보 속에서 판단을 내리는 방식을 AI가 효과적으로 모델링했음을 의미합니다.

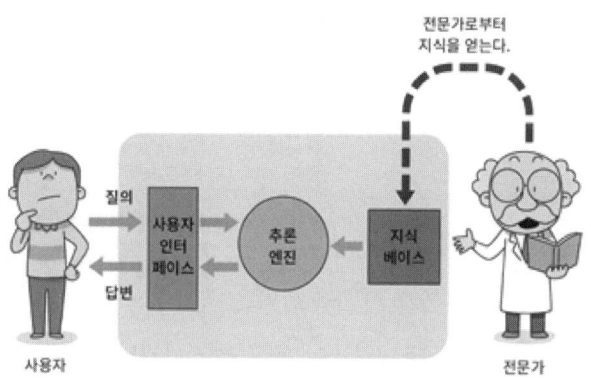

그림 7-2: '전문가 시스템'의 구조와 논리 기반 작동 방식
(출처: https://spring-cherry.tistory.com/13)

- 전문가 시스템의 아버지

DENDRAL과 MYCIN의 성공을 주도한 스탠퍼드대의 에드워드 파이겐바움(Edward Feigenbaum, 1936-) 교수는 인공지능 역사에서 특히 전문가 시스템Expert Systems 개발의 선구자로 불리는 인물입니다. 기호주의 AI의 가장 실용적인 성과를 이끌어 낸 연구자 중 한 명이죠.

파이겐바움은 AI를 현실 문제에 적용하는 데 관심이 많았습니다. 그래서 그는 인간 전문가의 지식을 컴퓨터에 넣어 전문가처럼 판단하는 AI 시스템인 DENDRAL과 MYCIN을 개발한 거죠. 이 두 AI 시스템은 "기계가 진짜 전문가의 판단을 할 수 있다"는 기호주의 AI의 실용적 가능성을 세상에 보여 준 획기적인 사례로 기록되고 있습니다. 파이겐바움은 이렇게 주장했습니다.

☞ "AI의 핵심은 복잡한 알고리즘이 아니라, 전문가의 지식을 얼마나 잘 넣느냐에 달려 있다."

이 말은 당시 기호주의 철학의 핵심을 잘 보여 주는 문장이죠. 그는 AI 연구의 방향을 '지식 공학(knowledge engineering)' 쪽으로 끌고 간 인물입니다.

- AI가 돈이 되기 시작하다

1980년대 중반, 전문가 시스템 산업은 폭발적으로 성장했습니다. 실리콘밸리에는 관련 스타트업들이 우후죽순 생겨났죠. IntelliCorp, Teknowledge, Carnegie Group 같은 회사들이 "지식공학Knowledge Engineering"이라는 새로운 직업을 만들어 냈습니다. 마치 챗GPT가 나오면서 프롬프트 엔지니어들이 각광받았던 것처럼요.

지식 엔지니어들은 전문가들을 인터뷰해서 그들의 노하우를 컴퓨터 규칙으로 변환하는 일을 했습니다. 마치 금광에서 금을 캐는 것처럼, 이들은 전문가들의 머릿속에서 '지식'이라는 금을 캐냈죠. 그리고 그 지식은 정말로 금만큼 가치가 있었습니다. 성공 사례들이 쏟아져 나왔습니다.

◇ XCON(R1): DEC의 컴퓨터 구성 최적화

- 연간 4천만 달러 절약
- 실수율 거의 0%

◇ PROSPECTOR: 지질 탐사 전문가 시스템

- 워싱턴 주에서 몰리브덴 광산 발견
- 예상 매장량 1억 달러

◇ AUTHORIZER'S ASSISTANT: 아메리칸 익스프레스 신용카드 승인

- 사기 거래 탐지율 300% 향상
- 연간 2천 7백만 달러 손실 방지

월스트리트도 주목했습니다. 1986년 IntelliCorp는 기업공개(IPO)를 통해 3천만 달러를 조달했고, 주가는 첫날 40% 급등했죠. "AI가 드디어 돈이 되기 시작했다!"

- 지식공학의 병목 현상

그러나 곧 지식공학의 한계가 노출되기 시작합니다. 지식을 정리한다는 건 무척 어려운 일입니다. 특히 남의 머릿속에 있는 경험과 콘텐츠를 꺼내서 그토록 고지식한 컴퓨터가 알아들을 수 있도록 규칙으로 정리한다는 건 내 생각을 적는 일보다 훨씬 어려운 일이죠. 지식 공학자들의 화려한 성공 뒤에는 치열한 노력이 있었습니다. 카네기멜론의 지식 공학자 마크 스테파닉은 이렇게 회고했습니다.

"전문가와의 첫 인터뷰는 항상 실망스러웠어요. '어떻게 진단하세요?'라고 물으면 '그냥 본다'고 하거든요. '뭘 보시나요?'라고 하면 '음… 경험상 그렇다'고 하고. 정말 답답했죠."

처음에는 혁신적이었던 이 시스템들이 한계를 드러내기 시작한 것은 '지식 획득 병목knowledge acquisition bottleneck' 때문이었습니다. 전문가의 지식을 규칙으로 바꾸는 과정이 너무 어렵고 시간이 많이 걸렸던 거죠.

예를 들어, 한 의료 전문가 시스템을 만들기 위해 5년 동안 의사들을 인터뷰했지만, 결국 실용적인 시스템을 만들지 못한 사례도 있었습니다. 의사들은 자신이 어떻게 진단하는지 명확히 설명할 수 없었거든요.

"나는 직감으로 안다."

"경험상 그렇다."

"뭔가 이상하다는 느낌이 든다."

이런 모호한 표현들을 어떻게 논리 규칙으로 바꿀까요? 정말 공감되지 않나요? 실제로 전문가들은 자신이 어떻게 판단하는지 명확히 설명하지 못합니다. 판단을 설명하는 건 어려운 일이죠. 수십 년간의 경험이 직감으로 굳어진 상태이기 때문입니다. 지식공학자들은 온갖 기법을 동원했습니다.

- 프로토콜 분석: 전문가가 문제를 푸는 과정을 녹음/분석
- 레퍼토리 그리드: 사례들 간의 차이점 체계적 분석
- 시나리오 기법: 가상의 상황에 대한 반응 관찰

한 전문가 시스템을 완성하는 데 보통 2-5년이 걸렸답니다. 그것도 좁은 분야로 제한했을 때 말이죠. 극한직업이었겠네요.

- 스파게티 코드의 어려움

1980년대 후반, 전문가 시스템에 문제가 나타나기 시작했습니다. 가장 큰 문제는 '확장의 어려움'이었죠. MYCIN은 혈액 감염에서는 탁월했지만, 호흡기 감염으로 확장하려니 처음부터 다시 만들어야 했습니다. 지식이 서로 연결되어 있지 않고 파편화되어 있었거든요.

더 심각한 문제는 '유지보수'였습니다. 규칙이 수천 개가 되면, 하나를 수정했을 때 다른 규칙들에 어떤 영향을 미칠지 예측할 수 없었죠. 마치 실이 엉킨 스웨터에서 한 실을 당기면 전체가 풀어지는 것 같았습니다. 실제 사례를 들어 보겠습니다.

어떤 진단 시스템에 새로운 약물 정보를 추가했더니, 갑자기 모든 환자에게 같은 약을 처방하기 시작했습니다. 새 규칙이 기존 규칙들과 예상치 못한 상호작용을 일으킨 것이죠. 이를 해결하려면 모든 규칙을 다시 검토해야 했는데, 이는 거의 불가능한 일이었습니다. 한 IBM 연구원은 이렇게 토로했습니다.

"규칙 1만 개짜리 시스템을 유지보수하는 것은 스파게티 코드 10만 줄을 관리하는 것보다 어렵다."

- 일본 프로젝트의 좌절

1982년부터 추진했던 일본의 국가 차원의 전문가 시스템이었던 '제5세대 컴퓨터 프로젝트Fifth Generation Computer Systems, FGCS'가 성공을 거두지 못한 것도 기호주의 AI의 한계를 보여 준 사례였습니다. 1991년, 일본 정부는 조용히 프로젝트 종료를 발표합니다. 10년간 570억 엔을 투자했지만, 당초 목표는 달성하지 못했죠. 프로젝트 리더였던 후치가미는 이렇게 회고했습니다.

☞ "우리는 AI를 너무 단순하게 생각했다. 지식을 규칙으로 정리하면 지능이 생길 줄 알았다. 하지만 지능은 그런 게 아니었다."

이 프로젝트에 대해서는 다음 장에서 좀 자세히 살펴보겠습니다. 1980년대 반도체 강국이었던 일본이 꿈꿨던 AI 강국의 꿈이 오늘날 한국의 현실에 시사하는 바가 크기 때문입니다.

- 전문가 시스템 산업의 붕괴

1990년대 초, 전문가 시스템 산업은 급격히 위축되었습니다. 여러 요인이 겹쳤죠.

1. 컴퓨터 성능 향상: 초기 전문가 시스템들은 비싼 워크스테이션에서만 돌아갔습니다. 하지만 1990년대 PC 성능이 향상되면서, 굳이 복잡한 전문가 시스템을 쓸 이유가 줄어들었죠.

2. 데이터베이스 기술 발전: SQL과 관계형 데이터베이스가 발전하면서, 많은 '지식'들이 단순한 데이터베이스 검색으로 대체되었습니다.

3. 웹의 등장: 1990년대 중반 인터넷 사용이 보편화되면서, 전문가 지식을 웹에서 직접 찾을 수 있게 되었죠.

4. 유지보수 비용: 전문가 시스템을 만드는 것보다 유지하는 것이 더 비싸다는 사실이 알려졌습니다. 한때 수백 개였던 전문가 시스템 회사들이 하나둘 문을 닫기 시작했습니다. IntelliCorp는 1993년 다른 회사에 매각되었고, Teknowledge는 컨설팅 회사로 전환했죠.

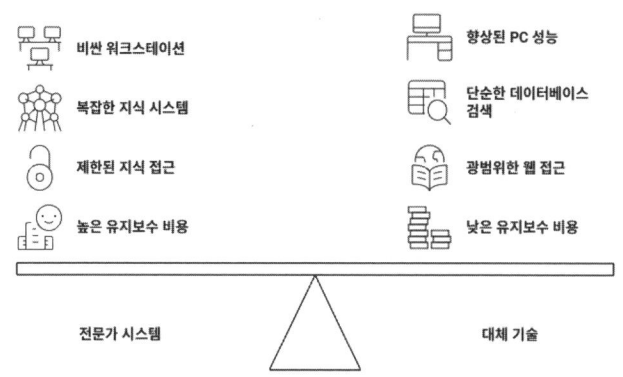

그림 7-3: 1990년대 초 전문가 시스템 산업이 급격히 쇠퇴하게 된 주요 요인

- 머신러닝의 역습

결정타는 1990년대 중반 등장한 새로운 머신러닝 기법들이었습니다. 특히 블라디미르 바프닉이 개발한 서포트 벡터 머신(SVM)은 충격적이었죠. SVM은 전문가 시스템과 정반대 철학이었습니다.

- 전문가 시스템: "전문가의 지식을 규칙으로 만들자."
- SVM: "데이터에서 패턴을 자동으로 찾자."

실제 성능 비교는 더 충격적이었습니다. 5년간 개발한 의료 진단 전문가 시스템을 SVM이 단 며칠 만에 능가한 사례가 속출했죠. 암 진단 시스템을 비교해 보면,

- 전문가 시스템: 개발 3년, 정확도 82%
- SVM: 개발 1주일, 정확도 89%

게다가 SVM은 유지보수가 필요 없었습니다. 새로운 데이터만 추가하면 자동으로 성능이 향상되었죠.

- 기호주의의 마지막 도전

그럼에도 기호주의자들은 포기하지 않았습니다. 1990년대 후반, 팀 버너스 리가 제안한 시맨틱 웹은 기호주의의 마지막 대규모 시도였죠.

"웹의 모든 정보에 의미를 부여해서, 컴퓨터가 자동으로 추론할 수 있게 만들자." 아이디어는 훌륭했습니다. 모든 웹페이지에 메타데이터를 붙여서, 검색엔진이 단순히 키워드를 찾는 것이 아니라 의미를 이해하도록 하는 것이었죠. 예를 들어,

```
〈person〉
  〈name〉스티브 잡스〈/name〉
  〈born〉1955-02-24〈/born〉
  〈company〉애플〈/company〉
  〈position〉CEO〈/position〉
〈/person〉
```

이렇게 구조화된 정보가 있다면, "애플의 CEO가 언제 태어났나?"라는 질문에 컴퓨터가 자동으로 답할 수 있을 것이었죠. 하지만 시맨틱 웹도 제한적인 성공에 그쳤습니다. 사람들은 복잡한 메타데이터를 입력하는

것을 귀찮아했고, 자동화 도구들은 여전히 불완전했습니다.

무엇보다 1998년 구글이 등장하면서 상황이 바뀌었습니다. 구글의 페이지랭크 알고리즘은 의미를 이해하지 못해도 놀라운 검색 결과를 보여 줬거든요.

- 기호주의가 남긴 유산

2010년대 딥러닝이 부활하면서, 기호주의 AI는 완전히 구식 취급받게 되었습니다. "설명할 수 없는 블랙박스라도 결과가 좋으면 된다"는 분위기가 되었죠.

하지만 최근 들어 기호주의의 아이디어들이 다시 주목받고 있습니다. 특히 설명 가능한 AIExplainable AI 분야에서 말이죠. GPT는 인간처럼 설명하는 듯 보이지만, 실제로는 내부 계산 과정이 불투명한 블랙박스입니다. 자신의 추론 과정을 '설명처럼 보이게' 말하는 능력은 있지만, 이것은 내부 계산의 진짜 이유를 투명하게 보여 주는 것이 아니라, 그럴듯한 설명을 생성하는 것에 가깝죠.

하지만 의료나 금융 같은 중요한 분야에서는 설명이 필수입니다. 설명 가능한 AI가 반드시 기호주의일 필요는 없지만, 명확한 규칙과 논리를 표현할 수 있다는 점에서 기호주의 방식이 다시 각광을 받는 이유입니다.

이런 배경에서 등장한 것이 신경-기호 AINeuro-symbolic AI입니다. 신경망을 사용하여 지식을 추출하고, 추출된 지식을 기호적으로 표현하여 추론하는 방식이지요. 이는 딥러닝의 인식 능력과 기호 시스템의 논리적 추론 능력을 결합하려는 시도입니다. 예를 들어, IBM의 'Neuro-symbolic Concept Learner'는 이미지를 딥러닝으로 인식한 후, 논리적 추론을 기호

기반 엔진으로 수행합니다. "이 사진에 개가 있다 + 개는 동물이다 → 따라서 이 사진엔 동물이 있다"와 같은 추론적 설명이 가능해지는 것이죠.

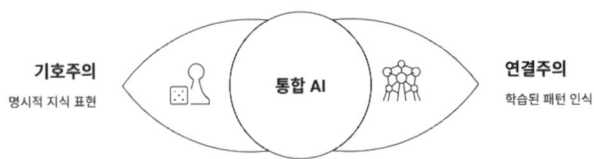

그림 7-4: 기호주의와 연결주의를 통합한 '신경-기호 AI'의 개념도

- 에드워드 파이겐바움의 마지막 인터뷰

2019년, 86세의 에드워드 파이겐바움은 스탠퍼드에서 마지막 인터뷰를 가졌습니다. 전문가 시스템의 아버지라 불렸던 그는 담담하게 말했습니다.

"우리는 지식이면 충분하다고 생각했어요. 하지만 지능에는 지식 말고도 학습, 적응, 창조성이 필요하다는 걸 몰랐죠."

"그래도 후회하지 않습니다. 우리가 보여 준 것은 '컴퓨터도 추론할 수 있다'는 것이었거든요. 비록 한계가 있었지만, 그 꿈 자체는 옳았다고 생각해요."

"요즘 GPT를 보면 신기해요. 우리가 40년 전에 꿈꿨던 '컴퓨터와의 자연스러운 대화'가 현실이 되었거든요. 다만 우리가 상상했던 방식과는 완전히 다르지만요."

- 에필로그: 지식 엔지니어들, 그 후

1990년대 전문가 시스템 붐이 끝난 후, 지식 엔지니어들은 어떻게 되었을까요?

- 데이터 사이언티스트로 전향: 많은 분들이 데이터베이스와 통계 분야로 옮겨 가 2000년대 데이터 사이언스 붐의 주역이 되었습니다.
- IT 컨설턴트: 비즈니스 규칙을 분석하고 시스템화하는 능력은 여전히 가치가 있었죠.
- 온톨로지 전문가: 시맨틱 웹, 지식 그래프 등에서 그들의 경험이 다시 필요해졌습니다.
- 창업가: 일부는 새로운 AI 스타트업을 창업해 성공을 거두기도 했습니다.

흥미롭게도, 2020년대 챗GPT 시대가 되면서 이들의 경험이 다시 주목받고 있습니다. "프롬프트 엔지니어링"이라는 새로운 직업이 생겼는데, 이는 놀랍도록 1980년대 지식 엔지니어링과 비슷하거든요.

"AI에게 어떻게 질문해야 원하는 답을 얻을 수 있는가?"

이 질문은 40년 전 "전문가에게 어떻게 질문해야 지식을 얻을 수 있는가?"와 본질적으로 같은 문제입니다. 역사는 반복되는 것일까요? 아니면 나선형으로 발전하는 것일까요?

한 가지 확실한 것은, 1980년대 지식 엔지니어들이 꿈꿨던 "컴퓨터와 자연어로 소통하는 세상"이 드디어 현실이 되었다는 점입니다. 다만 그들이 상상했던 규칙 기반 시스템이 아니라, 통계적 학습을 통해서 말이죠. 기호주의와 연결주의, 규칙과 학습, 논리와 직관. 이 영원한 대립이 어떻게 융합될까요? AI의 발전사가 주는 교훈은 과거의 실패에서 배우고 새로운 기술과 융합하며 끊임없이 진화해 왔다는 사실입니다.

▶ **Coming Next**

전문가 시스템의 성공을 지켜보던 일본이 국가의 운명을 건 도박을 시작한다.

570억 엔을 쏟아부은 제5세대 컴퓨터 프로젝트. 하지만 10년 후의 결과는⋯

QR코드를 스캔하시면 〈제7장 내용 요약〉
팟캐스트 형식의 동영상을 보실 수 있습니다.

제8장

1980년대 일본, AI 컴퓨팅을 꿈꾸다

"제5세대 컴퓨터를 통해 AI 강국이 되겠다."

1981년 도쿄, 일본이 세계를 향해 선전포고를 했다. 반도체로 미국을 위협하던 일본의 다음 목표는 AI였다. 570억 엔을 쏟아부은 국가적 프로젝트가 시작됐다. 10년 안에 인간과 자연어로 대화하는 컴퓨터를 만들겠다는 일본의 꿈. 온 세계가 주목했고, 미국은 긴장했다. 10년 후, 이 거대한 꿈은 어떤 결말을 맞았을까?

- 일본은 왜 AI에 도전했을까?

1981년 10월 19일, 도쿄 뉴오타니 호텔. 전 세계에서 온 컴퓨터 전문가 500여 명이 한자리에 모였습니다. 일본이 주최한 '제5세대 컴퓨터 국제회의'였죠. 단상에 오른 통상산업성(MITI)의 후치가미 카즈히로는 침착한 목소리로 말했습니다.

"우리는 10년 내에 인간과 자연어로 대화하고, 추론하고, 학습하는 컴퓨터를 만들겠습니다."

"이는 단순한 컴퓨터가 아닙니다. 지식을 처리하는 기계, 즉 '지식정보처리시스템'입니다. 우리는 이를 제5세대 컴퓨터라고 부르겠습니다."

1980년대 일본은 세계가 주목하는 나라였습니다. 반도체에서 가전제품, 자동차까지, '메이드 인 재팬'이 곧 품질의 상징이었죠. 하지만 일본 정부는 위기감을 느끼고 있었습니다.

"우리는 언제까지 남의 기술을 베껴서 개선하기만 할 것인가?"

통상산업성의 핵심 관료들은 새로운 돌파구가 필요하다고 생각했습니다. 이때 주목한 것이 바로 컴퓨터 기술이었죠. 1970년대까지만 해도 일본은 미국 회사들의 아류작만 만들고 있었거든요. 후치가미는 이렇게 회고했습니다.

"1세대는 진공관, 2세대는 트랜지스터, 3세대는 집적회로, 4세대는 마이크로프로세서였습니다. 모두 미국이 주도했죠. 이제 5세대는 우리가 정의하고 싶습니다."

일본은 왜 제5세대 AI 컴퓨터에 도전했을까요? 배경을 이해하려면 먼저 컴퓨터와 반도체의 역사를 살펴봐야 합니다.

- 20세기 최고의 발명품, 트랜지스터

1946년 최초의 컴퓨터라 불리는 ENIAC에는 약 18,000개의 진공관이 사용됐습니다. 켜짐(1)과 꺼짐(0)으로 정보를 표현하려면 전기를 자동으로 켜고 끌 방법이 필요했는데, 그게 바로 스위치 역할을 하는 전자소자입니다.

1904년 에디슨 조명회사에 컨설턴트로 근무하던 플레밍이 발명한 진공관vacuum tube은 원래는 교류 전파를 직류 전파로 바꿔 수신하려는 전구 용도였지만, ON/OFF를 컨트롤할 수 있는 스위칭 기능 덕분에 컴퓨터에 적용됩니다. 성능은 있었지만, 크고 뜨겁고 비효율적이었지요.

1947년, 벨 연구소에 근무하던 쇼클리의 주도하에 바딘, 브래튼과 함께 반도체 재료주로 실리콘이나 게르마늄 기반의 트랜지스터transistor가 발명됩니다. 20세기 최고의 발명품의 발명자 윌리엄 쇼클리는 이 공로로 노벨상을 받게 되지요.

그러나 트랜지스터 역시 컴퓨터를 위해 개발된 건 아닙니다. 벨은 전화회사였습니다. 통화의 품질을 높이기 위해 전기신호 증폭용으로 연구된 거지요. 진공관과 같은 증폭/스위칭 기능을 훨씬 작고 효율적으로 수행하면서 진공관은 트랜지스터로 대체됩니다.

당시 트랜지스터의 발명은 획기적이었습니다. 1950년대 말-1960년대 초 컴퓨터들은 전부 트랜지스터 기반으로 바뀝니다. 1955년 사업의 기회를 감지한 쇼클리는 벨 연구소를 나와 실리콘밸리에 '쇼클리 반도체 연구소'를 창업합니다. 하지만 독선적이고 이기적인 성격 때문에 회사를 오래 유지하지 못합니다. 1957년 8명의 젊은 엔지니어들이 사표를 냅니다. 윌리엄 쇼클리는 트랜지스터의 공동 발명자로 노벨 물리학상까지 받은 천재였지만, 경영자로서는 최악이었던 모양입니다.

"쇼클리는 우리를 의심의 눈초리로 보며 거짓말 탐지기까지 사용했어요. 연구소가 아니라 감옥 같았죠."

'8명의 배신자들'은 새로운 회사를 차렸습니다. 이름은 페어차일드 반도체. 그들 중에는 후에 인텔을 창업할 로버트 노이스와 고든 무어도 있었죠.

- 집적회로에서 마이크로프로세서로

한편, 1958년 7월 어느 무더운 오후, 텍사스 인스트루먼트(TI)의 젊은 엔지니어 잭 킬비는 거의 텅 빈 연구실에서 혼자 실험을 하고 있었습니다. 동료들은 모두 여름휴가를 떠났지만, 신입사원이었던 그는 회사에 남아야 했죠.

"트랜지스터들을 하나하나 연결하는 게 아니라, 한 덩어리 위에 모든 회로를 만들 수 있다면?"

여러 개의 트랜지스터를 하나의 칩 위에 새기자는 아이디어였죠. 그해 9월, 킬비는 게르마늄 기판 위에 트랜지스터와 저항, 캐패시터를 모두 집적한 세계 최초의 집적회로(IC: Integrated Circuit)를 완성합니다.

더 작게, 더 빠르게, 더 싸게, 신호의 거리도 짧아지니 속도도 향상됩니다. 1세대 진공관, 2세대 트랜지스터를 거쳐 3세대 집적회로로 바뀐 거죠. 1950년대 후반은 다트머스 회의 이후 인공지능 연구가 한창 시작되던 시기이기도 했습니다.

1968년, 노이스와 무어는 페어차일드를 떠나 작은 창고에서 새 회사를 시작했습니다. 회사 이름은 "Integrated Electronics"의 줄임말인 Intel(인텔). 처음에는 메모리 칩을 만들었지만, 1971년 세계 최초의 마이크로프로세서 4004를 출시하며 새 역사를 만들었죠. 그리고 인텔은 계속 집적도를 높여가며 4세대 컴퓨터인 마이크로프로세서를 주도합니다.

이제 본격적인 반도체 산업의 역사도 시작되었습니다. 과수원이 들어차 있는 시골 마을이었던 산타클라라 밸리는 실리콘밸리로 바뀌고, 100년 전에는 말 농장이었던 시골의 지방대학 스탠퍼드는 IT와 인공지능의 중심 명문으로 부상하게 됩니다.

인텔의 창업
노이스와 무어가 인텔을 창업

페어차일드 반도체 설립
엔지니어들이 새로운 회사를 설립

'8명의 배신자들' 사임
8명의 엔지니어들이 회사를 떠남

쇼클리의 경영 문제
쇼클리의 경영 스타일로 인한 문제

쇼클리 반도체 설립
쇼클리가 실리콘 밸리에 회사를 설립

트랜지스터 발명
트랜지스터의 획기적인 발명

그림 8-1: 트랜지스터 발명부터 실리콘밸리 탄생까지의 혁신 여정

- 일본 주식회사

미국은 반도체의 종주국, 반도체 산업의 중심지로 자리매김합니다. 1970년대 일본은 무엇을 하고 있었을까요?

첫째, 일본 기업들은 다른 접근을 택했습니다. 혁신보다는 완벽함에 집중한 것이죠. NEC의 한 엔지니어는 이렇게 회고했습니다.

"미국은 새로운 기술을 만드는 데 뛰어났지만, 우리는 그 기술을 완벽하게 만드는 데 집중했습니다. 불량률을 줄이고, 수율을 높이고, 품질을 개선하는 것이 우리의 강점이었죠."

1976년 NEC가 16K DRAM을 출시했을 때, 불량률은 미국 제품의 10분의 1 수준이었습니다. 가격도 더 쌌고요. 미국은 수평 분업 구조였습니다. 인텔은 CPU를, 모토로라는 마이크로프로세서를, 각각 전문 분야에 집중하는 식이었죠. 반면 도시바, 히타치, NEC, 후지쯔 같은 기업들은 반도체부터 완제품까지 모든 것을 자체 생산하는 수직 통합 전략을 택했습니다. 이는 품질 관리와 원가 절감에 큰 도움이 되었죠. 컴퓨터 제조업체들이 일본 반도체로 몰리는 것은 당연한 결과였습니다.

둘째, 일본은 '반도체 세일즈맨'이라 불릴 정도로 상용화에 집중합니다. 당시 일본은 고도의 기술력이 요구되는 마이크로프로세서를 만들 수 있는 기술 수준은 아니었습니다. 메모리 반도체 부문에서만 앞서간 거죠. 미국이 여전히 컴퓨터의 두뇌인 마이크로프로세서 기술력에서는 독보적이지만 이를 계산기, 오디오/비디오 플레이어, 가전제품 등에 발 빠르게 적용하고 상용화한 것은 일본이었습니다. 1980년대 초 소니의 워크맨은 애플의 아이팟 같은 위상이었고, '메이드 인 저팬'의 명성은 하늘을 찔렀습니다.

셋째, 일본 정부는 1976년부터 'VLSI(초대규모집적회로) 공동연구 프로젝트'를 시작했습니다. 5개 대기업이 힘을 합쳐 차세대 반도체 기술을 개발하는 컨소시엄이었죠. 4년간 720억 엔을 투자한 이 프로젝트는 대성공이었습니다. 1980년 일본이 64K DRAM 시장을 거의 독점하게 된 배경에는 이 프로젝트가 있었지요.

- 실리콘밸리의 위기감

1981년, 일본이 DRAM 시장 점유율 70%를 차지했다는 뉴스가 전해지자, 실리콘밸리는 패닉 상태에 빠집니다. 인텔의 앤디 그로브 회장은 긴급 간부회의를 소집했습니다.

"우리가 만든 메모리 시장을 일본이 가져갔다. 이제 마이크로프로세서마저 위험하다."

실제로 일본의 위협은 현실이 되고 있었습니다. NEC는 V시리즈 마이크로프로세서로 인텔에 도전하고 있었고, 히타치는 슈퍼컴퓨터 시장에서 크레이와 경쟁하고 있었죠. 이는 미국인들에게는 익숙한 패턴이었습니다. 1970년대 일본이 자동차 산업에서 했던 일과 똑같았거든요.

처음에는 미국 기술을 모방하던 일본이, 점차 품질을 개선하더니, 결국 시장을 장악해 버린 것이죠. 디트로이트의 자동차 공장들이 문을 닫는 것을 본 미국인들은 이번에는 실리콘밸리가 같은 운명에 처할 것을 걱정했습니다. 1982년 NBC 방송의 다큐멘터리 "일본 주식회사가 온다"는 미국인들의 불안감을 잘 보여 줍니다.

"일본은 우리가 발명한 반도체로 우리를 이기고 있다. 다음은 무엇인가? 컴퓨터 전체인가?"

> 우리가 만든 메모리 시장을 일본이 가져갔다. 이제 마이크로프로세서마저 위험하다.

> 실제로 일본의 위협은 현실이 되고 있어요. NEC는 V시리즈 마이크로프로세서로 인텔에 도전하고 있고, 히타치는 슈퍼컴퓨터 시장에서 크레이와 경쟁하고 있죠.

> 일본은 우리가 발명한 반도체로 우리를 이기고 있다. 다음은 무엇인가? 컴퓨터 전체인가?

> 처음에는 미국 기술을 모방하던 일본이, 점차 품질을 개선하더니, 결국 시장을 장악해 버린 것이죠.

그림 8-2: 1980년대 '일본 DRAM 시장 점유'에 대한 실리콘밸리의 위기감

1980년대 초 일본의 자신감은 하늘을 찔렀습니다. 경제는 호황이었고, 기술력은 세계 최고 수준이었죠. 무엇보다 반도체라는 정보 산업의 쌀을 장악하고 있었습니다. 또 일본 기업들의 현금 보유고는 사상 최대 수준이었습니다. 연구개발에 아낌없이 투자할 수 있는 여건이었죠. 정부와 기업, 대학이 하나가 되어 거대한 프로젝트를 추진할 수 있는 완벽한 조건이 갖춰진 겁니다.

바로 이런 상황에서 일본이 '제5세대 컴퓨터 프로젝트'를 발표한 것이었습니다. 1981년 10월 도쿄에서 열린 제5세대 컴퓨터 발표회는 단순한 기술 프레젠테이션이 아니었습니다. 일본이 전 세계를 향해 던진 도전장이었죠.

"반도체 다음은 컴퓨터다. 미국의 시대는 끝났다."

"1세대부터 4세대까지는 모두 미국이 정의했습니다. 하지만 5세대는 우리가 정의할 것입니다. 하드웨어에서 소프트웨어까지, 일본이 새로운 표준을 만들겠습니다."

- ICOT 설립

일본 제5세대 컴퓨터 프로젝트의 목표는 다음과 같았습니다. 지금 봐도 불가능해 보이는 이런 프로젝트를 어떻게 하려 했던 걸까요?

- 지능형 컴퓨터 시스템 개발: 인간의 추론, 학습, 문제 해결 능력을 모방하는 AI 기반의 컴퓨터 시스템 개발
- 병렬 처리 기술 도입: 기존의 순차 처리 방식의 한계를 극복하고, 대규모 병렬 처리를 통해 고성능 컴퓨팅 구현
- 지식 정보처리기술 개발: 데이터베이스, 지식베이스, 자연어 처리 기술을 통합하여 지식 정보를 효율적으로 처리하고 활용할 수 있는 시스템 구축
- 미래 컴퓨팅 기술 선도: 차세대 컴퓨터 기술의 표준을 제시하고, 관련 산업 발전을 촉진하여 국제 경쟁력 강화

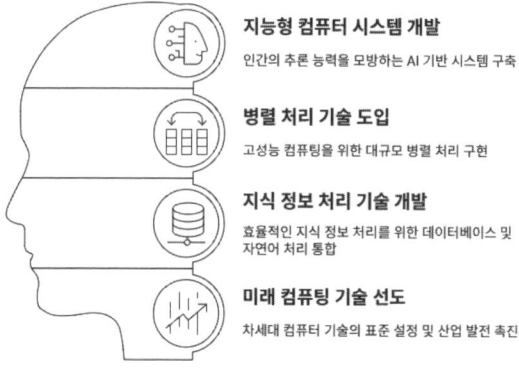

지능형 컴퓨터 시스템 개발
인간의 추론 능력을 모방하는 AI 기반 시스템 구축

병렬 처리 기술 도입
고성능 컴퓨팅을 위한 대규모 병렬 처리 구현

지식 정보 처리 기술 개발
효율적인 지식 정보 처리를 위한 데이터베이스 및 자연어 처리 통합

미래 컴퓨팅 기술 선도
차세대 컴퓨터 기술의 표준 설정 및 산업 발전 촉진

그림 8-3: 1981년 일본이 발표한 '제5세대 컴퓨터 프로젝트'의 야심 찬 개요

우선 1982년 4월, 도쿄 아카사카에 ICOTInstitute for New Generation Computer Technology, 신세대컴퓨터기술개발기구라는 연구소를 만들었습니다. ICOT의 초대 소장에는 도쿄대학의 후치가미 카즈히로가 임명되었는데, 관료 출신이었지만, 컴퓨터 과학에 대한 깊은 이해를 가지고 있었죠. 후치가미의 리더십은 독특했습니다. 그는 기술적 세부사항보다는 비전과 철학을 중시했죠.

"우리는 단순히 빠른 컴퓨터를 만드는 것이 아닙니다. 지능적인 기계를 만드는 것입니다. 기계가 인간처럼 생각하고, 학습하고, 소통할 수 있도록 말이죠."

ICOT는 일본 전체의 역량을 결집했습니다.

- 대학: 도쿄대, 교토대 등의 최고 연구진
- 기업: NTT, 후지쯔, 히타치, 미쓰비시, NEC 등 8개 대기업
- 정부: 통상산업성의 전폭적 지원

특히 인재 선발은 치열했습니다. 전국에서 가장 뛰어난 컴퓨터 과학자들이 지원했고, 그중 100명만이 선발되었죠. 선발된 연구원들은 '5세대 컴퓨터의 사무라이'라고 불렸습니다.

- Prolog와 논리 프로그래밍

일본은 '논리 프로그래밍' 방식과 '프롤로그(Prolog)' 언어를 선택합니다. 논리 프로그래밍이란, 프로그래밍을 논리학의 언어로 표현하는 방식인데, 기존 프로그래밍 방식과는 다릅니다. 또 1972년, 콜메라우어와 그의 동료들이 논리 프로그래밍을 구현하기 위해 만든 PrologProgramming in Logic도 기존 언어들과 완전히 달랐습니다. 변수도, 반복문도, 조건문도 없었죠. 오직 팩트(사실)와 룰(규칙)만 있었습니다. 어떤 건지 간단한 예제

를 볼까요?

% 사실(facts)
남자(철수).
여자(영희).
부모(철수, 영희).

% 규칙(rules)
아버지(X, Y): - 남자(X), 부모(X, Y).

이게 어떤 의미인지 짐작해 보시겠어요? 이런 의미입니다.

남자(철수). → 철수는 남자다.
여자(영희). → 영희는 여자다.
부모(철수, 영희). → 철수는 영희의 부모다.
아버지(X, Y): - 남자(X), 부모(X, Y). → "X가 남자이고, X가 Y의 부모
이면, X는 Y의 아버지다."

좀 들여다보면 이해하시겠죠? 자, 그럼 위의 사실과 규칙을 기반으로
추론해서 다음 문제를 풀어 볼까요? X가 누구인지 맞히는 문제입니다.
아래 Prolog는 "영희의 아버지가 누구야?"라는 의미입니다.

?- 아버지(X, 영희).

답은? 철수입니다. Prolog는 남자이면서 부모인 사람을 추론해서 철수라고 알려줍니다. "X = 철수." 이런 방식으로 확장하면 다양한 질문에 답할 수 있겠죠. Prolog는 자동으로 추론해서 답을 찾아 줍니다. 마치 탐정이 단서들을 조합해 범인을 찾는 것처럼 말이죠. 이는 인간의 추론 방식과 비슷했습니다. 한 가지 사실에서 여러 결론을 도출하는 것이었죠.

일본 연구자들은 이 아이디어에 깊이 매료되었습니다. 이런 식으로 하면 일본 특유의 전문가 시스템을 만들 수 있겠다고 생각합니다. 그리고 논리 프로그래밍이 AI의 핵심이라고 확신했죠.

"인간의 사고는 본질적으로 논리적입니다. 논리 프로그래밍이야말로 진짜 AI 언어죠."

"Prolog가 5세대 컴퓨터의 핵심 언어가 되어야 한다."

- 혁명적 아키텍처: 폰 노이만을 넘어서

제5세대 컴퓨터의 가장 급진적인 아이디어는 폰 노이만 구조의 포기였습니다. 1940년대 존 폰 노이만이 설계한 구조는 지금까지도 모든 컴퓨터의 기본이죠.

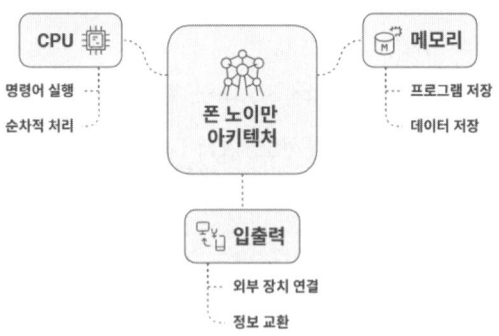

그림 8-4: 모든 컴퓨터의 기본 구조, '폰 노이만 아키텍처'

- CPU: 명령어를 순차적으로 실행
- 메모리: 프로그램과 데이터를 저장
- 입출력: 외부와 정보 교환

하지만 ICOT는 이것이 AI에는 적합하지 않다고 판단했습니다. 논리 추론은 본질적으로 병렬적이니까요. 예를 들어, "모든 새는 날 수 있다, 펭귄은 새다"라는 지식에서 "펭귄은 날 수 있다"를 추론할 때, 인간은 여러 가능성을 동시에 고려합니다. 펭귄이 정말 새인가? 모든 새가 정말 나는가? 예외는 없는가? 이런 병렬적 추론을 위해 ICOT는 새로운 컴퓨터 구조를 제안했습니다.

- 지식 베이스 머신: 논리 규칙들을 저장하고 관리
- 추론 머신: 여러 추론 과정을 병렬로 실행
- 지능 인터페이스: 자연어, 음성, 화상 처리

특히 추론 머신은 혁신적이었습니다. 수백 개의 작은 프로세서가 협력해서 논리 추론을 수행하는 것을 목표로 삼았으며, 초기 성과로 1984년에는 64개의 프로세서가 동시에 Prolog 프로그램을 실행하는 병렬 추론 머신(PIM)을 발표합니다. 마치 개미들이 협력해서 복잡한 일을 해내는 것처럼 말이죠.

- 초기의 성과들

1980년대 중반, ICOT는 괄목할 만한 성과들을 내기 시작했습니다.

1. 병렬 추론 머신 PIM(Parallel Inference Machine)

1984년, ICOT는 세계 최초의 병렬 논리 추론 컴퓨터를 발표했습니다. 64개의 프로세서가 동시에 Prolog 프로그램을 실행했죠. 성능은 놀라웠습니다. 기존 워크스테이션보다 10배 빠른 추론 속도를 보였고, 복잡한 논리 퍼즐들을 실시간으로 풀어냈습니다.

2. 자연어 처리 시스템

일본어는 세계에서 가장 복잡한 언어 중 하나입니다. 한자, 히라가나, 가타카나가 섞여 있고, 문맥에 따라 의미가 바뀌죠. ICOT의 자연어 처리 시스템은 이런 복잡성을 논리 규칙으로 해결했습니다.

3. 전문가 시스템

ICOT는 여러 분야의 전문가 시스템을 개발했습니다.

- 의료 진단: 증상을 입력하면 질병을 추론
- 법률 상담: 사건을 분석해 관련 법 조항 제시
- 설계 지원: 요구사항에 맞는 회로 설계 자동화

특히 의료 진단 시스템은 인상적이었습니다. 일본의 한 대학병원에서 시험 운용했는데, 80% 이상의 정확도를 보였죠. 일본의 성과는 전 세계를 놀라게 했습니다. 특히 미국의 반응은 거의 패닉 수준이었죠. 1983년, 미국 국방부는 긴급회의를 소집합니다. 주제는 "일본의 AI 위협"이었죠. DARPA의 한 관료는 이렇게 말했습니다.

"1970년대 일본이 자동차로 디트로이트를 무너뜨렸습니다. 이제 컴퓨터로 실리콘밸리를 노리는 것 같습니다."

미국은 발 빠르게 대응책을 마련했지요. 전략 컴퓨팅 이니셔티브(SCI), 마이크로일렉트로닉스 컨소시엄, 그리고 일본 반도체를 견제하기 위한 반도체 연구 공사 등이 그것이었습니다.

유럽도 가만있지 않았어요. 1984년 영국, 프랑스, 독일, 이탈리아가 힘을 합쳐 ESPRITEuropean Strategic Program for Research in Information Technology 프로그램이 시작되었죠. 특히 Prolog의 본고장인 영국과 프랑스는 자존심이 상했죠. 에든버러 대학의 로버트 코왈스키는 이렇게 토로했습니다.

"우리가 만든 Prolog를 일본이 더 잘 활용하고 있다니! 이건 자존심의 문제야."

냉전 시대 미국의 반도체를 견제해 왔던 소련도 일본의 프로젝트에 큰 관심을 보였습니다. 모스크바 대학의 AI 연구진들은 비공식적으로 ICOT와 접촉을 시도했죠. 하지만 미국의 압력으로 기술 교류는 제한되었습니다. 냉전의 논리가 AI 연구에도 영향을 미친 거죠.

- 현실의 벽: 1980년대 후반의 어려움

그러나 1980년대 후반에 접어들면서, 제5세대 프로젝트는 여러 난관에 부딪혔습니다.

1. 상식의 문제

기호주의 AI의 가장 큰 문제는 여전히 상식이었습니다. 논리 규칙만으로는 인간의 직관적 판단을 표현할 수 없었죠. 논리적으로는 맞지만, 상식적으로는 틀린 답이었습니다. 이를 해결하려면 무수한 예외 규칙이 필요합니다. 하지만 예외는 끝이 없죠. 상식이란 명시적으로 표현하기 어려운 묵시적 지식이니까요.

2. 성능의 한계

병렬 처리로 속도를 높였지만, 복잡한 추론에는 여전히 한계가 있었습니다. 간단한 논리 퍼즐은 빠르게 풀었지만, 실용적인 문제들은 여전히 너무 오래 걸립니다. 특히 조합 폭발(Combinatorial Explosion) 문제가 심각했습니다. 가능한 추론 경로가 기하급수적으로 늘어나면서, 컴퓨터가 감당할 수 없는 계산량이 되는 것이었죠.

3. 자연어의 복잡성

초기에는 간단한 문장들을 잘 처리했지만, 실제 일본어는 훨씬 복잡했습니다. 인간의 언어를 논리 규칙으로 표현하기에는 너무 복잡했습니다.

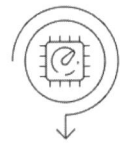 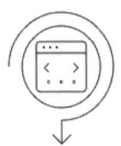  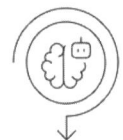

PIM 개발

대규모 병렬 처리를 통해 고성능 추론을 수행할 수 있는 컴퓨터 시스템을 개발했습니다.

KL 개발

Prolog를 기반으로 한 새로운 논리형 프로그래밍 언어를 개발했습니다.

지식베이스 시스템

대량의 지식 정보를 저장하고 관리할 수 있는 지식베이스 시스템을 구축했습니다.

자연어 처리 기술

구문 분석, 의미 분석 등 자연어 처리 기술을 개발했습니다.

그림 8-5: 1991년 종료된 일본 '제5세대 컴퓨터 프로젝트'의 주요 성과와 한계

- 냉혹한 평가: 1991년

1991년 3월, 제5세대 컴퓨터 프로젝트가 공식 종료되었습니다. 10년간

570억 엔을 투자한 결과는 어땠을까요? 병렬 추론 머신 개발에 성공하고, Prolog 처리 속도를 100배 향상시키고, 자연어 처리 기술의 발전을 이루고, 전문가 시스템을 다수 개발한 기술적 성과는 있었지만, 상업적 성과는 거의 제로였습니다. 실용화된 제품은 거의 없었고, 시장 점유율은 0%에 가까웠으니까요.

MIT의 한 교수는 이렇게 평가했습니다. "기술적으로는 인상적이었지만, 시장적으로는 완전한 실패였다. 그들은 기술 중심의 함정에 빠졌다." 하지만 모든 평가가 부정적이지는 않았습니다. 일부 연구자들은 장기적 관점에서 의미를 찾았죠.

"5세대 프로젝트는 시대를 앞서갔다. 그들이 추구한 지능형 컴퓨터는 지금 AI 시대에 현실이 되고 있다."

제5세대 컴퓨터 프로젝트의 실패는 AI 연구사에 중요한 교훈을 남겼습니다. 바로 논리기호주의 vs 학습연결주의의 딜레마였죠. 이 딜레마는 현재도 계속되고 있습니다.

◇ **5세대 컴퓨터 프로젝트 연표**
- 1981년 10월: 제5세대 컴퓨터 국제회의, 도쿄
- 1982년 4월: ICOT 설립
- 1984년: 병렬 추론 머신 PIM 발표
- 1985년: 자연어 처리 시스템 시연
- 1987년: 중간 평가, "일부 성과 있으나 목표 대비 부족"
- 1989년: 버블 경제 절정, 기업 투자 급감
- 1991년 3월: 프로젝트 공식 종료

- 1992년: ICOT 해체

- 꿈은 계속된다

2022년 챗GPT의 등장으로, 1980년대 일본이 꿈꿨던 '자연어로 대화하는 컴퓨터'가 드디어 현실이 되었습니다. 후치가미 카즈히로는 2020년 89세의 나이로 세상을 떠났지만, 그의 마지막 논문에는 이런 구절이 있었습니다.

"기술의 발전은 직선이 아니다. 때로는 우회로를 거쳐야 하고, 때로는 막다른 길에서 되돌아와야 한다. 하지만 꿈은 언젠가 현실이 된다."

제5세대 컴퓨터 프로젝트는 실패했지만, 논리 규칙 대신 신경망이, 전문가 시스템 대신 딥러닝이, 일본 대신 미국이 그 꿈을 이뤄 냈습니다. 하지만 이것으로 끝난 것은 아니지요.

챗GPT도 여전히 한계가 많습니다. 논리적 추론은 약하고, 사실 확인은 부정확하며, 편향도 심합니다. 어쩌면 진정한 인공지능은 논리와 학습, 기호와 신경망, 동양과 서양의 만남에서 탄생할지도 모르겠습니다.

- 에필로그: 제5세대 프로젝트의 주요 인물들, 그 후
▷ **후치가미 카즈히로(1931-2020)**

- 프로젝트 종료 후 도쿄대 명예교수
- 2000년대에도 AI 발전을 계속 지켜봄
- "챗GPT를 보고 싶었다"는 것이 생전 마지막 소원

▷ 나카지마 히데토시(ICOT 기술 책임자)

- 프로젝트 후 NTT로 복귀

- 인터넷 기술 발전에 기여

- "5세대는 너무 이르렀지만, 방향은 옳았다"

▷ 우에다 가즈노리(Prolog 전문가)

- 와세다 대학 교수로 전향

- 논리 프로그래밍 연구 계속

- 현재도 논리의 중요성을 강조

▶ Coming Next

일본의 장대한 실험이 끝나갈 무렵, 조용한 혁명이 시작되고 있었다. 통계학자들과 수학자들이 만든 제3의 길. 머신러닝이라는 이름의 새로운 희망.

 QR코드를 스캔하시면 〈제8장 내용 요약〉 팟캐스트 형식의 동영상을 보실 수 있습니다.

제9장

제3의 길, 머신러닝의 조용한 혁명

"우리는 데이터에서 패턴을 찾는 수학적 방법에 관심이 있었을 뿐이다."
통계학자, 수학자, 엔지니어들의 관심은 AI가 아니었다. 이들은 거창한 철학 대신 실용적인 해답을 택했다. 데이터에서 패턴을 찾고, 확률로 미래를 예측하는 것.
'머신러닝'이란 이름이 붙여진 조용한 흐름이 결국 딥러닝과 만나면서 AI의 판도를 바꿔 놓게 될 줄이야.

- 머신러닝에 대한 흔한 오해

인공지능을 설명할 때 흔히 보는 그림이 있습니다.

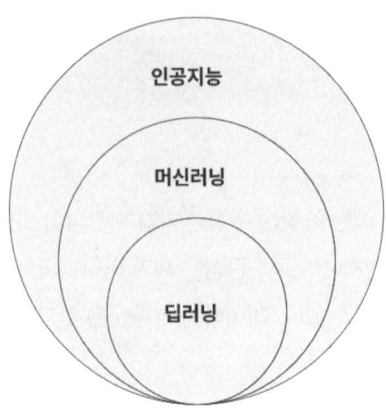

그림 9-1: 인공지능, 머신러닝,
딥러닝 간의 관계를 설명하는 도표

즉, "머신러닝은 인공지능의 한 분야이고, 머신러닝 중의 한 카테고리가 딥러닝이다"라는 식으로 포함관계로 설명하는 거죠. 완전히 틀린 말은 아니지만, 역사적으로는 부정확합니다. 머신러닝과 AI는 다른 뿌리에서 출발했습니다.

AI는 기계에 지능을 부여해서 인간처럼 생각하는 기계를 만들자는 목표였고, 머신러닝은 컴퓨터와 통계학을 결합해 데이터로부터 자동으로 규칙이나 패턴을 학습하는 통계적 기법이었습니다. 초기에는 선형회귀, 베이즈 추론, 클러스터링 등 전통적인 통계 모델들이 중심이었지요. 즉, AI는 "기계를 똑똑하게 만들자"는 것이었다면, 머신러닝은 "데이터에서 스스로 배우게 하자"는 겁니다.

출발선만 달랐던 게 아닙니다. 이 두 분야는 2000년대 중반까지 40-50년간 전혀 별개의 길을 걸었습니다. 기호주의와 연결주의 논쟁, 전문가 시스템, 신경망 개발 등의 길을 걸었던 AI 연구자들과 달리 머신러닝 연구자들은 통계적 학습 이론, 확률 모델 등을 개발하는 데 주력합니다. 마치 같은 산을 오르는데 완전히 다른 등산로를 택한 셈이죠.

그러다 2000년대 중반, 운명적 만남이 이루어집니다. 전환점은 딥러닝의 등장이었습니다. 2006년 힌튼의 심층 신뢰망(DBN)과 2012년 알렉스넷 등이 딥러닝 혁명을 일으키면서 머신러닝 기법이 AI와 융합되게 됩니다. 그제서야 "아, 머신러닝이 방법론과 표현만 달랐지 딥러닝과 추구하는 바가 같았구나" "머신러닝이 AI를 실현하는 방법이었구나!"라고 깨달은 거죠.

그렇다면 머신러닝은 어디서 어떻게 시작되었을까요? '머신러닝'이라는 용어를 처음 사용한 아서 사무엘(Arthur Samuel, 1901-1990)은 인공지능을 만들려던 게 아니었습니다. 그럼 무엇을 하려던 걸까요?

- 체커 게임에서 시작된 머신러닝

1950년대 중반, 벨 연구소에서 IBM으로 옮긴 사무엘은 흥미로운 프로젝트에 몰두하고 있었습니다. 컴퓨터로 체커(checkers) 게임을 하는 프로그램을 만드는 것이었죠. 체커는 체스보다 단순한 게임입니다. 8×8 보드에서 상대방의 말을 모두 따먹으면 이기는 게임이죠.

하지만 사무엘의 프로그램은 다른 게임 프로그램들과 달랐습니다. 게임을 할 때마다 조금씩 실력이 늘었거든요. 처음에는 어리바리했지만, 몇 달 후에는 사무엘 자신보다 강해졌습니다. 요즘 비슷한 게 있습니다.

AI가 벽돌깨기 게임을 스스로 학습하는 유튜브 영상 보신 적 있으시죠? 아예 룰을 가르쳐 주지 않아 처음엔 어떻게 하는지도 몰라 쩔쩔매더니 게임을 반복하면서 실력이 늘더니 몇 시간 만에 세계최고수가 되었지요. 진화 알고리즘, 강화학습이 적용된 겁니다.

지금 보면 별 감흥이 없지만 당시로서는 놀라운 일이었습니다. 프로그램이 경험을 통해 스스로 발전한다는 개념 자체가 혁신적이었거든요. 사무엘 프로그램의 비결은 매 게임마다 자신의 실수를 분석하고 평가하는 함수(evaluation function)를 조정하는 알고리즘에 있었습니다.

- 좋은 수를 뒀을 때 → 그 패턴을 강화
- 나쁜 수를 뒀을 때 → 그 패턴을 약화
- 승리했을 때 → 전체 전략을 긍정적으로 평가
- 패배했을 때 → 문제점을 찾아 수정

단순한 규칙 기반이 아니라, 경험을 통해 점점 더 잘 두게 만드는 알고리즘인데, 이것이 강화학습(Reinforcement Learning)의 원형이라 할 수 있습니다. 승리와 패배라는 보상을 통해 실력을 강화하는 것이죠.

> "이 연구의 진정한 의미는 컴퓨터가 단순한 계산기를 넘어서 학습하는 기계가 될 수 있다는 것입니다. 미래에는 컴퓨터가 경험을 통해 스스로 문제해결 능력을 키울 수 있을 것입니다."
>
> – 아서 사무엘, IBM 연구원

- 강화학습, 당근과 채찍

강화학습은 현대 딥러닝에서도 매우 핵심적인 개념입니다. 2016년 이세돌을 이긴 알파고를 훈련한 방식도 강화학습이었고, GPT에도 RLHF Reinforcement Learning from Human Feedback, 즉 인간 피드백을 통한 강화학습을 사용했습니다. 또 자율주행도 강화학습 방식입니다. 사고 없이 도착하면 보상을 주는 거죠.

강화학습의 개념은 어렵지 않습니다. 당근과 채찍이죠. 퀴즈 하나 풀어보실까요? 강아지에게 "앉아"를 가르치려고 합니다. 어떤 방법이 가장 효과적일까요?

a) "앉아"의 정의를 설명한다.

b) 앉을 때마다 간식을 준다.

c) 앉는 방법을 단계별로 시연한다.

당연히 b죠. 이것이 바로 강화학습(Reinforcement Learning)입니다. 강화학습의 핵심은,

- 행동(Action): 강아지가 앉는다
- 보상(Reward): 간식을 받는다
- 학습: 앉으면 좋은 일이 생긴다는 걸 기억

아서 사무엘의 체커 프로그램이 바로 이 방식이었습니다. 이기면 → 그 전략을 강화(당근), 지면 → 그 전략을 약화(채찍)시키는 거죠.

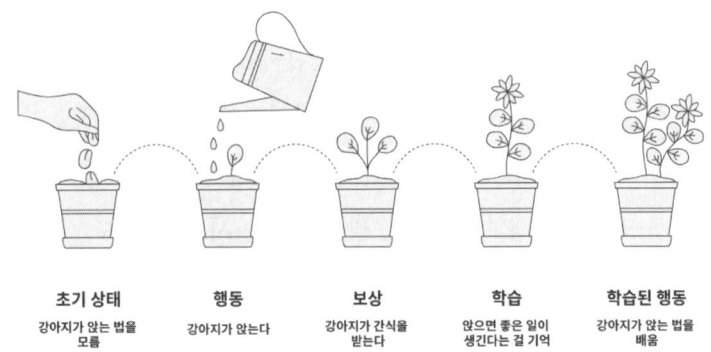

초기 상태	행동	보상	학습	학습된 행동
강아지가 앉는 법을 모름	강아지가 앉는다	강아지가 간식을 받는다	앉으면 좋은 일이 생긴다는 걸 기억	강아지가 앉는 법을 배움

그림 9-2: '강화학습'의 보상 기반 학습 과정

- 머신러닝의 정의

1959년, 아서 사무엘은 역사적인 논문을 발표합니다. "Some Studies in Machine Learning Using the Game of Checkers"체커 게임을 이용한 머신러닝 연구 여기에 머신러닝(Machine Learning)이라는 용어가 처음 등장합니다. 이 논문에 사무엘의 유명한 머신러닝 정의가 나오지요.

☞ "Machine Learning: the field of study that gives computers the ability to learn without being explicitly programmed."(컴퓨터가 명시적으로 프로그래밍되지 않고도 학습할 수 있는 능력을 연구하는 분야)

이 정의는 오늘날까지도 머신러닝의 가장 명쾌한 설명으로 여겨집니다. "프로그래머가 모든 규칙을 알려 주지 않아도, 기계가 경험을 해 가면서 스스로 학습할 수 있어야 한다"는 생각을 최초로 제시한 것인데, 이는 당시 AI 연구와는 완전히 다른 철학이었습니다. IBM에 근무했던 사무엘은 철학자라기보단 현장에서 뛰는 기술자였습니다. 사무엘의 접근법은 당시 AI 연구와 근본적으로 달랐습니다.

"어떻게 지능을 구현할까?"라는 당시 AI 연구와는 달리 "어떻게 학습하게 할까?"에 초점이 있었고, 통계와 최적화 기법을 통해 성능을 어떻게 올릴까에 관심이 있었던 겁니다. "지능이 무엇인지"보다는 "어떻게 하면 더 잘할 수 있는지" 이런 실용적 접근이 결국, 현대 머신러닝의 DNA입니다.

- AI 주류와는 다른 이방인들

사무엘이 1959년 머신러닝이라는 용어를 만들었지만, 이 개념은 곧 잊혀졌고, 당시에는 쓰이지도 않았습니다. 특정 학문 분야의 공식 용어도 아니었고요. 머신러닝이 다시 떠오른 것은 1980년대 후반이었습니다. 30년 동안 주목받지 못했던 셈이죠. 당시 사무엘의 아이디어는 장난감 프로젝트toy project 정도로 치부됐을까요? 왜 외면받았을까요?

당시 AI 주류는 기호주의였습니다. "기계가 경험을 통해 배우게 하자"는 발상은 1950-60년대 당시엔 너무 실용적이고, "덜 똑똑해 보이는" 접근이었지요. 그보다는 "기계가 추론을 하고 논리적으로 생각할 수 있어야 한다"는 게 당시의 주류 철학이었습니다. 결과적으로 AI 연구자들은 머신러닝을 몰랐고, 알더라도 변방적 아이디어 정도로 치부했던 거죠.

한편 머신러닝의 주역들이었던 통계학자, 정보이론 연구자, 패턴 인식 전문가들은 1980년대까지는 자신들이 하는 연구가 머신러닝이나 인공지능이라 생각하지 않았습니다. 그냥 각자의 전공 분야에서 연구를 이어 가며 "데이터에서 패턴을 찾는 수학적 방법"에 관심이 있었을 뿐이죠. 데이터에서 패턴을 찾는다는 게 어떤 걸까요? 아래 퀴즈를 풀어 보시겠어요?

퀴즈: 당신은 은행 대출 담당자입니다.

다음 세 명 중 누구에게 대출을 해 주시겠습니까?

- A: 나이 35세, 연봉 5천만 원, 직장 5년 차, 신용카드 연체 0회
- B: 나이 28세, 연봉 3천만 원, 직장 2년 차, 신용카드 연체 2회
- C: 나이 45세, 연봉 8천만 원, 직장 15년 차, 신용카드 연체 1회

아마 대부분 A나 C를 선택하셨을 겁니다. 여러 정보를 종합적으로 고려해서 "이 사람이 돈을 갚을 확률이 높다/낮다"를 판단한 거죠.

축하합니다! 방금 머신러닝을 하셨습니다. 머신러닝도 정확히 같은 일을 합니다. 다만 A, B, C 세 명이 있을 때는 금방 찾아낼 수 있지만, 데이터가 수만 명으로 늘어난다면 인간의 두뇌로는 연산이 어렵겠지요. 컴퓨터가 수만 명의 과거 대출 데이터를 보고 패턴을 찾아내는 겁니다.

"나이 30-40대 + 연봉 4천만 원 이상 + 직장 3년 이상 + 연체 1회 이하 → 90% 확률로 상환"

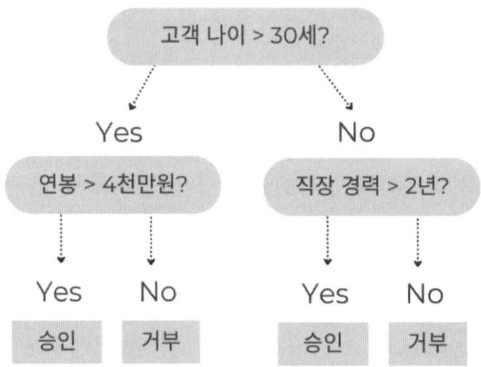

그림 9-3: '머신러닝'을 활용한 대출 승인 여부 결정 예시

이것이 바로 분류(Classification) 문제입니다. 사람처럼 기계가 패턴을 학습해서 새로운 데이터가 어느 그룹에 속하는지 분류하고 예측하는 것이 머신러닝(기계학습)입니다.

- 제3의 길을 걸어온 머신러닝

1980년대 후반 들어 "머신러닝"이라는 용어가 독립된 학술 분야로 서서히 정착하기 시작합니다. 통계학·정보이론 기반의 연구자들에 의해 실용성과 이론적 뒷받침을 얻으며 사무엘의 아이디어가 부활한 거지요.

1988년 ICML International Conference on Machine Learning이 시작되었고, 1997년 톰 미첼(Tom Mitchell)은 《Machine Learning》 교재에서 학문적으로 체계화합니다. 그 후 2000년대 들어 데이터 마이닝, 웹 정보처리, 바이오 정보학 등에서 핵심 기술로 자리 잡게 되지요.

지금 널리 사용되는 많은 머신러닝 기법들은 개발 당시에는 머신러닝이라 불리지도 않았습니다. 몇 가지 예를 들어 볼까요? 다음의 기법들은 원래 다른 학문 분야에서 나온 것이고, 개발자도 다른 목적을 가지고 있었습니다.

- 로지스틱 회귀 - 통계학 - "회귀분석의 확장"
- 베이즈 분류기 - 확률론 - "베이즈 정리의 응용"
- 결정트리 - 정보이론 - "정보 엔트로피 활용"
- k-최근접 이웃 - 패턴 인식 - "거리 기반 분류"

각 분야의 연구자들은 서로 다른 동기로 연구했지만, 결과적으로는 모두 공동의 목표점을 향하고 있었던 셈입니다. 통계학자는 "더 정확한 예측 모델을 만들자", 정보이론가는 "패턴을 효율적으로 인코딩하자", 최적화 전문가는 "최적해를 더 빨리 찾자", 신경과학자는 "뇌의 학습 메커니즘을 이해하자"는 식이었죠.

1960년대 벨 연구소에서 개발한 우편번호 자동 인식 시스템도 비슷한 사례입니다. 목표는 손글씨 숫자를 컴퓨터가 읽도록 하는 것이었죠. 이들은 뉴런을 모방하려 하지도, 논리 규칙을 만들려 하지도 않았습니다. 대신 통계적 패턴을 찾았죠.

"숫자 '0'은 둥글고, '1'은 세로선이 많고, '8'은 두 개의 고리가 있다"

이런 특징들을 수치화해서 확률적으로 판단하는 방식이었습니다.

연구자들은 머신러닝을 만든다는 자의식 없이, 분류와 예측의 정확도를 높이기 위한 "좋은 예측 알고리즘"을 만들고 있었던 겁니다. 또 스스로를 AI 연구자라고 생각하지도 않았습니다. 2000년대 들어 이 모든 기법들이 AI와 접목되면서 더욱 정교해졌고, 비로소 공식적으로 머신러닝(ML)이라 불리게 되었던 거죠. 스탠퍼드 통계학과의 제롬 프리드먼은 이렇게 회고했습니다.

"우리는 AI가 뭔지도 몰랐어요. 그냥 데이터에서 패턴을 찾는 수학적 방법에 관심이 있었을 뿐이죠."

- 결정트리 모델(Decision Tree): 스무고개 게임의 디지털 버전

지금까지 머신러닝이 걸어온 역사를 살펴봤습니다. 그런데 정작 머신러닝이 뭘 하는 건지 여전히 추상적으로 느껴지시죠? 지금도 널리 활용되고 있는 머신러닝의 주요 모델들을 몇 가지 예를 들면서 머신러닝의 원리를 좀 더 심층적으로 이해해 보겠습니다.

먼저 결정트리 모델을 볼까요? 스무고개 게임 기억하시나요? 결정트리 기법은 스무고개 게임의 디지털 버전입니다.

퀴즈: 데이트 갈지 말지 결정하기

이런 상황이라고 가정해 보세요. 당신은 매우 체계적인 사람이어서, 데이트를 갈지 말지 결정할 때 항상 같은 기준을 적용합니다.

1. 날씨가 좋으면 → 갈까 말까 더 고민

2. 날씨가 나쁘면 → 집에 있기

날씨가 좋을 때는:

1. 돈이 충분하면 → 가자!

2. 돈이 부족하면 → 집에서 넷플릭스

이걸 나무(tree) 그림으로 그리면,

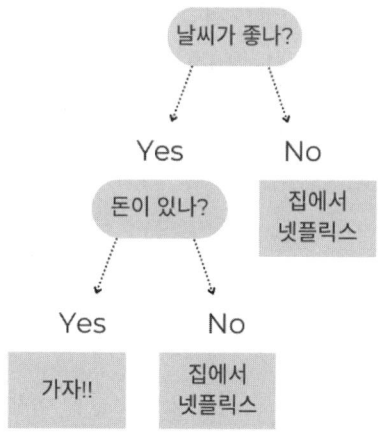

그림 9-4: 데이트 여부를 결정하는 트리 방식 예시

이것이 바로 결정트리(Decision Tree)입니다. 실제 머신러닝에서는 컴퓨터가 수천 개의 과거 데이터를 보고 이런 나무를 자동으로 만들어 냅니다.

결정트리는 1960년대부터 시작되었는데, 1970-80년대에 개선된 알고리즘들이 개발되면서 머신러닝 분야의 핵심 기술로 자리 잡은 모델입니다. 나무 모양으로 표현한 것은 사람이 의사결정하는 방식과 비슷해서 이해하기 쉽고, 왜 이런 결정을 내렸는지 설명이 가능하고 복잡한 수학 없이도 만들 수 있기 때문이고요.

- k-최근접 이웃(k-NN) 모델: 유유상종

"친구 따라 강남 간다"는 속담이 있죠. 또 유유상종(類類相從)이란 말도 비슷한 뜻입니다. 끼리끼리 어울리는 거죠. k-최근접 이웃k-Nearest Neighbors, k-NN 기법의 초기 아이디어는 1951년 나온 것인데, 이 역시 새로운 알고리즘들이 나오면서 1960-70년대 확장되어 온 모델입니다.

퀴즈: 새로 이사 온 동네에서 맛집 찾기

당신은 새로운 동네로 이사했습니다. 주위 맛집을 어떻게 찾으시겠습니까?

a) 인터넷 리뷰를 뒤진다.

b) 가장 가까운 3명의 이웃에게 물어본다.

c) 무작정 돌아다니며 찾는다.

b를 선택하셨다면, k-최근접 이웃 알고리즘을 이해하신 겁니다. k-최근접 이웃(k-Nearest Neighbors)의 아이디어는 단순합니다. "비슷한 것

끼리는 비슷한 결과를 낸다." 예를 들어, 영화 추천을 한다면, 당신과 취향이 비슷한 사람을 찾아서 그들이 좋아한 영화(별점) 중에서 당신이 안 본 것을 추천하는 방식입니다.

	액션	로맨스	공포	취향
당신	★★★★★	★★	★	
A	★★★★★	★★	★★	비슷
B	★★★★	★★	★	비슷
C	★	★★★★★	★★★★★	다름

그림 9-5: 영화 추천 알고리즘에서 사용하는 데이터 예시

당신에게는 A와 B가 별점을 많이 준 영화를 추천해야겠네요. 취향이 비슷하니까요. 실제로 넷플릭스는 당신 좋아할 만한 영화를 이런 식으로 추천합니다. 유튜브 추천 알고리즘이나 쿠팡이 "이 상품을 구매한 고객이 함께 구매한 상품"을 보여 주는 것도 이런 원리의 머신러닝 모델을 활용합니다.

- 베이즈 분류기(Naive Bayes Classifier): 스팸 메일 탐정

베이즈 분류기는 토머스 베이즈(Thomas Bayes, 1701-1761)의 확률론을 토대로 한 기법입니다. 베이즈 정리(Bayes' theorem)는 불확실성하에서 의사결정 문제를 수학적으로 다룰 때 중요하게 이용되는데, 이 공식을

활용한 거지요. 베이즈 분류기로 스팸 메일을 분류해 볼까요?

  퀴즈: 스팸 메일 구분하기 - 다음 메일 중 어느 것이 스팸일까요?
  • 메일 A: "안녕하세요, 내일 회의 자료 보내드립니다."
  • 메일 B: "축하합니다! 1억 원 당첨! 지금 클릭하세요! 무료! 대박!"

  당연히 B죠. 그런데 컴퓨터는 어떻게 알까요? 베이즈 분류기는 확률론의 베이즈 정리를 사용합니다.
  "P(스팸|이 단어들) = P(이 단어들|스팸) × P(스팸) / P(이 단어들)"
  이 공식을 이해할 필요는 없습니다. 어려워 보이지만 실제로는 직관적입니다.

☐ 스팸 메일에 자주 나오는 단어들
  • "무료": 스팸에서 90% 등장, 정상에서 5% 등장
  • "돈": 스팸에서 80% 등장, 정상에서 10% 등장
  • "클릭": 스팸에서 95% 등장, 정상에서 15% 등장

☐ 정상 메일에 자주 나오는 단어들
  • "회의": 정상에서 60% 등장, 스팸에서 2% 등장
  • "자료": 정상에서 40% 등장, 스팸에서 1% 등장

  메일 B에는 "무료", "클릭" 같은 스팸 단어가 많으니까 스팸 확률이 높다고 판단하는 거죠. 이 방법은 200년 전 토마스 베이즈가 만든 수학 공식

을 사용하지만, 현재도 가장 효과적인 스팸 필터링 기법 중 하나입니다.

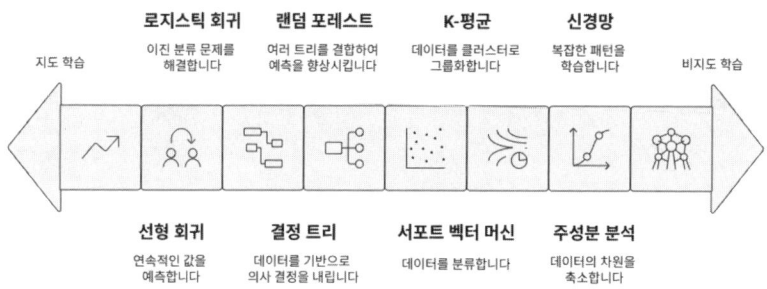

그림 9-6: 머신러닝의 주요 알고리즘들

- 머신러닝의 공통 원리

몇 가지 퀴즈를 풀면서 머신러닝의 원리를 살펴보고 어떻게 응용되는지 알아봤습니다. 지금까지 본 모든 알고리즘들의 공통점이 보이시나요?

1. 데이터에서 패턴 찾기: 과거 사례들을 분석해서 규칙 발견

2. 일반화: 본 적 없는 새로운 상황에도 적용

3. 최적화: 점점 더 정확해지도록 개선

4. 확률적 사고: 100% 확실한 답보다는 "가능성이 높은" 답

이것이 바로 아서 사무엘이 1959년에 정의한 머신러닝의 본질입니다. "명시적으로 프로그래밍하지 않고도 학습할 수 있는 능력." 기존의 프로그래밍 방식과 머신러닝의 방식을 비교하자면,

- 프로그래밍 방식: 규칙 + 데이터 → 결과
- 머신러닝 방식: 데이터 + 결과 → 규칙(자동으로 찾아냄)

사람이 기계에게 규칙을 입력해 주는 게 아니라 기계가 데이터의 패턴을 읽어 스스로 규칙을 찾아내는 것이 머신러닝의 원리입니다.

그림 9-7: '프로그래밍 방식'과 '머신러닝 방식'의 근본적인 차이

- 머신러닝과 딥러닝이 만나기까지

1990년대, 러시아에서 온 천재 수학자가 머신러닝에 혁명을 일으켰습니다. 블라디미르 바프닉(Vladimir Vapnik)이었죠. 바프닉은 소련에서 수십 년간 패턴 인식을 연구해왔지만, 서방에는 거의 알려지지 않았던 인물입니다. 냉전 때문이었죠. 베를린 장벽이 무너지고 1990년대 초 그가 미국으로 건너오면서 상황이 바뀌었습니다.

1995년, 바프닉과 코린나 코르테스는 서포트 벡터 머신(SVM: Support Vector Machine)을 발표했습니다. SVM은 데이터를 가장 명확하게 구분하는 "최적의 경계선"을 찾아 분류하는 모델인데, 빠르고, 수학적으로 우아하고, 성능도 좋았죠.

SVM이 뛰어난 성능을 보이면서 분위기가 완전히 바뀝니다. "신경망은 끝났어. 이제 SVM의 시대야!" 1990년대 대부분의 AI 학계는 그런 분위기였습니다. 기호주의와 연결주의 모두 두 번째의 AI 겨울을 지내게 됩니다.

"층이 많으면 과적합 된다."

"학습이 잘 안 된다."

"SVM이나 결정트리처럼 뚜렷한 수학적 이론이 중요하다."

SVM은 당시에는 가장 정확한 분류 알고리즘이었습니다. 신경망이 침체기일 때 머신러닝을 이끈 핵심 기술이었죠. 하지만 2000년대 들어 결국 두 길이 만나게 됩니다.

머신러닝의 한계는 무엇이었을까요? 2006년 신경망의 돈키호테 제프리 힌튼이 재등장하면서 머신러닝과 AI는 융합되기 시작합니다. 바로 딥러닝 혁명이죠.

- 에필로그: 아서 사무엘의 이후 행보

1949년 IBM에 합류하여, 세계 최초의 상업용 컴퓨터인 IBM 701에서 체커 프로그램을 개발한 사무엘은 1966년 IBM에서 은퇴한 후, 스탠퍼드 대학교로 자리를 옮겨 교수 및 연구자로 활동을 계속했습니다. 체커 프로그램 개발을 계속했으며, 1970년대에는 음성 인식 연구에도 참여하는 등 컴퓨터 과학 전반에 걸쳐 다양한 업적을 남긴 공로로 1987년 '컴퓨터 개척자상(Computer Pioneer Award)'을 수상합니다.

사무엘은 겸손하고, 동료와 후학들에게 친절하게 지식을 나누는 인물로 평가받았는데, 1990년 파킨슨 합병증으로 세상을 떠났습니다.

▶ Coming Next

머신러닝이 조용히 성장하는 동안 토론토의 고집쟁이가 마침내 답을 찾았다. 깊은 신경망을 쌓는 비밀. 2006년, 딥러닝 혁명이 시작된다.

QR코드를 스캔하시면 〈제9장 내용 요약〉
팟캐스트 형식의 동영상을 보실 수 있습니다.

PART 3

딥러닝과 트랜스포머 혁명(2006-2017):
"잠들어 있던 거인이 깨어나다"

2006년, 기적이 일어난다.

오랜 침묵 끝에 인공신경망이 마침내 꿈틀대기 시작했다. 돈키호테가 마침내 깊은 신경망을 쌓는 비밀의 답을 찾아낸 것이다. 딥러닝은 꺼져 가던 신경망 연구에 다시 불을 지폈고, 2012년 '알렉스넷'의 압도적인 우승은 기계가 세상을 보는 눈을 가졌음을 전 세계에 선언한 순간이었다.

하지만 세상을 보는 것을 넘어 인간의 복잡한 언어를 가르치기 위한 연구는 또 다른 고군분투의 연속이었다. 기계에게 단어의 의미를 가르치고, 문맥을 기억하게 하며, 문장을 이해하고 생성하게 하려는 지난한 노력들이 이어진다.

그러다 마침내 2017년 여름, 구글의 젊은 연구원 8명이 단 8페이지짜리 논문 하나로 AI 판도를 완전히 뒤흔든다. 바로 "Attention Is All You Need"라는 제목의 논문. 트랜스포머는 기계가 인간의 언어를 비로소 자연스럽게 대화할 수 있게 만들며, 현재 우리가 경험하는 LLM 시대의 문을 활짝 열었다. 신경망은 어떻게 '눈'을 뜨고 '말'을 하게 되었을까?

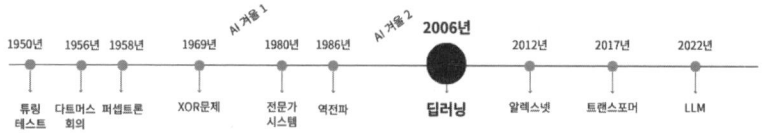

제10장

딥러닝 혁명, 층을 쌓는다는 것의 어려움

기존 생각의 틀을 깨뜨려야 답이 보인다.

2006년, 토론토의 고집쟁이 교수가 마침내 답을 찾았다. 깊은 신경망을 쌓는 비밀은 한꺼번에 학습시키는 것이 아니라 한 번에 하나씩, 층별로 사전학습하는 것. 제프리 힌튼의 딥러닝 알고리즘은 AI 겨울을 끝내고 새로운 봄을 불러왔다.

하지만 진짜 혁명은 이제부터 시작이었다. 폭풍전야는 조용했다. 2012년 알렉스넷이 세상을 놀라게 할 그 순간까지.

- 1986년의 희망과 좌절

1986년 가을, AI 겨울이 끝나고 다시 봄이 찾아올 수 있겠다는 기대감이 넘쳐났습니다. 데이비드 럼멜하트, 제프리 힌튼, 로날드 윌리엄스가 공동으로 발표한 논문 "Learning representations by back-propagating errors오차 역전파를 통한 표현 학습"가 〈네이처〉에 실리면서 서서히 반응이 오기 시작한 거죠.

훗날 딥러닝 혁명의 기반이 된 기념비적인 논문인데, 1969년 마빈 민스키와 시모어 페퍼트가 제기했던 "다층 퍼셉트론을 어떻게 학습시킬 것인가?"라는 문제에 대한 해답이었거든요. 신경망이 여러 층 쌓이면 은닉층을 학습시킬 수 없다는 한계 때문에 1970년대 AI 겨울이 왔었던 사실 기억하시지요?

역전파Backpropagation 알고리즘을 다층 신경망multi-layered neural networks에 효과적으로 적용하는 방법을 제시하여, 신경망이 복잡한 내부 표현representations을 학습할 수 있음을 증명해 낸 것입니다. 한 마디로, 역전파 알고리즘의 재해석이었습니다.

신경망도 퍼셉트론 때보다 성능이 향상된 '제한된 볼츠만 머신'이 나왔고, 학습시킬 수 있는 알고리즘도 갖췄으니 "이제 때가 왔다"는 자신감에 들떠 있었습니다. 그런데 이상한 일이 벌어졌습니다. 1990년대 들어 역전파로 무장한 신경망들이 하나둘 실패하기 시작한 것이죠.

처음에는 2-3층으로 놀라운 성과를 보이던 신경망들이, 층을 더 깊게 쌓으려고 하면 갑자기 학습이 안 되기 시작했습니다. 층을 4개, 5개로 늘리면 더 복잡한 문제도 풀 수 있겠는데, 더 이상 쌓으면 오히려 결과가 잘 안 나오는 문제점이 나타난 겁니다.

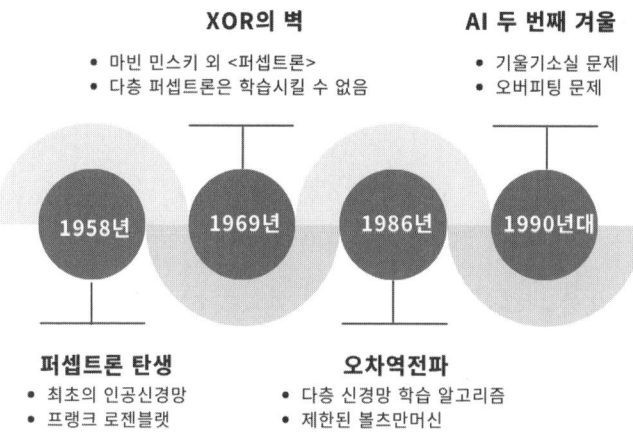

그림 10-1: 초기 인공신경망의 한계와 연구 흐름

마치 두뇌가 클수록 더 똑똑해지듯이 신경망을 더 깊게 쌓을수록 성능이 좋아지는 게 당연하지 않나요? 그런데 연구자들의 기대와 달리, 깊은 신경망은 제대로 학습되지 않았습니다. 오히려 얕은 신경망보다 성능이 떨어졌죠. 무엇이 문제였을까요?

- 기울기 소실의 벽, 고요 속의 외침

첫 번째 문제는 기울기 소실(Vanishing Gradient)이었습니다. 기울기가 소실된다? 신경망의 층이 깊어질수록 학습 신호가 약해져서 앞쪽 층이 제대로 학습되지 않는 현상입니다. 간단한 비유를 들어 보겠습니다. 깊은 바닷속에서 수면으로 신호를 보낸다고 생각해 보세요. 수심 10m에서 보낸 신호는 수면까지 잘 도달하지만, 수심 100m, 1,000m에서 보낸 신호는 물의 저항 때문에 점점 약해져서 결국 수면에 도달하지 못합니다.

가족오락관이라는 TV 프로그램의 '고요 속의 외침'이라는 게임 기억하시나요? 아주 시끄러운 소리가 나는 헤드폰을 쓰고 옆 사람이 말한 문장을 이어서 전달하는 게임이었죠. 뒤로 갈수록 전혀 다른 문장으로 왜곡됩니다.

층이 많고 깊을수록 신경망의 성능은 좋아지겠지만, 고요 속의 외침처럼 왜곡이 일어나고 제대로 학습되지 않습니다. 역전파 알고리즘은 출력층에서 입력층 방향으로 역으로 오차 신호를 전달하는데, 층이 깊어질수록 이 신호가 점점 약해져서 앞쪽 층들은 제대로 학습되지 않았던 것이죠.

수학적으로 기울기란 미분한 값인데, 연쇄법칙chain rule으로 미분을 계속하다 보니 기울기(미분값)가 0에 수렴하는 문제가 발생합니다. 예를 들어, 10층 신경망의 경우, 첫 번째 층까지 도달하는 기울기는 $0.25^{10} = 0.0000009537$, 거의 0에 가까운 값이죠.시그모이드와 같은 특정 활성화 함수 이렇게 작은 수치로는 학습이 거의 불가능했습니다. 이를 기울기 소실 문제라 합니다.

실제 사례를 볼까요? 1990년대 초 한 연구자가 손글씨 숫자 인식을 위해 8층 신경망을 만들었습니다.

- 1-2층: 정상적으로 학습
- 3-4층: 느리게 학습
- 5-8층: 거의 학습 안 됨

결과적으로 8층 신경망의 성능이 3층 신경망보다 못했죠. "그럼 깊게 쌓는 게 의미가 없구나. 차라리 얕고 넓게 만들자." 이런 분위기가 퍼지면서 신경망 연구는 다시 침체기에 접어듭니다.

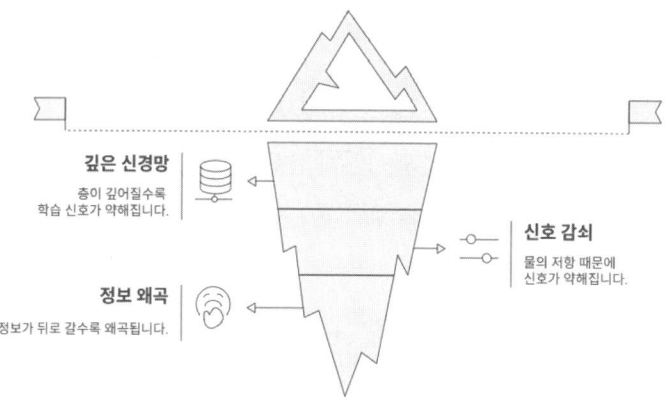

신경망의 앞쪽 층이 학습되지 않습니다.

깊은 신경망
층이 깊어질수록
학습 신호가 약해집니다.

신호 감쇠
물의 저항 때문에
신호가 약해집니다.

정보 왜곡
정보가 뒤로 갈수록 왜곡됩니다.

그림 10-2: 깊은 신경망 학습을 방해하는 '기울기 소실' 현상

두 번째 문제는 과적합 문제(Over fitting)였습니다. 신경망이 학습 데이터에만 너무 잘 맞아서 새로운 데이터는 못 알아보는 현상입니다. 시험 문제만 달달 외운 학생 같은 거죠. 자신이 공부한 문제는 잘 푸는데, 조금만 다른 문제가 나오면 시험을 망치는 겁니다. 학교 성적은 좋은데 사회에서는 좋은 성과를 내지 못하는 것도 학교에 오버피팅 되어 있기 때문이고요.

이처럼 훈련 데이터training data의 세세한 특징이나 노이즈까지 기억해 버려서 일반적인 패턴test data을 학습하지 못하는 상태를 의미하는데, 층이 많을수록 과적합되는 문제를 해결하지 못하는 문제가 발생했습니다.

- 힌튼의 외로운 도전

1990년대부터 신경망은 다시 외면받기 시작합니다. 두 번째 AI 겨울이

었죠. 한 연구자는 이렇게 회고했습니다. "1990년대 학회에서 신경망 논문을 발표하면 사람들이 피했어요. '아직도 그런 걸 연구해?'라는 시선이었죠."

기업들도 실용적 선택을 했습니다. 2000년대 초 실리콘밸리의 한 AI 스타트업 대표는 투자자들에게 이렇게 말했답니다. "우리는 구닥다리 신경망은 사용하지 않아요." 이쯤 되면 포기할 만도 한데, 토론토 대학의 제프리 힌튼의 열정은 대단했습니다.

"뇌는 분명히 층층이 쌓인 신경망이다. 시각피질만 해도 6개 층이 있고, 각 층이 서로 다른 특징을 추출한다. 그렇다면 인공신경망도 깊게 쌓을 수 있어야 한다."

하지만 현실은 냉혹했죠. 아무리 노력해도 깊은deep 신경망은 학습되지 않았던 겁니다. 토론토 대학의 동료 교수는 힌튼을 걱정했습니다. "제프, 자네 커리어가 걱정돼. 다른 연구하는 게 어때? 신경망은 끝난 기술이야."

2000년대 초 힌튼이 신경망 연구비를 신청했을 때, 심사위원의 평가는 냉정했습니다. "신경망은 1980년대 기술입니다. 이미 한계가 증명되었죠. 더 유망한 연구 주제를 택하시기 바랍니다." 하지만 힌튼은 포기하지 않았습니다. 캐나다 정부의 소액 연구비와 몇 명의 대학원생만으로 연구를 계속합니다.

- 2006년, 조용한 혁명의 시작

2006년 여름, 토론토 대학 힌튼의 연구실. 모든 사람이 신경망을 포기한 지 10년이 지났지만, 힌튼은 여전히 컴퓨터 앞에 앉아 있었습니다.

"이번에도 안 되는 건가…"

그런데 그때, 화면에 나타난 숫자가 그의 눈을 번쩍 뜨게 했습니다. 박사과정 학생이었던 루스란 살라쿠디노프와 함께 볼츠만 머신을 들여다보던 중이었죠. 볼츠만 머신은 1985년에 제프리 힌튼이 테리 세이노프스키와 함께 개발했던 신경망 모델이죠. 모든 노드(유닛)가 서로 연결되어 있는 완전 연결 구조를 가진다는 특징이 있습니다.

반면 완전 연결성 때문에 학습 과정이 매우 복잡하고 계산 비용이 많이 든다는 단점이 있지요. 그걸 개선한 것이 1986년 폴 스몰렌스키(Paul Smolensky)가 제안한 '제한된 볼츠만 머신Restricted Boltzmann Machine, RBM'이었습니다.

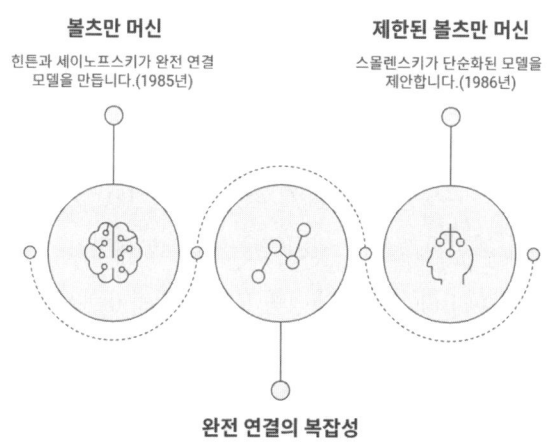

볼츠만 머신
힌튼과 세이노프스키가 완전 연결 모델을 만듭니다.(1985년)

제한된 볼츠만 머신
스몰렌스키가 단순화된 모델을 제안합니다.(1986년)

완전 연결의 복잡성
완전 연결로 인해 학습이 복잡해집니다.

그림 10-3: '볼츠만 머신'과 '제한된 볼츠만 머신(RBM)'의 구조적 차이

힌튼은 제한된 볼츠만 머신(RBM)을 레고 블록처럼 층층이 쌓으면 어떨까 생각합니다. 역전파 알고리즘 기억하시나요? 일단 입력층부터 은닉

층들을 거쳐 출력층 방향으로 데이터를 한꺼번에 학습시킨 후(순전파), 역방향으로 오차를 전파하면서(역전파) 최적의 해를 구하는 방식이었죠. 이건, 전체 네트워크를 한 번에 쭉 학습시키는 겁니다. 여기서 힌튼은 기존 생각의 틀을 깨뜨립니다.

1. 한 번에 하나씩: 전체 네트워크를 한 번에 학습시키지 말고, 한 층씩 순차적으로 학습시키자.

2. 비지도 학습(unsupervised learning): 각 층을 레이블 없이 데이터의 특징만 추출하자.

3. 미세조정: 각각 층을 사전학습(pre-training)한 후, 전체를 미세조정 (fine tuning)하자.

- 딥러닝 프로세스: 사전학습과 미세조정

한꺼번에가 아니라 각 층을 나눠서 사전학습시킨 후, 전체를 미세조정 한다는 아이디어가 2006년 딥러닝 혁명의 핵심입니다. 이 방법으로 기울 기 소실 문제가 해결되고 층을 깊이 쌓는 게 가능해졌거든요. 딥러닝의 원리는 후일 GPT나 BERT 같은 생성형 모델의 뿌리가 됩니다.

그렇다면, 사전학습과 미세조정이 어떤 프로세스로 이루어지는지 얼굴 인식의 예를 통해 살펴볼까요? 사진을 보고 누구인지 알아맞히는 문제를 푸는 신경망을 학습시키려고 합니다.

1단계는 사전학습 단계입니다. 각 층을 나눠서 순차적으로 데이터를 처리합니다. 예제에서는 은닉층을 3개만 두겠습니다.

▷ 픽셀 → 1층: 선과 점 → 2층: 눈, 코, 입 → 3층: 얼굴 전체

1층은 픽셀값을 입력받아 선과 점, 획 등 기본 특징만 잡아냅니다. 그리고 기본값을 2층으로 넘겨주지요. 2층에서는 눈, 코, 입 등 더 고차원의 특징을 잡아냅니다(예: "두 개의 점 + 곡선 = 눈"). 그리고 특징값을 다음 층으로 넘깁니다. 3층은 얼굴 전체의 특징을 추출합니다(예: "두 눈 + 코 + 입 = 얼굴").

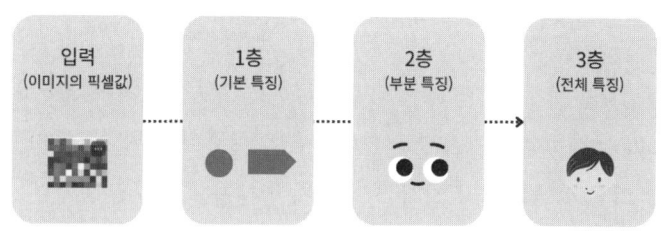

그림 10-4: 딥러닝의 핵심, '사전학습'을 통한 계층적 특징 추출 과정

이어달리기나 컨베이어 시스템이 연상되지요. 내가 일단 간단한 것 처리하고, 다음 사람한테 넘겨주면 다음 사람이 거기에 덧붙여 처리한 후, 또 넘기고, 또 넘기고 하면서 완성해 가는 식입니다. 이렇게 단계별로 추상화해 가면서, 복잡한 패턴도 점점 더 잘 이해하게 되는 거지요.

아이들이 그림을 배울 때 이렇게 하지 않나요? 처음 배울 때는 선 그리기, 점 찍기 정도 하다가 동그라미나 도형을 그리고, 더 커가면서 색칠하고 완성도 있는 그림을 그리게 되지요. 어린아이에게 처음부터 높은 수준을 기대할 순 없겠지요. 단계별로 가르쳐야 합니다.

이것이 바로 딥러닝deep learning의 원리입니다. 한꺼번에 모든 층을 학습시키지 말고, 층을 나누어서 처음에는 쉬운 것부터, 층이 깊어질수록 어려운 것을 학습시키자는 아이디어죠. 이렇게 하면 층을 깊이 쌓는 것이

가능해지고, 높은 단계의 학습도 가능해집니다.

역전파 알고리즘은 이런 식이 아니었어요. 전체 층을 한 번에 학습시키려는 것이었습니다. 이런 방식을 인간의 학습에 비유하면, 어린아이에게 너무 많은 것을 한꺼번에 공부시키는 것과 같습니다. 어떻게 될까요? 처음에는 해보려고 하다가 흥미를 잃고, 더 가면 아예 공부 의욕 자체가 없어져 버릴 수도 있겠지요. 이것이 앞에서 언급한 기울기 소실 문제입니다.

다시 얼굴 인식 문제로 돌아가 볼까요? 여기까지가 사전학습(pre-training) 단계였습니다. 1층, 2층, 3층은 신경망의 은닉층으로, 각 층은 이전 층의 출력값을 받아 점점 더 추상적인 특징을 추출해 냈지요.

이 과정은 비지도학습(unsupervised learning)으로 합니다. 즉 사람이 정답(label)을 알려 주지 않고, 신경망이 알아서 데이터 자체에서 패턴을 스스로 추출하게 하는 거죠. 마치 선생님이 책 던져 주고 "스스로 공부해" 하는 식으로요.

이제 마지막 단계가 남았습니다. 마지막은 출력층입니다. 이 층에서는 지도학습supervised learning 방식을 통해 "이 얼굴은 누구인가?"를 맞히도록 학습합니다. 예를 들어, "이 얼굴 = 아인슈타인"이라고 정답을 알려 주면, 신경망은 출력이 정답에 가까워지도록 내부의 가중치를 조금씩 조정합니다. 미세조정(fine tuning)하는 단계죠.

▷ 마지막 층: 개인 식별
  입력: 3층의 얼굴 정보
  출력: 특정 인물(예: "이 얼굴 = 아인슈타인")

마치 레고 블록으로 집을 지을 때 기본 조각부터 차례로 쌓아 기초를 만들고, 그 위에 특별한 장식이나 기능을 추가하면서 점점 복잡한 구조물을 만들어 가는 것과 비슷하지 않나요? 정리하자면,

- 사전학습(pre-training): 일반 언어나 이미지에 대한 '기초적인' 특징 학습(비지도학습)
- 미세조정(fine-tuning): 특정 작업(예: 얼굴 인식)에 맞게 '추가로' 학습(지도학습)

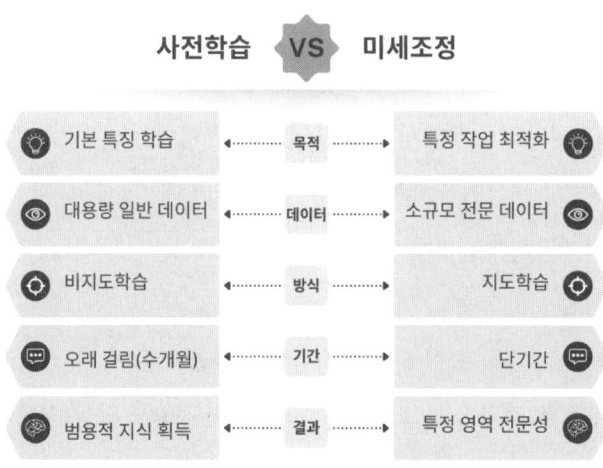

그림 10-5: 딥러닝의 두 기둥 - '사전학습'과 '미세조정'의 역할 비교

- 공부를 잘하게 하는 딥러닝 원리

딥러닝 과정을 학생이 공부를 잘하게 만들려는 선생님에 비유해 볼까요? 훈련 과정은 크게 두 단계로 나눌 수 있습니다. 사전학습과 미세조정입니다.

1. 사전학습(비지도학습)

먼저 선생님은 학생에게 교과서를 던져 주고, 혼자서 공부해 보라고 합니다. 하지만 처음부터 전 내용을 다 이해하긴 어렵기 때문에, 쉬운 내용부터 단계적으로 학습할 수 있게 구성해 줍니다.

이 과정에서는 아무것도 가르쳐 주지 않습니다. 학생은 책만 보고 스스로 중요한 내용을 파악하려 애쓰지요. 즉, 어떤 게 중요한 정보인지 패턴을 스스로 찾는 과정, 이게 바로 비지도학습에 해당하는 사전학습입니다.

2. 미세조정(지도학습)

이제 학생이 혼자 공부한 내용을 시험을 통해 검증해 봅니다. 문제를 풀게 하고, 정답과 비교해서 어떤 개념을 잘못 이해했는지 피드백을 줍니다. 학생은 그 피드백을 바탕으로 이전에 배운 내용을 조금씩 조정하고 고쳐 나갑니다. 이게 바로 지도학습에 해당하는 미세조정 단계입니다. 요약하자면,

- 사전학습: 정답 없이 혼자 탐색하며 개념을 익힘(비지도학습)
- 미세조정: 정답을 보고 틀린 걸 고쳐 가며 정확도 향상(지도학습)

딥러닝의 원리가 생성형 AI의 근간이 됩니다. GPT는 'Generative Pre-trained Transformer', 즉 '생성하는 사전학습된 트랜스포머' 모델이라는 의미지요. 생성형, 사전학습 등의 개념이 바로 여기서 비롯됩니다.

- 2016년, 심층 신뢰망의 탄생

결국, 2006년 7월 힌튼은 이 방법으로 깊은 신경망 학습에 성공합니다.

MNIST 손글씨 숫자 데이터에서 기존 방법들을 능가하는 성능을 보인 것이죠. 하지만 더 중요한 것은 6층, 8층의 깊은 네트워크가 실제로 학습되었다는 점이었습니다.

"드디어 됐다! 깊은 신경망이 학습된다!"

그리고 "A fast learning algorithm for deep belief nets심층 신뢰망을 위한 빠른 학습 알고리즘"라는 논문을 발표하죠. 심층 신뢰망(DBN)은 여러 개의 '제한된 볼츠만 머신'(RBM)을 층층이 쌓아 올린 구조입니다. 그리고 DBN을 학습시킨 '사전학습 → 미세조정' 알고리즘이 딥러닝입니다.

그런데, 심층 신경망(Deep Neural Network)이라 하지 않고 심층 신뢰망(DBN)이라 이름붙였던 건 '신경망'의 '신' 자만 나와도 사기꾼 소리 듣던 당시 분위기 때문이었다고 합니다. 세간의 눈총을 피해서 이름을 위장한 셈이었으니 얼마나 설움이 심했을까 짐작이 가지요. 이때 그의 나이는 환갑이었습니다.

"딥러닝(deep learning)"은 심층 신경망의 학습 알고리즘을 의미하는데, 이 용어는 2012년 힌튼과 제자들이 만든 알렉스넷(AlexNet)이 이미지넷(ImageNet) 대회에서 압도적으로 우승하면서, 이 이야기는 다음 장에 이어집니다. 학계뿐 아니라 산업계와 대중에게도 알려지게 되었고, 인공지능 분야에서 새로운 패러다임을 지칭하는 공식 용어로 자리 잡게 됩니다.

- 깊으면 좋은 이유

그러나 2006년 힌튼의 논문은 처음에는 큰 주목을 받지 못했습니다. "또 다른 신경망 변형"이라고 생각하는 사람이 많았거든요. DBN(심층 신뢰망)에 대한 반응은 엇갈렸습니다. 회의론들은 신중한 입장이었습니다.

"결국 신경망의 변형일 뿐이다. 1990년대의 실패를 잊었나?"

"좋은 초기화 방법을 찾은 것뿐이다. 근본적 해결책은 아니야."

하지만 결과는 명확했습니다. 깊은 신경망이 실제로 학습되고, 기존 방법들보다 좋은 성능을 보였죠. "층을 깊게(deep) 쌓는다"는 것이 왜 혁명적인 사건이었을까요?

첫째, 표현력이 기하급수적으로 증가합니다. 층이 하나 늘어날 때마다 표현할 수 있는 패턴의 복잡도는 10^n으로 증가하죠.

둘째, 인간의 시각 인지 과정과 놀랍도록 비슷합니다. 뇌의 시각피질과 심층 신경 네트워크는 거의 같은 구조였습니다.

셋째, 깊은 네트워크는 얕은 네트워크보다 일반화 능력이 뛰어납니다. 깊은 네트워크가 더 본질적인 특징을 학습했기 때문이죠.

소수의 연구자들이 딥러닝을 시도해 보기 시작하면서 딥러닝은 점진적으로 확산되어 갑니다. 제프리 힌튼과 함께 딥러닝의 3대 거장이라 불리는 요슈아 벤지오(1964~ , 몬트리올대)와 얀 르쿤(1960~ , 현 메타)이었습니다.

이 두 사람은 힌튼 교수와 AI 겨울을 함께 견딘 동지였지요. 요슈아 벤지오는 자연어 처리 분야를 연구하며 나중에 워드투벡(Word2Vec)과 트랜스포머 모델의 기초를 만들어내고, 프랑스 태생인 얀 르쿤은 컴퓨터비전 분야를 연구하며 합성곱 신경망(CNN: Convolutional Neural Network)을 창안하죠.

- 폭풍전야(2006-2012)

2010년대 초까지 딥러닝은 여전히 "조용한 혁명"이었습니다. 그런데, 그사이 컴퓨팅 환경이 변하고 있었습니다.

첫째, 컴퓨팅 파워가 향상되었습니다. 딥러닝은 기존 방식보다 컴퓨팅 자원을 많이 소모하고 네트워크 속도도 빨라야 합니다. 연산량이 많기 때문이지요. 머리를 많이 쓰면 에너지 소모가 많고 밥을 많이 먹어야 하듯이.

21세기 들어 컴퓨터의 CPU와 메모리는 엄청난 속도로 발전하기 시작합니다. 인터넷 전용선 등이 깔리면서 네트워크 속도 역시 빨라지고요. 관련 기술도 성장합니다. 데이터 병렬처리기술과 가상화 기술은 클라우드 컴퓨팅(cloud computing)을 보편화시켰지요. 거기에 GPU까지 딥러닝에 활용되면서 대규모의 깊은 신경망이 가능해졌습니다.

힌튼 교수의 제자가 우연히 재밌는 사실을 발견했습니다. "어? GPU로 돌리니까 10배 빨라졌어!" 원래 게임용 그래픽카드인 GPU가 딥러닝에 최적화되어 있다는 것을 알게 된 거죠. GPU는 2012년 이미지넷 대회에서 결정적인 역할을 하게 됩니다.

둘째, 빅데이터 시대가 온 겁니다. 글로벌 정보시스템인 웹(web) 생태계가 21세기 들어 웹2.0으로 진화되면서 데이터들이 대량으로 생산되기 시작합니다. 정보의 소비자였던 대중들이 정보의 생산자가 되었고, 블로그와 트위터, 페이스북, 유튜브 등 SNS가 쏟아져 나왔습니다. 결정적으로 2008년 아이폰이 모바일 혁명을 주도하면서 빅데이터 시대가 무르익은 거지요.

AI에게 데이터는 학습 교재입니다. 신경망 만들고 학습 알고리즘 짜놓으면 뭐 해요? 책이 없으면 공부할 수 없죠. 특히, 딥러닝을 돌리려면 빅데이터가 필요합니다. 사람들이 블로그 글 쓰고, 돌아다니면서 사진이나 영상 찍어 올리면서 웹상에는 데이터가 넘쳐나게 됩니다.

셋째, 알고리즘을 개선해 갔습니다. 활성화 함수로 ReLU 함수를 도입해서 기울기 소실 문제를 해소하고, 드롭아웃으로 과적합(overfitting)을 방지하죠. 또 배치(batch) 정규화 등 다양한 기법이 고안됩니다.

마지막으로 중요한 건, 오픈 소스 문화의 확산이었습니다. 리처드 스톨먼이 1983년에 시작한 자유 소프트웨어(free software) 운동이 공감을 얻으면서 연구 코드를 공개하거나 라이브러리를 공유하는 사례들이 늘어났고, 재현 가능한 연구 문화가 조성된 거지요.

무대는 준비되었습니다. 이제 결정적 순간이 오고 있었죠.

▶ Coming Next

딥러닝이 부활했지만 아직 시간이 좀 필요했다. 진짜 혁명은 2012년 알렉스넷에서 터진다. CNN이 기계에게 선사한 선물은 세상을 보는 '눈'이었다.

QR코드를 스캔하시면 〈제10장 내용 요약〉
팟캐스트 형식의 동영상을 보실 수 있습니다.

제11장

픽셀에서 고양이를 찾아라,
2012년 알렉스넷의 쾌거

"게임체인저가 나타났다."

2012년 이미지넷 대회에서 알렉스넷이 보여 준 압도적 성능은 충격이었다. 2위를 10% 이상 제치고 우승한 것이다. CNN이 드디어 기계에게 '눈'을 선사한 순간이었다. 고양이와 개를 구별하고, 의료 영상을 분석하고, 자율주행차가 도로를 인식하는 모든 것의 출발점, 컴퓨터 비전의 혁명이 시작되었다.

- 눈이 아니라 뇌가 본다

우리는 사물을 '눈으로 본다'고 말하지만, 사실은 '뇌로 본다'는 표현이 더 정확합니다. 눈은 사진기로 치면 카메라 렌즈라 할 수 있고, 실제 이미지를 해석하는 작업은 뇌에서 일어나기 때문이죠. 예를 들어, 사과를 봤을 때 어떤 일이 일어나는지 살펴볼까요?

1단계, 눈은 빛을 감지하는 센서입니다. 물체에서 반사된 빛이 눈(망막)에 들어오죠. 망막은 빛을 전기신호로 바꾸는 센서 역할을 하는데, 여기에는 두 가지 주요 감지기, 간상세포(rod)와 원뿔세포(cone)가 있습니다. 간상세포는 빛의 밝고 어두움을 감지하고, 원뿔세포는 색깔을 구분한답니다.

그런데, 망막은 단순한 카메라 센서와는 다릅니다. 시신경으로 보내기 전에 정보 처리를 일부 수행합니다. 엣지(윤곽선)나 움직임을 감지하는 망막 신경절 세포들이 미리 일을 좀 합니다. 그러니까 "전(前)처리"가 망막에서부터 시작되는 셈이죠.

2단계는 망막에서 전처리해서 만들어진 전기신호를 시신경(optic nerve)을 통해 뇌로 전달하는 과정입니다. 시신경은 정보 전송 케이블에 비유할 수 있겠습니다. 하지만 시신경이 뇌로 들어가는 과정에서 시신경 교차(optic chiasm)가 있어, 왼쪽 시야의 정보는 오른쪽 뇌로, 오른쪽 시야의 정보는 왼쪽 뇌로 전달되죠. 컴퓨터로 치면 "채널을 나누어 병렬 처리"하는 셈입니다.

3단계가 후두엽에 위치한 시각피질(visual cortex)이 본격적으로 영상을 처리하는 과정입니다. 시각피질은 여러 계층으로 나뉘며, 다음과 같은 단계로 처리합니다.

- V1(Primary Visual Cortex): 가장 기본적인 선, 방향, 간단한 패턴을 감지
- V2, V3, V4…: 점점 더 복잡한 패턴, 움직임, 색상 등을 감지
- IT(측두엽): 얼굴, 사물 등 고차원 개념을 인식

이 과정을 통해 뇌는 단순한 빛의 패턴을 의미 있는 장면으로 바꿔 줍니다. "아 고양이구나" 하는 식으로요. 생각보다 복잡하고 단계가 많죠? 순식간에 이런 일이 일어나니까 대수롭지 않게 생각하지만, 인체의 비밀은 놀랍습니다.

인간의 시각 처리 방식을 흉내 낸 것이 컴퓨터 비전(computer vision)입니다. 카메라를 컴퓨터에 연결하고, 입력된 이미지 데이터가 고양이인지 강아지인지 컴퓨터가 인식할 수 있게 만들어 주죠. 즉, 기계에 눈을 달아 세상을 인식하고 소통하게 하자는 아이디어입니다.

2010년대 들어 컴퓨터 비전은 괄목한 성과를 나타냅니다. 결론을 먼저 말하면, 2012년 알렉스넷이 획기적인 성과를 이루어내면서 컴퓨터가 눈을 뜨기 시작합니다. 이미지넷 경진대회라는 컴퓨터 비전 분야의 올림피아드에서요. 이미지넷 대회는 컴퓨터 비전 발전에 엄청난 기여를 합니다. 어떻게 시작되었는지 먼저 2009년 스탠퍼드 연구실로 가 보겠습니다.

- 스탠퍼드의 야심 찬 프로젝트

2009년 가을, 스탠퍼드 대학의 컴퓨터 비전 연구실에서 특별한 발표가 있었습니다. 페이페이 리(Fei-Fei Li) 교수가 3년간 진행해 온 프로젝트의 결과를 공개하는 자리였습니다.

"이미지넷(ImageNet) 데이터베이스를 공개합니다. 1,400만 장의 이미지, 22,000개 카테고리입니다."

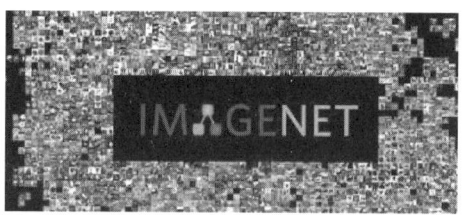

그림 11-1: 방대한 '이미지넷 데이터베이스'의 규모

이 정도의 빅데이터는 당시로서는 상상할 수 없는 규모였습니다. 기존 데이터셋들이 기껏해야 수만 장이었는데, 백만 장을 넘나드는 데이터셋이 나온 것이죠.

페이페이 리는 중국 베이징에서 태어나 16세에 미국으로 건너온 이민자였습니다. 프린스턴에서 AI를 공부하며 한 가지 확신을 갖게 되었죠.

"컴퓨터 비전의 문제는 알고리즘이 아니라 데이터다. 아이가 수백만 개의 사물을 보고 배우는데, 컴퓨터에게는 고작 몇천 개 예시만 보여 주고 있다."

이는 AI 연구의 패러다임 전환이었습니다. 당시 대다수의 컴퓨터 비전 연구자들이 알고리즘 개선에 매달릴 때, 본질은 빅데이터임을 설파한 거죠.

하지만 1,400만 장의 이미지를 수집하고 라벨링하는 것은 어마어마한 작업이었습니다. 페이페이 리와 그의 팀은 아마존 메커니컬 터크(Amazon Mechanical Turk)기업이 원격 작업자(크라우드워커)를 고용하여 컴퓨터가 수행하기 어려운 작업을 대신 처리하게 하는 크라우드소싱 웹사이트를 활용해 전 세계 사람들에게 이미지 분류 작업을 의뢰합니다.

"한 장당 1센트씩 지불했어요. 총 3년간 50만 달러를 투자했죠."

- 이미지넷(ImageNet) 대회의 시작

2010년, 페이페이 리는 한 걸음 더 나아가 ILSVRCImageNet Large Scale Visual Recognition Challenge라는 대회를 시작했습니다. 컴퓨터 비전의 올림픽이었죠. 이 대회는, 세계 각국의 참가자 모두에게 훈련용 데이터셋(Training Set)을 공개해서 먼저 학습하게 하고, 별도의 테스트셋(Test Set)으로 시험 쳐서 가장 정확한 이미지 분류 시스템을 만든 팀에게 금메달이 주어지는 경진대회입니다.

1회였던 2010년의 우승팀의 오류율은 28.2%이었습니다. 10문제 중 3문제 틀린 거죠. 인간의 오류율이 어느 정도인 줄 아세요? 약 5%랍니다. 첫 대회치고는 괜찮은 성과였지만, 여전히 인간의 성능과는 큰 격차가 있었습니다. 28.2 vs 5.

다음 해인 2011년 대회의 오류율은 25.8%. 2-3% 정도의 개선 속도로 인간 수준에 도달하려면 10년은 더 걸릴 것 같았습니다. 참가자들의 접근법은 비슷비슷했습니다. 누구나 알고 있는 전통적인 컴퓨터 비전 방법들의 조합이었거든요.

- 특징 추출: SIFT, HOG 등의 수작업
- 머신러닝: SVM, 랜덤 포레스트 등
- 앙상블: 여러 모델의 결과를 조합

- 토론토의 이상한 팀

그런데, 2012년 여름, 이미지넷 대회에 조금 이상한 팀이 등록했습니다. "슈퍼비전(SuperVision)"이라는 이름의 토론토 대학 팀이었죠. 팀 구성은 고작 3명이었습니다.

- 지도교수: 제프리 힌튼(65세, 토론토대 교수)
- 대학원생: 알렉스 크리젭스키(25세, 우크라이나 출신)
- 대학원생: 일리야 수츠케버(26세, 러시아 출신)

다른 팀들은 대부분 마이크로소프트, 구글, 옥스퍼드 대학 등 거대한 연구소나 IT 기업 소속이었습니다. 반면 토론토팀은 제프리 힌튼 교수와 두 명의 대학원생이 전부였죠. 다른 팀들이 10-20명의 대규모 팀을 꾸린 것과 대조적이었습니다.

더 의아한 것은 그들의 접근 방법이었습니다. 다른 팀들이 SIFT, HOG 같은 전통적인 패턴 추출 기법과 SVM을 사용할 때, 토론토팀은 '신경망'을 사용한다고 발표했습니다. 또 학습에 GPU를 사용했다고도 했지요. 당시 주최 측과 다른 팀들의 반응은 이랬답니다.

"신경망? 1990년대 기술 아냐?"

"이미지넷 같은 큰 데이터로는 과적합(over-fitting)될 텐데…"

"GPU로 학습한다고? 컴퓨터 비전에 게임용 그래픽카드를?"

대부분의 연구자들은 회의적이었습니다. 하지만 토론토 팀이 사용한 건 일반적인 신경망이 아니었습니다. 8층짜리 합성곱 신경망(CNN)이었죠. 이름은 '알렉스넷(AlexNet)'. 당시로서는 상상하기 어려울 만큼 '깊은

(deep)' 구조였기에, 이후 이런 다층 신경망을 활용한 학습 방식을 '딥러닝(Deep Learning)'이라 부르게 되는 계기가 되었습니다.

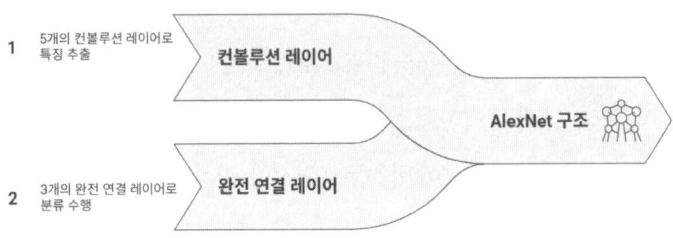

그림 11-2: 이미지넷 우승을 이끈 '알렉스넷'의 8층 합성곱 신경망(CNN) 구조

- 알렉스 크리젭스키의 집요한 도전

제프리 힌튼에 대해서는 앞 장에서 언급했으니, 이번에는 당시 대학원생이었던 알렉스 크리젭스키(Alex Krizhevsky)를 살펴보겠습니다. 우크라이나에서 태어나 15세에 캐나다로 이민 온 그는 어릴 때부터 컴퓨터에 빠져 살았던 프로그래밍 천재였답니다. 토론토 대학 학부 시절, 크리젭스키는 이미 전설로 불렸다네요. 복잡한 3D 게임을 혼자서 개발하고 GPU 프로그래밍을 독학해서 CUDA엔비디아 GPU에서 병렬 컴퓨팅을 가능하게 하는 소프트웨어를 이용한 병렬 처리를 마스터했는데, 수학에서 선형대수와 미적분학에 특히 뛰어난 학생이었습니다. 힌튼 교수가 그를 대학원생으로 받아들인 이유도 명확했습니다.

"알렉스는 이론과 구현을 모두 할 수 있는 드문 학생이야. 게다가 GPU 프로그래밍까지 할 수 있어."

크리젭스키는 합성곱 신경망(CNN)에 깊이 매료되어 있었습니다. 특히 1990년대 얀 르쿤의 르넷(LeNet)에 감명받았죠. 안 르쿤 기억하시죠? 프랑스에서 태어나 미국으로 건너와 힌튼과 AI 겨울을 함께 견딘 1인. 르넷은 우편번호 인식에서 놀라운 성과를 보였지만, 당시 컴퓨터 성능의 한계로 작은 이미지28×28 픽셀만 처리할 수 있었습니다.

"만약 르넷을 크게 만들어서 고해상도 이미지를 처리할 수 있다면?"

크리젭스키는 확신했습니다. CNN이야말로 이미지 인식의 정답이라고. CNN이 뭐길래? CNN(합성곱 신경망)이 어떤 것인지는 이미지넷 대회 결과를 본 후 설명하겠습니다.

또 한 가지, 크리젭스키는 게임용 그래픽카드인 GPU로 신경망을 학습시킬 수 있다는 것을 발견했습니다. 당시 CPU만으로는 며칠 걸리던 학습이 GPU를 같이 쓰면 몇 시간 만에 끝납니다.

- CPU: Intel Core i7, 4코어
- GPU: NVIDIA GTX 580, 512코어

게임 마니아용이었던 GPU는 그래픽을 병렬 처리하는 데 최적화된 기기였습니다. 그래픽카드는 말 그대로 그래픽 데이터를 빨리 처리하는 컴퓨터 부품이지요. 그런데 엔비디아는 그래픽카드의 장래성을 감지하고 GPGPUGeneral Purpose GPU로 진화시켰는데, 이게 이미지 처리 신경망 학습에 잘 맞아떨어졌던 겁니다. 엔비디아에 대해서도 뒤에서 다시 살펴보겠습니다.

"이제 진짜 큰 신경망을 만들 수 있겠어!"

- 알렉스넷(AlexNet)의 탄생

2012년 초, 크리젭스키는 본격적으로 이미지넷 대회 도전을 시작했습니다. 목표는 명확했죠. 사상 최대 규모의 합성곱 신경망(CNN)을 만드는 것.

크리젭스키가 설계한 네트워크는 당시로서는 엄청난 구조였습니다. 224×224 픽셀의 이미지를 3컬러(RGB)로 입력받아 1,000개의 카테고리로 분류해 내는 8층짜리 신경망이었죠.

또 알렉스넷(AlexNet)에는 여러 혁신적 기법이 적용되었습니다. 활성화 함수를 시그모이드에서 ReLU로 바꾸고기울기 소실 문제 개선, 과감한 드롭아웃으로 오버피팅을 방지하고, 하나의 이미지에서 여러 버전을 만들어예: 원본 고양이 → 좌로 회전한 고양이, 확대한 고양이, 일부만 자른 고양이 등 데이터를 늘리는 데이터 증강(Data Augmentation) 기법을 사용하고, 두 개의 GTX 580 GPU를 사용해서 병렬 학습시킨 거죠.

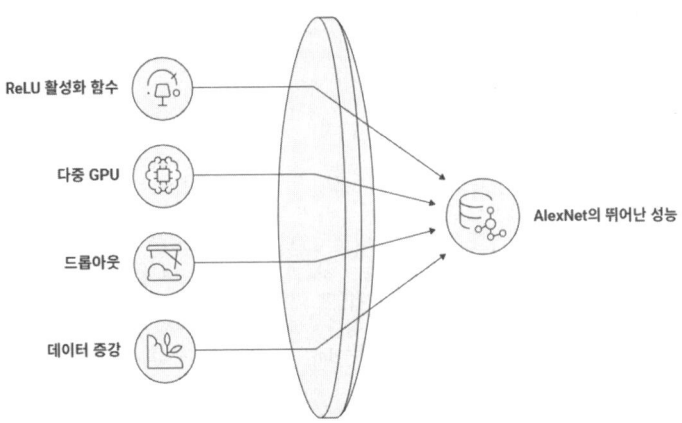

그림 11-3: 알렉스넷의 혁신적인 딥러닝 기법들

그러나 과정이 평탄하지 않았습니다. 메모리 부족 문제와 학습 시간, 전력, 비용 등은 대학원생에게는 큰 부담이었으니까요. 파라미터 조정에도 많은 시간이 걸려 100번이 넘는 시행착오를 했답니다. 지도교수 힌튼은 때때로 조언을 해 주었지만, 대부분은 크리젭스키의 직감에 맡겼습니다.

"알렉스, 네가 구현 전문가야. 내 역할은 격려하는 것뿐이야."

"뇌도 층층이 특징을 추출한다. 네트워크가 그걸 학습하고 있는지 확인해 봐."

이 신경망을 '알렉스넷'이라 이름 붙였던 데서 힌튼 교수의 알렉스 크리젭스키에 대한 신뢰가 어느 정도였는지 짐작할 수 있죠.

- 2012년 10월, 결과 발표의 날

2012년 10월 1일, 이미지넷 대회 결과가 발표되는 날이었습니다. 전 세계 컴퓨터 비전 연구자들이 온라인으로 결과를 기다리고 있었죠. 모든 예상을 깨고 알렉스넷이 1위를 했는데, 오류율이 얼마 나왔을 것 같으세요? 1차 대회 28.2%, 2차 대회 25.8%였는데, 이번엔 15.3%였습니다. 1년 사이 10%의 성장이 이루어진 거죠. 2012년 대회 성적은 이랬습니다.

1위: SuperVision(토론토대) - 15.315%

2위: ISI(USC) - 26.172%

3위: Oxford(옥스퍼드대) - 26.979%

무려 10.857%의 차이. 이는 단순히 우승 정도가 아니었습니다. 압도적인 차이였죠. 마치 100m 달리기에서 1등이 9초 50에 뛰는데 2등이 11초에 들어온 격이었습니다. 올림픽이라면 11초 선수는 예선 탈락입니다. 연구자들의 반응도 놀라움이었습니다.

• 페이페이 리(이미지넷 창시자): "처음에는 결과를 의심했습니다. 오

류가 있나 싶어서 세 번이나 확인했어요."

- 얀 르쿤(CNN의 아버지): "30년간 기다린 순간이었습니다. CNN이 드디어 인정받는 날이었죠."
- 옥스퍼드 팀 리더: "게임 체인저입니다. 우리는 이제 모든 것을 다시 시작해야 해요."

> "30년간 기다린 순간이었습니다. CNN이 드디어 인정받는 날이었죠."
>
> – 얀 르쿤, CNN의 아버지

- CNN의 비밀: 왜 이렇게 강력했을까?

이제 CNN(합성곱 신경망)에 대해 알아봐야겠습니다. 컴퓨터에게 고양이 사진을 보여 주면서 "이게 고양이야"라고 학습시키는 건 결코 쉬운 일이 아닙니다. 왜 그럴까요?

첫째, 컴퓨터는 사진을 통째로 보는 게 아니라 픽셀(pixel) 단위로 쪼개서 입력받습니다. 픽셀은 디지털 이미지를 구성하는 최소 단위인 점을 뜻하는데, 'picture element'의 줄임말이지요. 예를 들어, 우리가 보는 PC의 해상도가 "1920×1080"인 화면이라면 가로 1,920, 세로 1,080개의 픽셀이 있다는 의미지요. 컴퓨터는 2백만 개가 넘는 픽셀 하나하나씩 읽고 계산해서 이게 무슨 사진인지 알아내야 합니다.

둘째, 컴퓨터는 이미지를 숫자의 행렬(matrix)로 보기 때문입니다. 예를 들어 흑백 28×28 픽셀의 이미지라면, 그건 그냥 784개의 숫자일 뿐입니다. 만일 1920×1080 크기의 컬러 사진이라면, 1920×1080×3=6,220,800개의 숫자 행렬이 입력되는 셈이지요. 마치 이런 식으로요.

[0 0 255 255]
[0 255 255 255]
[0 0 255 255]
[0 0 0 255] ----

"컴퓨터야, 이 수많은 숫자 속에서 '고양이'의 특징을 찾아낼 수 있을까?" 0과 1의 숫자의 패턴을 읽어서 이게 무슨 사진인지 알아내는 건 그래서 어렵습니다. 이걸 해결해 보자고 등장하는 것이 바로 CNN입니다.

CNN은 서두에 언급한 인간의 시각피질을 모방한 신경망인데, 이미지에서 패턴을 인식하고 점차적으로 더 복잡한 형상을 이해해 가는 구조입니다.

"합성곱"이라는 말은 '서로 곱한 후 합친다'는 뜻이고, 영어 'convolution'은 수학 용어라 단어만으로 의미를 이해하는 건 어렵지만, 본질은 단순합니다. CNN은 이미지 전체를 한 번에 보지 않습니다. 대신 작은 창예: 3×3 필터을 이미지에 겹쳐 놓고 조금씩 옮겨 가면서 훑어봅니다. 마치 돋보기처럼, 각 위치에서 무엇이 보이는지를 살펴보고 숫자를 '곱한 후 합'칩니다. 이런 방식으로 특징feature을 뽑아내는 걸 합성곱(convolution)이라고 부릅니다. 특징이란 수평선이 있는지, 대각선이 있는지, 점이 있는지를 감지하는 것이죠.

합성곱 연산을 한 후, 풀링(pooling)이란 단계를 거칩니다. 우리가 사진을 볼 때, 디테일 하나하나보다 전체적인 윤곽을 보잖아요? CNN도 마찬가지입니다. 특징 맵을 축소해서 가장 중요한 정보만 남기는 작업이 풀링입니다.

비유하자면, CNN은 마치 탐정이 돋보기를 들고 현장을 조금씩 조사하면서 단서를 모아 가는 과정과 유사합니다. 처음엔 바닥에 떨어진 털 한 올, 이어폰 자국, 발자국 같은 작은 단서를 보고, 마지막엔 "이건 고양이가 남기고 간 흔적이군" 하고 결론을 내리는 격이죠.

- 인간의 시각피질을 닮은 CNN

CNN은 이런 '합성곱 + 풀링' 작업을 여러 층 반복합니다.

- 첫 번째 층: 엣지(윤곽선) 감지
- 두 번째 층: 모양(네모, 동그라미 등) 감지
- 세 번째 층: 귀, 눈, 수염 등 고양이의 부위 감지
- 마지막 층: 고양이 전체 얼굴 감지

결국 CNN은 픽셀 숫자들에서 시작해서, 고양이 얼굴이라는 고차원 개념까지 점점 추상화하는 계단을 올라가는 셈이죠. 마치 인간의 시각피질이 영상을 처리할 때 여러 계층으로 나눠 여러 단계로 처리하는 것과 비슷하죠?

연구자들이 알렉스넷의 뉴런들을 분석한 결과, 인간의 시각피질과 놀랍도록 비슷한 패턴을 보였습니다. CNN이 뇌의 시각 처리 과정을 자연스럽게 모방하고 있었던 거지요.

◇ 인간 시각피질

V1 → V2 → V4 → IT
(선분) (곡선) (형태) (객체)

◇ 알렉스넷

1층 → 2층 → 3층 → 4-5층

(선분) (곡선) (형태) (객체)

오늘날 CNN은 우리 일상 곳곳에 스며들어 있습니다.

- 스마트폰: 사진 자동 정리, 얼굴 인식 잠금 해제
- 의료: X-ray, MRI 판독, 암 진단
- 자율주행: 도로 표지판 인식, 보행자 탐지
- 보안: CCTV 얼굴 인식, 이상 행동 탐지
- 제조업: 불량품 검사, 품질 관리
- 농업: 작물 상태 모니터링, 해충 탐지
- 우주: 위성 이미지 분석, 천체 탐지

CNN 덕분에 2012년 이전에는 상상도 할 수 없었던 일들이 현실이 된 거죠.

- 엔비디아와의 운명적 만남

알렉스넷의 성공에는 엔비디아의 GPU가 결정적 역할을 했습니다. 여기서 잠깐 엔비디아 이야기를 하고 가겠습니다. 창업자 젠슨 황(1963~ , 黃仁勳)은 10살 때 미국으로 이민 간 대만계 미국인입니다. 1993년 엔비디아를 설립한 젠슨 황의 원래 꿈은 CPU와 같은 프로세서를 만드는 것이었습니다. 그러나 1990년대는 인텔 천하였죠. 방향을 그래픽카드로 선회합니다.

1990년대만 하더라도 컴퓨터는 그래픽 처리에 약했습니다. 화면에 복잡한 3D 그래픽을 렌더링하는 일은 굉장히 느릴 수밖에 없습니다. 왜냐면 CPU 하나가 모든 일을 처리했기 때문이죠. 예를 들어, 640×480 픽셀이라면 640×480번의 연산을 해야 합니다. 거기에 컬러면 연산량은 세 곱으로 늘어나겠죠. 총 921,600번의 연산을 순차적으로 하나하나씩 CPU가 한다고 상상해 보세요. 속도가 느리겠죠.

"우리가 보는 화면의 각 픽셀을 따로따로 계산할 수 있다면, 동시에 처리할 수 있지 않을까?"

그래서 등장한 것이 바로 그래픽카드Graphics Card입니다. 게임 화면을 실시간으로 계산해 주는 전용 장치죠. 예를 들어 3D 게임에서 수천 개의 점(vertex), 수백만 개의 픽셀(pixel), 그림자, 색상 등을 처리해야 하는데, 이건 모두 똑같은 계산을 수천, 수백만 번 반복하는 단순 작업입니다.

"간단한 계산을 반복하는 거면, 한 명의 박사보다 수천 명의 초등학생이 빠를 수도 있겠네!"

이게 GPU의 핵심 철학입니다. 한 마디로 CPU 안에는 박사 한 명이 들어앉아서 데이터를 들어오는 순서대로 똑똑하게 직렬처리(serial)하는 한편, GPU에는 초등학생이 수천 명이 앉아서 동시에 많이 병렬처리(parallel)하는 방식입니다. 초등학생들이 따로 계산한 후, 결과를 합하는 거죠.

1999년, 엔비디아는 획기적인 제품을 내놓습니다. 바로 '지포스(GeForce) 256'. 그들은 이것을 "세계 최초의 GPU"라고 불렀습니다. 단순한 그래픽카드가 아니라, 그래픽 계산을 전담하는 독립적인 프로세서라는 개념이었죠. 폭발적인 성공을 거두면서 엔비디아는 그래픽카드 업계의 표준이 됩니다.

처음엔 단순히 게임 그래픽만 담당하던 GPU는, 어느 날 연구자들에게 주목받기 시작했습니다. 특히 행렬(matrix) 연산, 벡터 연산처럼 수많은 숫자를 동시에 처리하는 단순 계산이 필요했던 AI 연구자들은 생각했죠.

"어? 우리 딥러닝에 필요한 계산도 GPU가 잘할 것 같은데?"

그래서 GPU는 더 이상 '그래픽' 전용이 아니라, '병렬 계산용 프로세서'로 자리 잡게 됩니다. 이를 GPGPU(General Purpose GPU)라고 부릅니다.

딥러닝은 기본적으로 수많은 행렬 연산으로 이루어져 있습니다. CNN 이건 RNN이건 결국은 숫자 곱셈과 덧셈의 반복이죠. 이런 계산을 CPU 는 한 줄씩 처리하는데, GPU는 한꺼번에 수천 줄을 동시에 처리하니 학습 속도가 CPU보다 수십~수백 배 빠를 수밖에 없습니다.

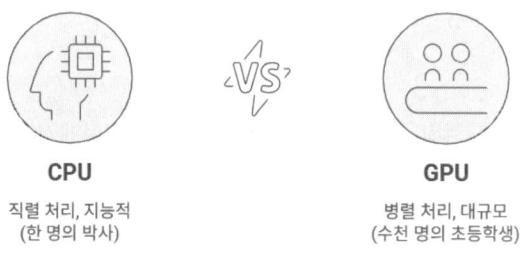

CPU
직렬 처리, 지능적
(한 명의 박사)

GPU
병렬 처리, 대규모
(수천 명의 초등학생)

그림 11-4: CPU와 GPU의 연산 방식 비교

2012년, 이미지 인식 대회 이미지넷에서 알렉스넷이 엔비디아의 GPU 두 대를 사용했다는 사실이 알려지면서 엔비디아는 AI 업계의 신데렐라가 됩니다. 게다가 엔비디아는 자신의 GPU를 일반 프로그래밍에 쉽게 적용할 수 있는 전용 소프트웨어인 CUDAcompute Unified Device Architecture를 준비해 놓고 있었습니다.

CPU~Intel i7-3970X~만을 사용하면 2-3개월 걸릴 학습 속도를 GPU~NVIDIA GTX 580~를 함께 사용했을 때 5-6일 만에 해낸 겁니다. 알렉스넷의 강력한 후원자에서 졸지에 최대 수혜자가 된 셈이지요.

이후 엔비디아는 순식간에 AI 연산의 표준 플랫폼이 됩니다. 이제 GPU는 더 이상 게임용이 아니라 AI, 자율주행, 로봇, 슈퍼컴퓨터, 데이터센터 등 모든 산업에서 필수 자원이 되어 버렸습니다. 처음엔 '게임용 눈'을 만들던 회사였는데, 지금은 'AI의 두뇌'가 되었죠.

- 실리콘밸리 대변혁

2012년 알렉스넷 결과가 알려지자, 실리콘밸리는 발칵 뒤집혔습니다. 2013년 초, 구글은 전격적으로 행동에 나섰습니다. 당시 래리 페이지 CEO가 이렇게 말했습니다. "AI는 구글의 미래입니다. 검색 다음의 혁신이죠."

- 제프리 힌튼 영입: 그의 회사 DNN리서치를 $44M에 인수
- 구글 브레인(Google Brain 확대): 앤드루 응 영입, 연구진 대폭 증원
- TPU(Tensor Processing Unit) 개발 시작: AI 전용 칩 개발 착수

페이스북의 마크 저커버그도 "사진 태깅부터 뉴스피드까지, 모든 것을 AI로 바꿀 겁니다."라고 하면서 발 빠르게 움직였습니다.

- 얀 르쿤 영입: CNN의 아버지를 AI 연구소장으로 임명
- FAIR 설립: 페이스북 AI Research 출범
- 대규모 투자: 연간 수억 달러 연구비 투입

마이크로소프트는 좀 더 신중했지만, 결정적 순간에 큰 성과를 냈습니다. 2015년 이미지넷 대회에 카이밍 허(Kaiming He)가 이끄는 마이

크로소프트 팀이 레스넷(ResNet Residual Network)으로 참가했는데, 레스넷이 3.57%의 오류율을 기록합니다. 인간의 5% 오류율을 넘어선 거지요. 이미지넷을 만든 페이페이 리는 이렇게 소감을 밝혔습니다.

"6년 전 이미지넷을 만들 때는 인간 수준에 도달하는 게 목표였어요. 그런데 이제 기계가 인간을 넘어섰네요. 꿈 같은 일입니다."

2017년, 이미지넷 대회는 공식적으로 종료되었습니다. 더 이상 의미 있는 발전이 어렵다고 판단했기 때문이죠. 분류 문제는 해결되었습니다. 이제 다른 문제들로 넘어갈 시간이었죠.

- 에필로그: 슈퍼비전 팀, 그 후

이미지넷 승리 직후, 슈퍼비전 팀 3인방은 DNN리서치라는 회사를 설립했고, 곧바로 구글에 매각했습니다. 제프리 힌튼, 알렉스 크리젭스키, 일리야 수츠케버는 구글의 멤버가 되죠.

알렉스넷의 주역인 알렉스는 구글 포토 팀에서 일했고, 이후 자율주행차 프로젝트에 깊이 관여했습니다. 하지만 그는 점차 대기업 환경에 지쳐 갔습니다. "일에 대한 흥미를 잃었어요."

2017년 구글을 떠난 뒤, 알렉스는 새로운 딥러닝 기술 개발을 지원하는 Dessa라는 회사에서 활동했습니다. 지금은 중심 무대에 서 있진 않지만, 그는 화려한 무대보다 기술 자체를 더 중시하는 비전가입니다. 그러나 그는 여전히 컴퓨터 비전 분야에서 영향력 있는 연구자 중 한 명으로 평가받고 있죠.

이번 장에서 자세히 언급하지 않았지만, 일리야 수츠케버는 1985년 러시아에서 태어나 이스라엘 이민 후 캐나다로 이주해서 토론토대에서 힌튼 교수의 제자가 되어 알렉스넷을 만드는 데 공을 세웠죠.

2013년 구글이 DNN리서치를 인수한 후, 수츠케버는 구글 브레인에서 시퀀스-투-시퀀스(sequence-to-sequence) 학습 아키텍처를 공동으로 만들고, 텐서플로우(TensorFlow) 개발에도 참여했습니다. 더 놀라운 것은 구글 딥마인드 외부에서 유일하게 알파고 논문의 공동 저자가 되었다는 점입니다. 그는 이미 AI 분야의 떠오르는 스타가 되고 있었던 거죠.

2015년 말, 일리야는 구글을 떠나 새로 설립된 오픈AI의 공동창립자이자 최고과학책임자가 됩니다. 샘 알트만과 일론 머스크가 그의 영입에 공을 들이죠. 일론 머스크는 후에 이렇게 회상했습니다.

"저는 핵심 과학자와 엔지니어들을 모집하는 데 중요한 역할을 했습니다. 가장 주목할 만한 인물이 일리야 수츠케버였죠. 사실 일리야는 여러 번 마음을 바꿨습니다. 오픈AI에 합류하겠다고 했다가, 데미스 하사비스가 그를 설득해서 안 하겠다고 하고… 이런 일이 여러 번 반복되었고, 결국 오픈AI에 합류하기로 결정했습니다. 일리야의 합류는 오픈AI가 궁극적으로 성공할 수 있는 핵심이었습니다."

일리야는 GPT 시리즈 개발의 핵심 역할을 했고, 챗GPT 개발에도 중요한 기여를 했습니다. 그가 챗GPT의 아버지라 불리는 이유죠.

그러다 2023년 11월 17일 오픈AI 내부에서 한 편의 드라마 같은 일이 벌어졌죠. CEO인 샘 알트만이 이사회에서 해임됐다가 5일 후인 11월 22일 다시 복귀한 사건이었습니다. '5일 천하' 동안 업계는 시끄러웠고, 언론과 소셜 미디어에 난리가 났습니다.

이때 샘 알트만의 해임에 앞장섰던 인물이 바로 일리야 수츠케버입니다. 오픈AI가 최초의 설립 목적과 다르게 영리적으로 바뀌었고, 안정성 검증이 끝나지도 않은 모델을 서둘러 발표하는 등 독단적으로 경영한다는 이유였습니다.

그러나 오픈AI 직원들 대부분이 알트만이 복귀하지 않으면 사임하겠다고 선언했고, 일리야도 놀랍게도 이 선언에 동참했죠. 결국 샘 알트만의 손을 들어주었고, 그는 알트만 축출에 참여한 것을 후회한다고 표명한 후 스스로 이사회에서 물러났습니다.

2024년 6월, 수츠케버는 다니엘 그로스, 다니엘 레비와 함께 Safe Superintelligence Inc.라는 새 회사를 공동 창립했다고 발표했습니다. 이 스타트업은 2024년 9월 저명한 벤처캐피털 회사들로부터 10억 달러의 투자를 유치했죠. 수익을 창출하는 제품을 출시하는 오픈AI와 달리, 새 회사의 "첫 번째 제품은 안전한 초지능이 될 것이고, 다른 어떤 일도 하지 않을 것"이라고 말합니다. 이는 수익 창출과 모델 배포에 집중하는 기존 AI 기업들, 특히 그가 몸담았던 오픈AI와 대조되는 행보로, AI 안전에 대한 그의 깊은 우려와 확고한 사명감을 보여 주는 대목입니다.

제프리 힌튼 교수는 DNN리서치를 구글에 매각한 후, 구글 브레인에 합류해서 구글 딥러닝 플랫폼 텐서플로우TensorFlow의 철학적 기반을 제공하죠. 동시에 캐나다 토론토대학교 명예교수직도 유지하다가 2023년 구글을 퇴사합니다. 80을 바라보는 나이죠. 그는 인터뷰에서 이런 말을 합니다.

"내가 일부 책임이 있는 기술이 인류에 위협이 될 수 있다는 생각에 잠을 설치게 된다."

그는 초지능(Super Intelligence) 출현에 대해 심각한 우려를 표명하며, 지금은 AI의 위험을 경고하는 철학자/윤리적 조언자로 변신하고 있습니다. "우리는 진짜로 강력한 AI를 만들 수 있게 되었고, 이제는 '해야 할 일'과 '하지 말아야 할 일'을 구분할 책임이 생겼다"고 말합니다. 그의 구글 퇴사 및 이러한 발언은 전 세계 AI 연구자들과 정책 입안자들에게 AI 안전과 윤리적 개발의 중요성에 대한 경각심을 불러일으키는 중요한 계기가 되었습니다.

딥러닝의 아버지 제프린 힌튼, 그리고 두 제자 알렉스 크리젭스키와 일리야 수츠케버. 딥러닝 혁명의 주역인 이들이 써 내려갈 이야기는 아직 끝나지 않아 보입니다.

▶ Coming Next

기계가 보는 법을 익혔지만, 인간의 언어는 다른 차원의 문제였다. 단어의 의미, 문맥, 감정까지. 자연어 처리의 긴 여정이 시작된다.

 QR코드를 스캔하시면 〈제11장 내용 요약〉
팟캐스트 형식의 동영상을 보실 수 있습니다.

제12장

기계에게 말을 가르치려던 사람들의 고군분투

이미지 인식이 성공했지만, 언어는 다른 차원의 문제다.

단어의 의미, 복잡한 문맥, 미묘한 감정까지, 과연 인간의 언어를 기계가 이해한다는 것은 정말 가능할까? Word2Vec에서 Seq2Seq까지, 자연어 처리 연구자들의 끝없는 고군분투가 이어졌다. 그리고 마침내 돌파구가 보이기 시작했다.

- 언어 vs 시각의 근본적 차이

2012년 알렉스넷이 이미지넷 대회에서 컴퓨터 비전의 혁명을 일으키고, 2015년 레스넷이 인간보다 사물을 더 정확히 인식하게 되면서 AI 연구자들은 자신감에 차 있었습니다.

"이제 컴퓨터 비전 문제는 해결됐다. 다음은 자연어(인간의 언어)를 처리할 수 있게 해야 해!"

눈을 다는 일은 해결했으니 이번엔 귀와 입을 달아 주자는 것이었지요. 그러나 언어는 이미지와 완전히 다른 차원의 문제입니다. 왜 언어 처리가 이미지 처리보다 어려울까요?

숲속의 다람쥐를 생각해 볼까요? 다람쥐는 나뭇가지 사이를 재빠르게 뛰어다니며 도토리를 찾고, 천적이 나타나면 재빨리 도망칩니다. 이 모든 행동은 시각 정보를 처리하는 능력이 있기 때문이지요. 사실 거의 모든 동물이 이런 시각적 지능을 가지고 있습니다. 벌은 꽃의 색깔과 패턴을 구분하고, 매는 하늘 높은 곳에서 작은 먹이를 정확히 포착합니다.

그런데 지구상의 동물들 중에서 언어를 사용하는 동물은 인간뿐입니다. 물론 이건 인간의 주관적 주장이긴 하지만 왜 이런 차이가 생겼을까요?

답은 진화의 역사에 있습니다. 시각(vision)은 수억 년에 걸쳐 진화해온 생물학적 능력입니다. 최초의 눈이 나타난 것은 약 5억 4천만 년 전 캄브리아기였답니다. 그 이후 무수히 많은 세대를 거치며 시각 시스템은 정교하게 다듬어졌습니다. 포식자를 피하고 먹이를 찾는 것은 생존과 직결된 문제였으니까요.

인간의 시각피질을 살펴보면 이런 진화의 흔적을 볼 수 있습니다. V1

영역에서는 선과 모서리를 감지하고, V2에서는 질감을, V4에서는 색상을 처리합니다. 마치 정교하게 설계된 공장의 조립 라인처럼 각 단계가 명확하게 분업화되어 있습니다.

컴퓨터 비전이 비교적 빨리 발전할 수 있었던 이유가 바로 여기에 있습니다. 합성곱 신경망(CNN)은 인간의 시각피질 구조를 그대로 모방했습니다. 저수준 특징부터 고수준 특징까지 단계적으로 학습하는 방식 말이죠. 생물학이 이미 최적화해 놓은 설계도를 따라 하면 되었던 겁니다.

반면 언어는 완전히 다른 차원입니다. 언어는 생물학적 진화의 산물이기도 하지만 문화적 발명품이라 하는 게 더 적절합니다. 호모 사피엔스가 등장한 것이 약 30만 년 전이고, 복잡한 언어를 사용하기 시작한 것은 기껏해야 10만 년 전의 일입니다. 생명체 진화의 시간 척도로 보면 어제 일어난 일이나 다름없죠.

더 중요한 것은 언어의 본질입니다. 언어는 단순히 소리나 기호의 조합이 아니지요. 그것은 추상적 사고, 논리, 감정, 문화, 역사가 모두 뒤섞인 복합체입니다. 예를 들어, 사과 사진을 본 사람들에게 이게 뭐냐고 물으면 '사과' 혹은 'apple'이라고 대답합니다. 경상도 사람은 '사가'라고 발음하거나 충청도 사람은 '사과유'라고 말할 수도 있겠네요.

사과라는 물체는 인종에 상관없이 지구상의 모든 사람의 눈에 똑같은 형상으로 인지되지만, 언어적 표현은 모두 다릅니다. 왜? 시각은 생물학적 구조와 원리에 따른 일정한 규칙이 존재하지만, 언어에는 규칙이 없기 때문이죠. "언어에는 문법이라는 규칙이 있지 않느냐"고요? 규칙보다는 변칙이 훨씬 많습니다. 지구에는 바벨탑의 수많은 언어들이 존재하고,

같은 말이라도 지역별로 방언이라는 게 있습니다. "폭삭 속았수다"는 완전히 속았다는 뜻으로 이해될 수도 있지만, 제주도에서는 매우 수고했다는 말이라지요.

또 상황에 따라 쓰임새가 달라집니다. 예를 들어, "그 사람 진짜 대박이야"에서 '대박'은 원래 도박 용어였습니다. 그런데 어느 순간 '정말 좋다'는 뜻으로 쓰이기 시작했죠. 누가 정한 규칙도 없이 말입니다.

언어는 살아 있는 생명체처럼 끊임없이 변화하고 진화합니다. 시(詩)는 더욱 극단적인 예이지요. 시를 읽으면서 인간은 은유를 이해하지만 컴퓨터에게 이런 직관이 없습니다.

- 바벨탑의 딜레마

이것이 바로 자연어 처리가 컴퓨터 비전보다 훨씬 어려운 이유입니다. 시각 처리는 생물학적 청사진이 있었지만, 언어 처리는 그런 청사진이 없습니다. 인간의 뇌에서 언어가 어떻게 처리되는지 아직도 완전히 이해하지 못하고 있으니까요.

GPT와 같은 대형언어모델이 등장하기 전까지, 컴퓨터는 언어를 규칙의 집합으로 이해하려 했습니다. 하지만 이 접근법은 한계가 명확했습니다. 언어의 창조성과 맥락 의존성을 다룰 수 없었거든요. 이미지 인식과 자연어 처리의 차이를 간단한 예로 볼까요?

◇ 이미지 인식
- 고양이 사진 → "이것은 고양이다"(명확함)
- 픽셀값들의 패턴 → 시각적 특징

- 전 세계 누구에게나 고양이는 고양이

◇ **자연어 처리**
- "밥 먹었어?" → 정말 밥을 물어보는 건가? 안부 인사인가?
- 단어들의 순서 → 문맥과 의미
- 한국어, 영어, 중국어… 언어마다 완전히 다름

더 복잡한 예를 들어 보죠. "철수가 영희에게 사과했다."

이 문장에서 '사과'가 과일을 의미하는지, 사죄를 의미하는지, 아이폰 만드는 회사 이름인지 어떻게 알 수 있을까요? 인간은 문맥으로 즉시 이해하지만, 컴퓨터에게는 어려운 문제입니다.

자연어 처리라는 난제에 성공한 결과가 현재 우리가 사용하는 GPT와 같은 거대언어모델(LLM)이죠. 기계에게 말을 가르치려던 괴짜들의 고군분투는 어떠했을까요? 최초의 기계번역은 1954년으로 거슬러 올라갑니다.

- 최초의 기계번역 실험

1954년 1월 7일, 뉴욕 IBM 본사에서 공개 시연이 있었습니다. 조지타운-IBM 실험이라고 불렸던 이 사건은 기계번역(Machine Translation) 역사의 이정표로 기록되어 있습니다. 다음 날, 뉴욕타임스는 이 시연을 1면 머리기사로 보도합니다.

"Russian is turned into English by a fast electronic translator"(전자 번역기, 러시아어를 영어로 번역하다)

조지타운 대학과 IBM이 공동으로 개발한 기계번역 시스템이 60개의

러시아 문장을 영어로 번역했다는 소식이었죠. 냉전 시대였던 당시 미국에서 이것은 단순한 기술 뉴스 그 이상이었습니다. 소련의 과학 문서를 실시간으로 읽을 수 있다면 얼마나 강력한 무기가 되겠습니까? 프로젝트를 이끈 레온 도스터트(Leon Dostert) 교수는 기자회견에서 당당히 선언했습니다.

"3년에서 5년 안에 기계번역은 더 이상 문제가 되지 않을 것입니다."

그의 낙관은 당시로서는 합리적이었습니다. 시스템은 250개의 단어와 6개의 문법 규칙만으로도 작동했으니까요. 만약 단어를 10,000개로 늘리고 규칙을 100개로 늘리면? 완벽한 번역이 가능하지 않을까? 많은 사람들이 그렇게 생각하면서 정부와 대중의 폭발적인 관심을 불러일으켰죠.

하지만 현실은 달랐어요. 단어를 늘리고 규칙을 늘릴수록 시스템은 더 복잡해졌고, 예외는 더 많아졌습니다. 3년이 지나도, 5년이 지나도 완벽한 번역은 요원했죠.

초기 자연어 처리는 문법 규칙에 의존했습니다. 규칙 기반 접근법의 한계가 명확해지면서 자연어 처리 연구는 암흑기를 맞습니다. 1966년, 미국 정부는 기계번역 연구에 대한 냉정한 보고서를 발표합니다. ALPACAutomatic Language Processing Advisory Committee 보고서였죠.

"기계번역은 인간 번역보다 느리고, 비싸고, 부정확하다. 투자를 중단한다."

당시 번역의 한계를 보여 주는 흥미로운 일화가 돌았습니다.

- 영어 원문: "The spirit is willing, but the flesh is weak."
- 러시아어 번역 후 다시 영어로: "The vodka is good, but the meat is rotten."

'마음은 원이로되 육신이 약하도다' 성경 구절이 '보드카는 맛있지만 고기가 썩었다'로 완전히 다른 의미가 되어 버렸죠. 이러한 오역은 주로 초기 규칙 기반 또는 통계 기반 기계번역 시스템에서 자주 발생했던 단어 대 단어(word-for-word) 번역의 문제점을 잘 나타냅니다.

왜 이런 일이 벌어졌을까요? 이 시스템들은 단어나 구의 의미를 문맥에 따라 파악하는 능력이 부족했기 때문이지요. 즉, 언어의 다의성Polysemy, 관용적 표현Idiomatic expressions, 그리고 문화적 맥락Cultural context을 이해하지 못하면 번역 오류가 발생한다는 것을 보여 주는 사례입니다.

- 요슈아 벤지오의 새로운 도전, "단어를 숫자로"

1990년대까지 자연어 처리 연구는 지지부진한 상태였습니다. 30년이 넘는 침묵을 깨고, 2003년 캐나다 몬트리올 대학에서 새로운 시도가 시작되었습니다. 주인공은 요슈아 벤지오(Yoshua Bengio) 교수였습니다.

벤지오는 제프리 힌튼, 얀 르쿤과 함께 AI 겨울을 견딘 딥러닝 3대 거장 중 한 명이었습니다. 힌튼이 딥러닝 학습 알고리즘을 연구하고, 르쿤이 합성곱 신경망을 만들 때, 벤지오는 자연어 처리에 몰두했죠. 그의 핵심 아이디어는 단순했지만 혁신적이었습니다.

"단어를 규칙으로 다루지 말고, 숫자 벡터로 바꿔서 신경망에 학습시키자."

이것이 신경망 언어모델의 시작이었습니다. 그가 2003년 논문에서 발표한 '신경 확률 언어모델'Neural Probabilistic Language Model은 자연어 처리의 패러다임을 바꾸는 씨앗이 되었고 오늘날의 대형언어모델의 백본이죠. 핵심은 단어 임베딩(Word Embedding)이라는 개념이었습니다.

갑자기 벡터(vector)라는 수학 용어가 나오니 어렵게 느껴지시겠지만, 사실 중학교 때 배운 겁니다. x축, y축 기억나시죠? x축과 y축 좌표상에 있는 점은 (1, 2) (5, 4) 등과 같이 표시됩니다. (1, 2)는 x=1, y=2인 점이죠. z축이 하나 더 들어가면 3차원 벡터 (x, y, z)가 되고요. 각 단어를 수백 차원의 벡터 공간에 위치시키는 거죠. 예를 들어,

- King이라는 단어 → [0.25, 0.67, -0.13, 0.89, …]
- Queen이라는 단어 → [0.23, 0.71, -0.17, 0.92, …]
- Man이라는 단어 → [0.18, 0.42, -0.08, 0.54, …]

놀라운 것은 단어들을 벡터(vector)로 표현하면, 이 벡터들 사이에 의미 있는 관계가 생긴다는 점입니다. 다음 문제를 풀어 보시겠어요?

King - Man + Woman = ?

답은 Queen이죠. 컴퓨터가 이 문제를 풀 수 있는 건 단어의 의미가 수학적으로 표현되었기 때문입니다. 또 이런 연산도 가능합니다.

- apple + technology = iPhone
- apple - fruit + company = Google
- Paris - France + Italy = Rome

이것이 단어 임베딩(Word Embedding)의 개념인데, 컴퓨터가 단어의 의미를 이해하고 계산할 수 있도록, 각 단어를 수학적인 벡터 형태로 변환하는 기술을 말합니다. 쉽게 말해, 좌표상에 단어를 숫자들의 점(point)으로 표현하는 것이죠. 이때, 의미적으로 유사하거나 관련 있는

단어들은 벡터 공간에서 서로 가까운 위치에 놓이게 됩니다.

벤지오의 모델은 AI에게 단어를 이해할 수 있는 능력을 부여한 시도였습니다. 마치 기계가 단어의 뜻을 공간적으로 느끼게 된 첫 순간이었죠. 하지만 2003년 당시 이 아이디어는 큰 주목을 받지 못했습니다. 벤지오의 씨앗이 싹을 틔우려면 10년을 더 기다려야 했습니다.

신경망? 기억하시겠지만 딥러닝의 부활 이전까지 신경망은 금기어 취급을 받은 용어입니다. 또 21세기 초반 당시 컴퓨터의 성능과 데이터가 부족한 상황에서는 아직 큰 성과를 내기 어려웠지요.

하지만 그의 아이디어가 나중에 word2vec, seq2seq, 어텐션, 트랜스포머, 그리고 GPT까지 이어지면서 대형언어모델(LLM) 시대의 씨앗이 됩니다. 현대 언어모델의 직계 조상이라 할 수 있지요.

단어 임베딩이란 무엇인가요?

컴퓨터가 단어의 의미를 이해하고 계산할 수 있도록, 각 단어를 수학적인 벡터(숫자들의 배열)로 변환하는 기술입니다.

쉽게 설명해 주세요.

단어를 숫자들의 점(point)으로 표현하는 것입니다. 의미적으로 유사하거나 관련 있는 단어들은 벡터 공간에서 서로 가까운 위치에 놓이게 됩니다.

그림 12-1: 단어 임베딩은 문자를 숫자 벡터로 변환하는 기술

- RNN의 등장과 기억의 발견

2006년 제프리 힌턴의 딥러닝 발표 이후 신경망 연구는 가속도가 붙기 시작합니다. 2010년경, 자연어 처리에 혁신적인 도구가 재조명받습니다. 순환신경망(RNN, Recurrent Neural Network)이었죠. 이는 1986년 제안 되었던 순환 연결을 가진 신경망 구조입니다. 하지만 실제 학습의 어려 움기울기 소실/폭주 문제 때문에 널리 활용되지는 못했던 거죠.

RNN의 핵심은 '기억'이었습니다. 이전 신경망들은 각 입력을 독립적으로 처리했지만, RNN은 이전 정보를 기억할 수 있었거든요.

우리가 책을 읽는 상황을 떠올려 볼까요? 문장의 새로운 단어를 읽을 때마다, 앞에서 읽은 내용을 떠올리며 의미를 해석하죠. 그리고 머릿속 메모장에 중요한 단어를 적어 두기도 합니다. 이 독자의 행동이 바로 RNN의 작동 방식입니다.

1. 현재 단어(input)를 읽고
2. 이전 메모(hidden state)를 참고해서
3. 의미를 해석(output)하고
4. 메모를 업데이트(hidden state)합니다.

"뭐 대단한 것도 아니네. 당연히 이렇게 하는 것 아니야?"라고 생각하겠지만, 당시로서는 신경망을 이렇게 만드는 건 대단한 아이디어였습니다. 비교해 볼까요? 기존의 신경망은 입력을 받아 즉시 출력을 내보냅니다. 한 번 보고 끝이죠. 하지만 RNN은 다릅니다. 이전의 입력 상태를 다음 계산에 계속 사용합니다.

신경망에서 일단 처리한 후, 결괏값을 다시 입력층으로 입력시킵니다.

비유하자면, 자기가 싼 똥을 다시 되먹이는 방식, 즉 순환시키는 거죠. RNN의 'recurrent'가 그런 의미입니다. 도식화하면, 다음과 같습니다.

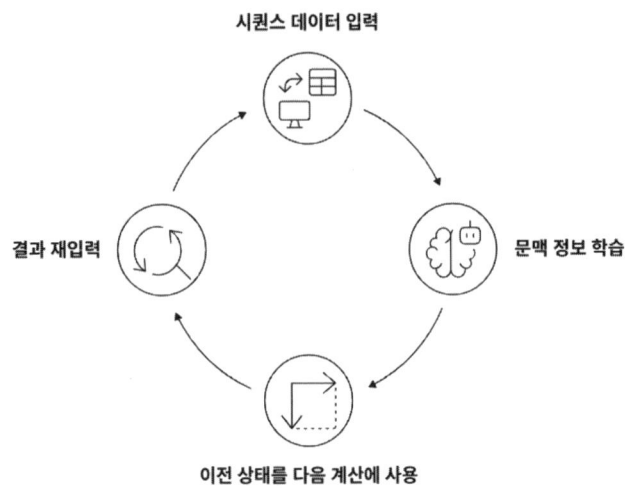

그림 12-2: RNN의 순환 과정

- LSTM: 장기기억의 돌파구

하지만 RNN에도 치명적인 약점이 있었습니다. 장기 의존성(long-term dependency) 문제였죠. 장기 의존성은 우리도 독서할 때 많이 경험하는 문제입니다. 문장이 길어지면 오래전에 읽은 내용이 기억나지 않는 경우가 있죠.

"어제 비가 왔다. 오늘 아침에 일어나서 창문을 열어 보니 땅이 ___ 다."

여기 들어갈 단어는 무엇일까요? 인간은 이 정도는 쉽게 "젖었다"를 떠올리지만, 초기 RNN은 조금만 길어지면 "어제 비가 왔다"는 정보를 기억하지 못했습니다. 멀리 떨어져 있어서. 이게 장기 의존성 문제입니다.

이 문제를 해결하기 위해 등장한 모델이 LSTM(Long Short-Term Memory)과 GRU(Gated Recurrent Unit)입니다. 이들은 기억을 유지할지 잊을지를 조절하는 게이트 구조를 갖고 있어서 더 깊은 기억을 다룰 수 있습니다. 마치 스마트한 메모리 관리자 같습니다.

- 기억할 것 결정: "이 정보는 중요하니까 오래 기억하자."
- 잊을 것 결정: "이 정보는 이제 필요 없으니까 잊자."
- 업데이트: "새로운 정보가 들어왔으니까 기억을 업데이트하자."

LSTM도 1997년 제안된 것인데, 망각 게이트(forget gate)를 추가하며 현재의 LSTM 구조가 완성된 거죠. 구글 번역, 애플의 시리, 아마존의 알렉사 모두 LSTM을 사용했습니다.

RNN
장기 의존성 처리의 어려움

LSTM/GRU
장기 의존성 처리의 효과

그림 12-3: RNN vs LSTM/GRU

- 미코로프의 Word2Vec 혁명: 단어의 DNA를 찾다

RNN, LSTM 등의 개정판이 등장하면서 자연어 처리가 급물살을 탑니다. 2013년, 구글의 토마스 미코로프(Tomas Mikolov)가 자연어 처리에 또 하나의 혁명을 일으켰는데, 바로 워드투벡(Word2Vec)이었죠. 이름에서 짐작할 수 있듯이 단어를 숫자 벡터로 바꾸는 모델 아키텍처입니다.

워드투벡(Word2Vec, 2013년)은 앞에서 언급한 벤지오 교수의 신경 확률 언어모델(NPLM, 2003년)과 아주 비슷하죠? 둘 다 "단어를 벡터로 바꾸자(=임베딩)"라는 철학에서 출발하고, 실제로 모델 구조도 유사해 보이지요.

워드 임베딩(Word Embedding)은 개념이고, Word2Vec은 이 개념을 구현하는 신경망 모델입니다. 비유하자면, '차(Car)'가 개념이라면, '테슬라 모델 Y'는 그 개념을 실현한 특정 제품인 셈이죠. Word2Vec의 핵심 아이디어는 단순했습니다.

"단어의 의미는 주변 단어들과의 관계에서 나온다."

이건 언어학자 퍼스John Rupert Firth의 명언이기도 합니다. "You shall know a word by the company it keeps."(어떤 단어인지 알려면 그 주변 단어를 보라) 예를 들어,

- "고양이가 소파에 앉았다."
- "강아지가 소파에 앉았다."

이 두 문장에서 "고양이"와 "강아지"가 비슷한 맥락에서 사용된다는 걸 알 수 있죠. 즉, "소파에 앉았다"라는 맥락 안에서 둘은 유사한 의미로 쓰였다고 볼 수 있습니다. Word2Vec은 바로 이 점을 활용합니다. Word2Vec은 앞선 벤지오 교수의 아이디어와 유사하게 각 단어를 300차원 벡터로 표현했습니다. 마치 단어의 DNA 서열 같지 않나요?

Word2Vec은 임베딩과 벤지오의 신경 확률 언어모델을 계승한 모델입니다. 임베딩(embedding)은 원래 수학과 컴퓨터공학에서 나온 개념인데, 본질적으로 복잡한 대상예: 단어, 이미지, 문장, 그래프 노드 등을 고정된 크기의 숫

자 벡터로 표현하는 방법입니다. 즉, "복잡한 세계를 수학적 공간 속에 잘 담아 보자"는 시도였지요.

이를 딥러닝 기술로 대중화한 것이 바로 Word2Vec입니다. 덕분에 "Word2Vec = 임베딩"처럼 받아들여지게 된 것이죠. 한 마디로, Word2Vec 은 단어를 의미의 지도(map) 위에 배치하는 기술입니다. 단어 의미 지도 라 말할 수도 있겠죠. 정리하자면, 임베딩은 마치 지도를 그리는 일이고, Word2Vec은 그 지도 중에서도 "단어 의미 지도"를 멋지게 처음 그려낸 지 도 제작자였던 셈입니다. 이후 구글 검색, 추천 시스템, 번역 등에 광범위 하게 사용되었습니다.

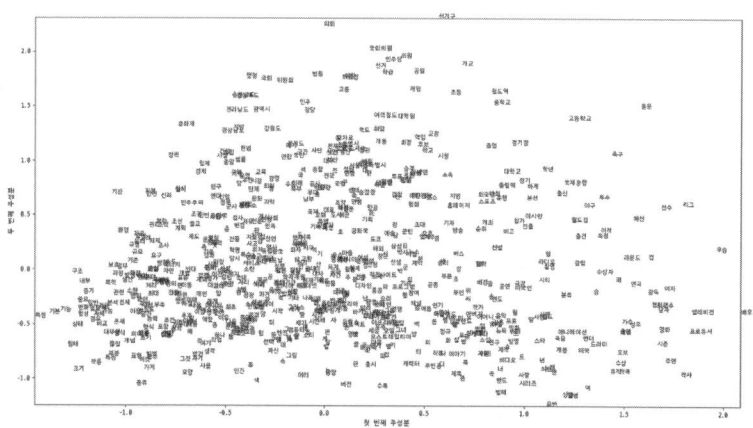

그림 12-4: 100차원 임베딩 결과를 2차원으로 시각화한 사례
(출처: https://joyhong.tistory.com/133)

- 일리야 수츠케버의 Seq2Seq 아이디어: 문장을 문장으로

자연어 처리의 상승세가 거침이 없었습니다. 2014년, 또 다른 혁신이

나타났습니다. 시퀀스투스퀀스(Seq2Seq) 아키텍처입니다. 일리야 수츠케버(Ilya Sutskever) 기억하시죠? 2012년 알렉스넷의 3인방 중 한 명으로 DNN리서치를 매각한 후 구글 브레인팀에 합류했죠. 훗날 그는 오픈AI에 합류해서 GPT 개발의 일등공신이 됩니다.

구글에 합류한 그는 Seq2Seq 아키텍처를 고안합니다. 시퀀스(Sequence)는 '순서, 연속, 차례대로 나열하기'라는 의미입니다. 'Sequence-to-Sequence'의 핵심 아이디어는 "문장 전체를 하나의 문맥 벡터(context vector)로 압축한 다음, 그 벡터에서 새로운 문장을 생성하자"는 것이죠. 핵심은 두 개의 신경망으로 나누었다는 것이었습니다.

- 인코더(Encoder): 입력 문장을 읽고 하나의 맥락 벡터로 압축
- 디코더(Decoder): 맥락 벡터를 해석해서 번역 문장을 한 단어씩 생성

마치 통역사가 문장 전체를 듣고 머릿속에서 의미를 파악한 다음(인코더), 그것을 다른 언어로 말하는 것(디코더)과 비슷합니다. 예를 들어, "I love you"를 통역할 때 통역사가 "I"를 "나는"으로 한 단어씩 통역하진 않지요. 일단 전체 문장을 듣고 이해한 다음, 문장 전체를 통역합니다.

뭐 당연한 소릴 하냐고 할 테지만, 이 당연한 걸 기계는 어려워합니다. 모라벡의 역설(Moravec's Paradox)이지요. 인간에게 쉬운 것은 컴퓨터에게 어렵고 반대로 인간에게 어려운 것은 컴퓨터에게 쉬운 아이러니를 말합니다. 오랜 진화의 산물인 인간의 지능과 짧은 시간 동안 개발된 기계의 지능은 다른 거지요.

더군다나 이때만 해도 컴퓨터에게는 당연하지 않았습니다. 당시 기계 번역이나 텍스트 생성에 쓰였던 모델들은 문장 전체를 '이해하고 대응하는' 구조가 아니었어요. 그냥 "조각조각 단위(토큰)로 대응하거나 예측"할

뿐이었죠. 또 그 이전까지는 문장의 의미를 벡터로 압축한다는 개념조차 생소했습니다.

이 문제를 해결한 게 Seq2Seq 모델 아키텍처입니다. 입력 시퀀스를 요약해서 압축한 다음, 그걸 바탕으로 출력 시퀀스를 생성하기 위해서 인코더와 디코더 두 개의 RNN이 사용됩니다.

"I love you" → [인코더] → [맥락 벡터로 압축] → [디코더] → "나는 너를 사랑해"

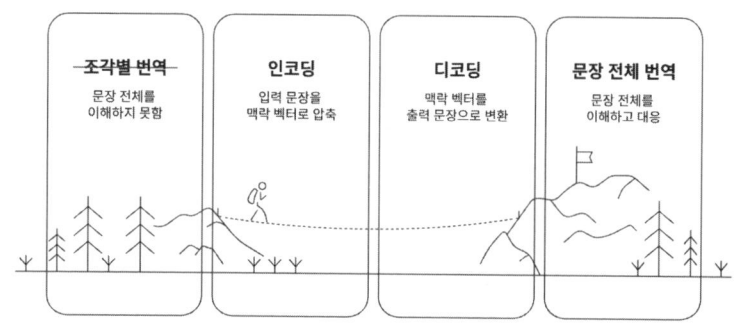

그림 12-5: Seq2Seq 개념도

인코더 RNN이 문장을 읽어들여 하나의 벡터로 추상화하고, 디코더 RNN은 그 벡터를 해석해 문장을 생성합니다. 즉, 처음으로 기계가 "말을 듣고, 그 의미를 압축해서 기억한 뒤 다시 말하는" 인간과 유사한 처리 과정을 가지게 된 거지요. Seq2Seq는 기계번역에서 혁신적인 성과를 보였습니다.

- 2014년 이전 구글 번역: 통계 기반, 어색한 번역

- 2016년 구글 번역: Seq2Seq 기반, 자연스러운 번역

하지만 여전히 한계가 있었습니다. 바로 장기 의존성(Long-term Dependency) 문제였죠. 짧은 문장에서는 잘 작동했지만, 문장 시퀀스가 길어지면 앞쪽 내용을 점점 잊어버렸습니다. 문장 전체를 하나의 고정된 크기의 벡터로 압축하다 보니 정보가 손실되는 것이었죠. 예를 들어,

지난주 비가 왔는데, 그다음 날 친구를 만났고, 영화를 보러 갔고, 저녁을 먹고 집에 돌아와서 창문을 열어 보니 땅이 ___다.

인간은 '젖었다'를 쉽게 떠올리지만, Seq2Seq는 문장이 너무 길어서 비가 왔다는 정보를 제대로 기억하지 못했습니다.

이 문제를 해결하려고 나온 게 어텐션(Attention) 메커니즘입니다. 트랜스포머를 소개한 2017년의 그 유명한 논문 "Attention is all you need"의 바로 그 'Attention'이죠. 집중, 주목을 뜻하는 어텐션은 말 그대로 집중하는 것입니다. 기계에게 중요한 부분에 집중할 수 있게 만들어 주는 것이 어텐션 메커니즘의 핵심입니다.

어텐션에 대해서는 다음 장에서 집중적으로 얘기하기로 하고, 지금까지 살펴본 인간의 언어를 기계에게 가르치려는 괴짜들의 고군분투를 정리해 볼까요?

- 1950년대: 규칙으로 해결하려다 실패
- 1990년대: 통계로 부분적 성공
- 2000년대: 신경망으로 새로운 가능성
- 2010년대: RNN, LSTM, GRU로 기억 문제 해결
- 2013-2015: Word2Vec, Seq2Seq로 의미 표현
- 2015-2017: 어텐션으로 집중 방법 학습

각 단계마다 새로운 돌파구가 있었지만, 동시에 새로운 한계도 드러났습니다. 마치 산을 오르면서 더 높은 봉우리가 보이는 것처럼 말이죠. 하지만 이 모든 고군분투가 헛되지 않았습니다. 2017년, 모든 퍼즐 조각이 모여 완전히 새로운 그림을 만들어 낼 준비가 되어 있었거든요.

▶ Coming Next

Word2Vec과 Seq2Seq가 돌파구를 열었지만 진짜 게임 체인저는 2017년에 나타났다. 구글의 8명 젊은 연구자들이 모든 것을 바꾼 8페이지 논문의 제목은 "Attention Is All You Need." 트랜스포머가 온다.

 QR코드를 스캔하시면 〈제12장 내용 요약〉
팟캐스트 형식의 동영상을 보실 수 있습니다.

제13장

트랜스포머 혁명, Attention Is All You Need

"Attention Is All You Need."

2017년 여름, 구글의 8명 젊은 연구자들이 대담한 선언을 했다. 이 8페이지 짜리 논문 하나가 세상을 뒤집었다. 신경망은 필요 없다? 오직 셀프 어텐션만으로 AI를 구현할 수 있다? 신경망에 '집중력'이라는 초능력을 이식한 발명품인 트랜스포머.

이 혁명적 아이디어가 현재 우리가 쓰고 있는 LLM 시대의 문을 열게 된다.

- 4차 산업혁명의 트리거

4차 산업혁명이라는 용어는 2016년 다보스 포럼에서 처음 사용되었습니다. 스위스의 휴양지 마을 다보스에서 매년 1월 말에 열리는 이 포럼은 세계 각국의 정상, 기업인, 학계 전문가 등 다양한 분야의 리더들이 모여 글로벌 이슈에 대해 논의하고 해결 방안을 모색하는 자리입니다. 정식 명칭은 세계경제포럼 연차총회World Economic Forum Annual Meeting죠.

1차 산업혁명은 약 250년 전 제임스 와트의 증기기관에 의해 촉발되었습니다. 말 그대로 혁명이었습니다. 사회구조와 경제/산업 시스템이 송두리째 바뀌고 사람들의 일상과 라이프스타일이 달라졌으니까요.

두 번째 산업혁명은 전기가 일으킵니다. 인류는 오래전부터 하늘에서 번개 치는 걸 보면서 전기라는 게 있다는 건 알았지만 전기를 사용할 수는 없었지요. 19세기 열역학, 전자기학, 화학, 물리학 등이 급진전되면서 결국 전기를 사용할 수 있게 되었고, 전기는 전자(electron)의 흐름이라는 사실도 알게 됩니다. 전기는 기계에 혼을 불어넣어 일을 시킬 수 있는 강력한 수단입니다.

3차 산업혁명은 컴퓨터와 인터넷이 일으켰습니다. 이는 월드와이드웹 줄여서 웹(web)을 낳았지요. 인터넷과 웹은 다른 차원의 개념입니다. 팀 버너스 리는 선형구조가 아닌 하이퍼텍스트 형태의 정보시스템을 구상했고, 하이퍼텍스트들을 인터넷으로 연결한 웹 생태계를 만들어 내지요. 여기는 신대륙이었습니다. 1990년대부터 대중들도 웹 브라우저를 통해 웹에 접속할 수 있게 되었고, 영민한 젊은이들은 재빨리 사업의 기회를 잡았습니다. 야후, 이베이, 아마존, 구글, 그리고 한국에서는 다음과 네이버 등이 신흥 루키였죠.

3차 산업혁명은 한마디로 정보의 혁명이었습니다. 지구인들이 네트워크로 소통하면서 수많은 정보가 만들어졌고, 집단지성이 태동했지요. 웹이라는 정보시스템은 21세기 들어 웹2.0으로 진화되는데 블로그, 소셜미디어, 그리고 스마트폰은 빅데이터 시대를 엽니다. 빅데이터가 웹 생태계를 더욱 성숙시키면서 웹3.0으로 진화하는데, 이걸 메타버스라고 부르기도 합니다.

3차 산업혁명이 정보의 혁명이었다면, 4차 산업혁명은 지능의 혁명입니다. 데이터를 정제하면 정보가 되고, 정보를 융합하면 지능이 생깁니다. 지능(intelligence)? 그렇습니다. 인간의 지능도 높아졌지만, 인공지능이 두뇌의 확장이 되는 변화가 4차 산업혁명의 요체입니다.

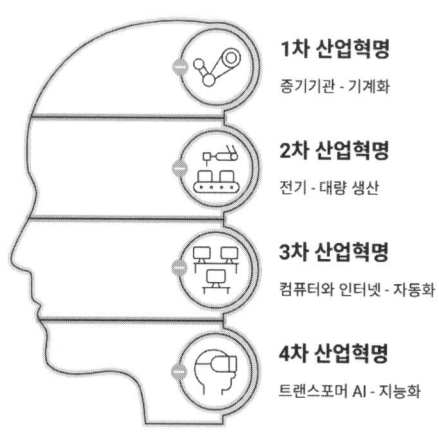

1차 산업혁명
증기기관 - 기계화

2차 산업혁명
전기 - 대량 생산

3차 산업혁명
컴퓨터와 인터넷 - 자동화

4차 산업혁명
트랜스포머 AI - 지능화

그림 13-1: 증기기관에서 트랜스포머 AI까지

그런데 4차 산업혁명을 일으키는 실체가 명확하지 않습니다. 증기기관 - 전기 - 컴퓨터와 인터넷과 같이 3차 산업혁명까지는 눈에 보이는 실체가 있었는데, 4차 산업혁명의 트리거는 무엇인가요? 나는 그것이 '트랜스포머 AI(Transformer AI)'라고 생각합니다. 트랜스포머 이후 AI가 완전히 다른 차원으로 승화되었고 우리 일상 속으로 빠르게 깊게 스며들었기 때문이죠.

트랜스포머는 2017년, 구글 브레인의 연구팀이 낸 논문에서 처음 소개된 개념입니다. 8쪽짜리 이 논문의 제목은 "Attention Is All You Need". 어떻게 이 논문이 나오게 되었을까요? 구글 브레인팀의 회의장을 살짝 들여다볼까요?

- 기상천외한 아이디어의 탄생, 신경망 없는 AI

2017년 봄, 구글 브레인 연구소 회의실에서 특별한 미팅이 열렸습니다. 8명의 젊은 연구원들이 모여 앉아 있었었는데, 평균 나이가 30대 초반인 이들은 모두 한 가지 공통점이 있었습니다. 기존의 자연어 처리 방식에 회의를 품고 있었다는 것이죠.

회의를 이끈 사람은 아시시 바스와니(Ashish Vaswani)였습니다. 인도 출신으로 USC에서 박사학위를 받은 그는 2013년 구글에 입사해 기계번역팀에서 일하고 있었습니다.

"여러분, 우리가 지금까지 해온 방식을 제로베이스에서 다시 생각해 봅시다."

바스와니가 화이트보드에 RNN의 구조를 그리기 시작했습니다.

"RNN은 단어를 하나씩 순서대로 처리해야 합니다. '나는-오늘-학교에-갔다'를 처리하려면 '나는'을 보고, 그다음 '오늘'을 보고… 이런 식으로 순차적으로 해야 하죠."

"그런데 이게 문제입니다. 병렬 처리가 불가능해서 속도가 느리고, 문장이 길어지면 앞쪽 정보를 잊어버립니다."

회의실에 있던 노암 샤지어Noam Shazeer, 니키 파르마Niki Parmar, 야콥 우스즈코레이트Jakob Uszkoreit 등이 고개를 끄덕입니다. 모두가 느끼고 있던 문제였거든요.

"그렇다면 RNN을 아예 없애면 어떨까요?"

바스와니의 제안에 회의실이 조용해졌습니다. 2017년 당시 자연어 처리는 RNN(순환신경망)과 LSTM이 표준 신경망이었습니다. 즉, 컴퓨터비전은 CNN, 자연어 처리는 RNN이 공식이었죠. 그런데, 신경망 없이 어떻게 학습시킬 수 있단 말이죠? 뇌가 없으면 지능이 생길 수 없는데, 신경망 없이 어떻게 AI를 구현할 수 있나요? 신경망을 없앤다는 것은 기상천외한 발상이었습니다.

"대신 어텐션만 사용하는 거죠. 어텐션 메커니즘만으로 모든 것을 처리할 수 있다면?"

- 어텐션이 뭐길래

어텐션(Attention) 메커니즘은 2015년 몬트리올 대학의 젊은 연구원 드미트리 바다나우(Dzmitry Bahdanau)가 찾아낸 솔루션입니다. 벨라루스 출신으로 요슈아 벤지오 교수의 제자였던 그는 인간이 번역하는 방식을 관찰했습니다.

앞 장에서 들었던 통역사의 비유를 다시 생각해 볼까요? "I love you" 정도의 짧은 문장은 번역할 때 잊어버릴 문제가 없습니다. 앞 장에서 말한 seq2seq 기억하시죠? 인코더 - 〈문맥벡터로 압축〉 - 디코더로 번역…

그런데, 한 문장 안에 60단어가 있다고 가정해 보죠. 이 긴 문장의 내용을 압축해서 기억했다가 통역할 수 있을까요? 불가능합니다.

그럼 어떻게 해야 할까요? 좋은 방법이 있습니다. 통역 도우미를 옆에 두면 어떨까요? 통역사가 문장을 번역할 때마다, 도우미가 원문 전체를 살펴보면서 "지금 번역하려는 단어는, 원문 중 이 부분이랑 제일 관련 있어요!" "지금은 이 부분이 중요해요!"라고 집중할 곳을 가리켜 주는 거죠. 이 도우미의 역할이 바로 어텐션 메커니즘입니다.

매 순간 원문의 모든 단어들을 검토해서, 지금 이 순간 가중치를 둘 곳을 찾아내죠. 즉, 바다나우 어텐션은 통역사(디코더)가 번역 중에 도우미(어텐션)가 원문(인코더)의 중요한 단어를 그때그때 가리키는 구조입니다.

"나는"을 번역할 때는 "I"에 집중하고, "사랑해"를 번역할 때는 "love"에 집중하는 식이죠. 이것이 어텐션 메커니즘의 핵심 아이디어입니다. 정리하자면,

- Seq2Seq: 문장을 한 번 읽고 → 하나의 고정된 벡터로 압축 → 그 벡터만 보고 번역
- 어텐션: 문장을 읽으면서 모든 단어의 정보를 저장 → 번역할 때마다 전체를 다시 살펴보고 → 지금 이 순간 관련성이 높은 중요한 단어에 가중치를 둠

바다나우의 아이디어는 이것을 신경망에 구현하는 것이었습니다. 디코더가 단어를 생성할 때마다 인코더의 모든 상태를 다시 살펴보고, 지금 이 순간 가장 중요한 부분에 집중하게 만드는 것이었죠. 이것이 어텐션 메커

니즘(Attention Mechanism)입니다. 어텐션의 작동 방식은 이렇습니다.

- 인코더가 입력 문장의 모든 단어를 처리하면서 각 단어의 상태를 저장
- 디코더가 번역 단어를 생성할 때마다, 저장된 모든 상태를 검토
- 지금 번역하는 단어와 가장 관련 높은 입력 단어에 높은 가중치를 부여
- 그 가중치를 바탕으로 번역 단어를 생성

결과는 놀라웠습니다. 긴 문장에서도 번역 품질이 크게 향상되었고, 무엇보다 신경망이 어디를 보고 있는지 시각화할 수 있게 되었습니다. 번역하는 과정이 블랙박스가 아니라 해석 가능한 것이 된 거죠.

바다나우의 2015년 논문은 기계번역 연구자들 사이에서 빠르게 퍼졌습니다. 하지만 당시만 해도 어텐션은 Seq2Seq를 보조하는 기술 정도로 여겨졌습니다.

- 바다나우 어텐션 vs 셀프 어텐션

자, 다시 구글 회의실로 돌아가 볼까요? 바스와니 팀은 어텐션을 재해석합니다. 그리고 '셀프 어텐션'이라는 개념을 생각해 내죠. 셀프 어텐션(self attention)은 자기 스스로 집중한다는 의미인데, 바다나우 어텐션과는 좀 결이 다릅니다.

바다나우 어텐션은 디코더가 번역할 때 인코더의 원문을 참조한다는 의미로 크로스 어텐션(cross attention)이라고도 부릅니다. 인코더와 디코더를 넘나드는 거지요. 반면 셀프 어텐션은 인코더면 인코더, 디코더면 디코더 자신 내에서 집중합니다.

이 개념은 좀 어려우니 집중하셔야 합니다. 다시 통역사 비유를 생각해

보겠습니다. 바다나우 어텐션에서는 통역사와 도우미가 있었죠. 그런데, 셀프 어텐션에는 통역사와 도우미가 따로 존재하지 않습니다. 바다나우 어텐션에서는 통역사가 원문을 참고해(도우미) 번역하지만, 셀프 어텐션에서는 문장 속 단어들이 서로 통역사가 되어 스스로 의미를 조율하는 방식입니다.

즉, 통역사가 한 명이 아니라, 문장 안의 모든 단어들이 서로 대화하면서 통역하는 시스템으로 바뀌는 개념입니다. 회의실 안의 집단 통역이라 할까요? 바다나우 어텐션은 '번역 도우미', 셀프 어텐션은 '집단지성 회의'에 비유할 수 있습니다.

셀프 어텐션이 이 책의 내용 중 가장 이해하기 어려운 부분이지만, 가장 중요합니다. 왜냐면, 트랜스포머의 핵심이 되는 개념이고, GPT와 같은 생성 AI를 작동시키는 메커니즘이기 때문입니다. 처음 GPT 쓰면서 속도에 놀란 경험이 있으실 겁니다. 프롬프트 넣고 엔터 치면 1-2초도 지나지 않아 순식간에 답변을 쏟아내죠. "아니, 어떻게 이렇게 빨리할 수 있지?"

문장 생성을 통역사 한 명이 '순차적으로' 해서는 절대 그 속도를 낼 수 없어요. 집단지성의 힘으로 모두가 '병렬적으로' 처리해야 가능합니다. 이것이 셀프 어텐션입니다.

- 셀프 어텐션으로 RNN의 한계를 뛰어넘다

셀프 어텐션을 좀 알아보겠습니다. "The cat sat on the mat"이라는 문장을 예로 들어 볼까요? 셀프 어텐션Self-Attention에서는 cat이라는 단어가 The, sat, on, the, mat 모두와 연결되어 "나와 관련성이 높은 중요한 단어는 뭘까?"를 계산합니다. 마찬가지로 sat도 전체 문장을 한꺼번에 바라보고요. 핵심은 모든 단어들을 모두 연결하는 겁니다.

왜 이렇게 할까요? 언어는 순서만으로는 의미가 명확하지 않기 때문입니다. 멀리 떨어져 있지만 의미상 매우 중요하게 연결되어 있을 수 있지요. 어텐션은 이런 멀리 떨어진 단어들 사이의 연관성도 잘 잡아내서 장거리 의존성 문제를 해결할 수 있습니다. 셀프 어텐션이 적용된 AI는 모든 단어를 서로 바라보게(attention) 하는 방식입니다. 다음 문장에서 'it'이 가리키는 단어가 무엇인지 맞혀 볼까요?

"The animal didn't cross the street because it was too tired."

인간은 직관적으로 'it'이 'animal'을 가리킨다는 걸 알죠. 그러나 셀프 어텐션은 이런 관계를 수치로 계산합니다.

- it → animal(0.9): it이 animal일 확률 0.9
- it → street(0.1): it이 street일 확률 0.1

이런 식으로 해서 'it'과 'animal' 사이의 연관성이 높다고 계산합니다. AI는 확률게임을 하는 기계라는 사실을 잊지 마세요. 즉, 셀프 어텐션 메커니즘은 모든 단어를 다른 모든 단어와 연결하고, 입력된 모든 토큰을 비교해서 가중치(weight)를 부여하는데, 이런 구조를 "모두와 모두 연결(All-to-All)"이라고 합니다.

셀프 어텐션 방식으로 하면 좋은 점은 병렬 처리가 가능하다는 겁니다. 통역사가 한 글자 한 글자 번역하는 게 아니라 단어들의 집단지성의 힘으로 동시에 처리해 낼 수 있습니다.

예를 들어, 우리가 책 한 권을 챗GPT에 입력하고 "이걸 요약해 줘"라고 프롬프팅하면, GPT는 책의 모든 단어들을 벡터로 전환한word-to-vec 후, 모든 단어들을 서로 비교해서 중요도를 산정합니다. 이걸 순차적으로 하는 게 아니라 병렬로 처리하니까 순식간에 읽고 결과를 생성해 낼 수 있게 되는 거죠.

비유하자면, 순간적으로 모든 신경을 곤두세우고 초집중력을 발휘하는 셈입니다. 대신 전기와 컴퓨팅 자원은 엄청 소모되겠지요.

사실 인간도 집중력이 뛰어납니다. 〈영재 발굴단〉이라는 TV 프로그램에 책 한 권을 쓱 읽고 내용을 모두 회상하는 아이가 나온 적이 있었습니다. 책장을 빠른 속도로 넘겨 가면서 읽어 내려가는데, 정말 읽는 것 맞나 생각이 들 정도였어요. 그런데 책을 덮고 책의 내용을 물어보면 등장인물의 이름이나 숫자까지도 정확히 기억하는 것이었습니다. 놀라운 집중력이죠.

그때 아이의 뇌에서 어떤 일이 벌어졌는지는 모르지만, 순간적으로 초집중력이 발휘되었던 겁니다. 물론 모든 인간이 그런 영재성을 가진 건 아니고, 또 성장하고 나이 들수록 집중할 수 있는 지속 시간과 범위는 줄어들긴 합니다. 그 범위를 콘텍스트 윈도우(context window)라고 하죠.

우리는 매 순간 초집중력을 발휘하지 않습니다. 그렇게 했다간 에너지를 견디지 못하고 뇌가 터질 테니까요. 인간은 생존을 위해 집중력 지속 유지를 선택하지 않았습니다. 에너지 효율성이 떨어져 생존에 유리하지 않다는 얘기죠.

하지만 AI는 모든 순간 집중하는 게 가능합니다. 기계니까요. 셀프 어텐션은 각 토큰이 다른 모든 토큰을 바라보고(attention) 그중 더 중요한 것에 더 높은 가중치를 주는 방식으로 기존 RNN의 문제점들을 한 번에 해결했습니다.

1. 병렬 처리 가능: 입력을 순서대로 처리하지 않고 모든 단어를 동시

에 처리한다.

2. 긴 문맥 기억: 멀리 떨어진 단어 간 관계도 잘 잡아낸다.

3. 선택적 집중: 중요한 부분에만 집중한다.

바다나우의 어텐션
번역할 때 원문의
어느 부분에 집중해야 할지 학습

셀프 어텐션
문맥을 이해하기 위해 병렬로 처리

그림 13-2: 바다나우 어텐션 vs 셀프 어텐션

> "어텐션이 전부입니다. 더 이상 순환 구조나 합성곱이 필요하지 않습니다. 모든 단어가 다른 모든 단어를 동시에 바라보며 중요도를 계산하는 것만으로도 언어를 이해할 수 있습니다."
>
> – 아시시 바스와니, 구글 브레인 연구원

- Attention Is All You Need

2017년 6월 12일, 구글 연구진은 논문을 아카이브arXiv에 공개했습니다. "Attention Is All You Need" 제목이 도발적이지 않나요? 의미는 이런 겁니다.

"개발자 여러분, 복잡한 RNN 아키텍처 설계하지 마세요.

LSTM 게이트 조정하느라 고생하지 마세요.

CNN 필터 크기 고민하지 마세요.

어텐션(attention)만 쓰세요! 그것만으로 충분합니다."

2017년 당시 주류 방식은 신경망은 RNN + LSTM, CNN 등을 쓰고 어텐션은 보조 수단이었는데, 그걸 뒤집은 거죠. 논문 초록에 이렇게 쓰여 있습니다.

"The dominant sequence transduction models are based on complex RNNs or CNNs…

We propose a new simple architecture, the Transformer, based solely on attention."

(주류 시퀀스 전달 모델들은 복잡한 재귀 신경망(RNN)이나 합성곱 신경망(CNN)을 기반으로 합니다.

우리는 오로지 어텐션에만 기반한 새로운 단순한 아키텍처인 트랜스포머를 제안합니다.)

- 트랜스포머의 탄생

구글 팀은 크로스 어텐션과 셀프 어텐션을 융합한 모델 아키텍처에 이상한 이름을 붙였습니다. "트랜스포머(Transformer)".

'Transformer'는 영어 동사 'transform(변형하다, 바꾸다)'에서 파생된 명사입니다. 형태나 구조, 상태가 근본적으로 다른 무언가로 바뀌는 변화를 뜻하지요. 많은 사람이 영화 〈트랜스포머〉 속 변신 로봇을 떠올릴 테지만, 이 이름에는 기술적 의미가 있습니다.

트랜스포머는 단어들의 순서를 따라가며 처리하던 기존 RNN 방식에서 벗어나, 입력 문장의 표현 자체를 완전히 다른 형식으로 '변환transform'합니다. 이는 seq2seq 구조를 문맥에 따라 동적으로 표현을 바꾸는 방식으로 벡터를 재구성하는 겁니다.

반면 RNN이나 LSTM을 사용하는 seq2seq의 구조는 인코더(Encoder)에서 입력 문장을 읽고, 내용을 요약한 맥락 벡터(context vector)로 압축한 후, 디코더(Decoder)에서 맥락 벡터를 바탕으로 출력 문장을 생성하지요.

이때 트랜스포머에서는 단어들의 고정된 벡터 표현이 문맥을 반영한 동적 표현으로 바뀝니다. 이 변환을 가능케 하는 핵심이 바로 셀프 어텐션self attention 메커니즘이고요. 셀프 어텐션은 각 단어가 문장 전체의 다른 단어들과 관계를 맺으며, 자신의 의미를 문맥에 맞게 동적으로 조정합니다.

예를 들어, "bank"라는 단어가 "river"와 함께 있을 땐 '강둑'이 되고, "money"와 함께 있을 땐 '은행'이 되도록 표현이 달라지는 겁니다. 이때 이루어지는 표현의 변화, 즉 벡터 공간에서의 선형변환이 바로 'transform'의 의미입니다.

AI를 한마디로 정의하자면, 데이터를 벡터 공간에 넣고 선형/비선형 변환(transform)을 통해 최적의 해를 구하는 것입니다. 변환은 선형대수 등에서 사용하는 수학 용어입니다. 구글 팀이 '트랜스포머'라 명명한 것이 이런 맥락이지요.

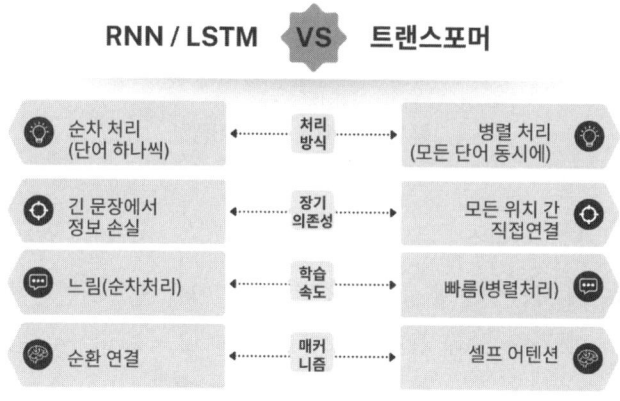

그림 13-3: 기존 신경망 vs 트랜스포머

트랜스포머의 구조는 인코더와 디코더의 두 부분으로 나뉩니다.

◇ 인코더(Encoder): 입력 문장을 이해하는 부분

- 6개 층으로 구성

- 각 층마다 셀프 어텐션과 FFN(Feed Forward Network)기존 신경망의 은닉
  층에 해당합니다.

- "The cat sat on the mat." → 의미 벡터로 변환

◇ 디코더(Decoder): 출력 문장을 생성하는 부분

- 역시 6개 층으로 구성

- 인코더의 출력을 참고해서크로스 어텐션 한 단어씩 생성

- 의미 벡터 → "고양이가 매트 위에 앉았다."

그림 13-4: 트랜스포머 아키텍처

종합하자면, 트랜스포머는 word2vec, seq2seq, 바다나우 어텐션 등의
기존 자연어 처리 연구의 성과를 융합하고, 거기에 셀프 어텐션이라는 강
력한 연산방식을 통합한 아키텍처입니다. 결과는 충격적이었습니다.

▷ 기계번역 성능(BLEU 점수)

- 기존 최고 모델: 26.03
- 트랜스포머: 28.4

▷ 학습 속도

- 기존 모델: 3.5일
- 트랜스포머: 12시간

트랜스포머가 더 정확하고, 더 빨랐던 겁니다. 트랜스포머는 마치 신경망에 '집중력'이라는 초능력을 이식한 발명품이라 할 수 있었습니다. 그리고 이것은 단순한 성능 개선이 아니라, 언어 처리 방식의 패러다임 전환이었죠.

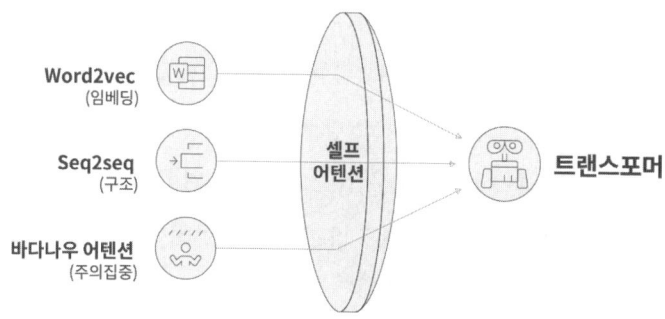

그림 13-5: 트랜스포머로 융합된 기술 관계도

- AI 업계의 지각변동

논문이 공개되자 AI 업계는 발칵 뒤집혔습니다.

- 오픈AI의 일리야 수츠케버: "이건 게임 체인저다. 우리도 즉시 트랜스포머 연구를 시작해야 해."
- 페이스북 AI의 얀 르쿤: "어텐션만으로 이런 성과를? 정말 놀랍다."
- 구글 CEO 순다르 피차이: "우리 검색과 번역 서비스를 모두 트랜스포머 기반으로 바꿔야 한다."

몇 달 만에 수백 개의 후속 연구가 쏟아져 나왔습니다. 모두가 트랜스포머를 개선하거나 응용하려고 했죠. 2017년 트랜스포머의 등장은, 인간의 언어와 기계의 연산 사이에 공통 언어가 만들어진 첫 순간이었습니다. 그 후로 사람들은 기계와 이야기를 나누기 시작했습니다. AI는 더 이상 단순한 예측/분류 기계가 아니게 되었습니다. 문장을 이해하고 생성하는 존재, 즉 '의미를 다루는 존재'로 진화하게 된 거죠.

트랜스포머가 없었다면, 우리는 지금 챗GPT와 대화하고 있지 못했을 것이고, 회의록 요약을 AI에게 부탁하지도 못했을 겁니다. 이 기술은 이미 우리 주머니 속으로, 앱 속으로, 웹 페이지 속으로 들어와 있는 거고요.

트랜스포머는 인간의 언어, 사고, 창조성의 일부를 기계가 '처리 가능한 것'으로 바꿨습니다. 이는 단순한 알고리즘의 발전이 아니라, 기계가 인간의 표현을 이해하는 방식 자체를 바꾼 일대 사건이었던 셈입니다.

- BERT와 GPT의 갈림길
트랜스포머의 성공은 이후 곧 두 가지 연구로 이어졌습니다.

◇ BERT(2018년, 구글)

- 트랜스포머의 인코더만 사용
- 양방향으로 문장을 이해: 문장의 앞뒤를 모두 이해하며 문맥을 파악
- "빈칸 맞추기" 방식으로 학습
- 문장 이해에 특화: 검색, 문서 분류, 감정 분석에 강함

◇ **GPT(2018년, 오픈AI)**
- 트랜스포머의 디코더만 사용
- 왼쪽에서 오른쪽으로만 읽기: 인간처럼 문장을 이어서 생성
- "다음 단어 예측" 방식으로 학습
- 문장 생성에 특화: 창작, 대화, 요약 생성에 강함

이 둘의 차이를 간단히 비교하면,
- BERT: "The [   ] sat on the mat" → 빈칸에 뭐가 올까?
- GPT: "The cat sat on the [   ]" → 다음에 뭐가 올까?

- 새로운 시대의 시작

2017년은 AI 역사에서 특별한 해였습니다. 2016년 이세돌을 이겼던 알파고가 커제까지 이기고, 트랜스포머가 발표되고, 자율주행차가 상용화되기 시작한 해였거든요.

그중에서도 트랜스포머의 영향은 가장 광범위했습니다. 2018년 BERT와 GPT가 등장하면서 자연어 처리는 완전히 새로운 차원에 접어들었죠. 구글 검색이 더 똑똑해졌고, 번역기가 더 자연스러워졌고, 챗봇이 더 인간답게 대화하기 시작했습니다. 2017년 말, 바스와니는 한 인터뷰에서

이렇게 말했습니다.

"트랜스포머는 시작에 불과합니다. 앞으로 5년내에 자연어 처리뿐 아니라 컴퓨터 비전, 음성 인식, 심지어 게임 AI까지 모든 분야에서 트랜스포머가 사용될 겁니다."

"그리고 10년 후에는 일반인들도 AI와 자연스럽게 대화하는 시대가 올 것입니다."

당시로서는 괴짜스런 예측이었지만, 지금 보면 놀랍도록 정확했습니다.

"Attention Is All You Need"는 AI 역사상 가장 영향력 있는 논문 중 하나가 되었습니다. 2024년 현재까지 10만 회 이상 인용되었죠. 트랜스포머는 다음과 같은 모델들의 기반이 됩니다.

- GPT 시리즈: 챗GPT의 기초 모델
- BERT: 구글 검색의 핵심
- T5: 구글 번역의 엔진
- Vision Transformer: 이미지 인식의 새 지평
- AlphaFold: 단백질 구조 예측
- DALL-E: 이미지 생성 AI

아시시 바스와니는 2019년 구글을 떠나면서 이렇게 말했습니다.

"트랜스포머는 저희가 만든 것이지만, 이제 예상한 것보다 훨씬 큰 영향을 미치고 있습니다. GPT를 보면서 정말 놀랐어요. 우리가 뿌린 씨앗이 이런 거대한 나무로 자랄 줄은 몰랐거든요."

트랜스포머라는 씨앗은 이제 AI의 모든 분야에서 자라나고 있습니다.

그리고 그 끝은 아직 보이지 않습니다.

- 에필로그: 8인의 공동 저자들

"Attention Is All You Need" 논문의 8명 공동 저자들은 어떻게 지낼까요?

- 아시시 바스와니: 구글을 떠나 Essential AI 창업
- 노암 샤지어: 구글에서 PaLM, Gemini 개발 주도
- 니키 파르마: 구글에서 계속 트랜스포머 연구
- 야콥 우스즈코레이트: 구글 검색 품질 개선에 트랜스포머 적용
- 리온 존스: 구글에서 TensorFlow 개발
- 아이단 곰즈: 구글 브레인에서 멀티모달 AI 연구
- 우카시 카이저: 구글에서 비전 트랜스포머 개발
- 일리아 폴로숙힌: 구글에서 트랜스포머 최적화 연구

▶ Coming Next

트랜스포머가 문을 열자 언어 AI가 폭발했다. 2022년 샌프란시스코의 작은 스타트업에서 세상을 바꿀 챗GPT가 태어났다. 기계와 인간의 대화 시대가 열린다.

QR코드를 스캔하시면 〈제13장 내용 요약〉
팟캐스트 형식의 동영상을 보실 수 있습니다.

PART 4

LLM 시대의 도래(2017-):
"기계와 인간, 새로운 춤을 추다"

2022년 11월 30일, 총성이 울렸다.

샌프란시스코의 작은 스타트업이 당긴 '챗GPT'라는 혁명의 트리거는 전 세계를 거대한 AI 러시의 소용돌이로 몰아넣었다. 기계가 드디어 인간처럼 대화하기 시작한 것이다. 70년 전 앨런 튜링이 꿈꿨던 '생각하는 기계'가 마침내 현실이 된 것일까?

구글은 코드 레드를 발동했고, 메타와 마이크로소프트는 수백억 달러를 쏟아부었다. 허깅페이스에는 180만 개의 오픈 소스 모델들이 넘쳐난다. LLM의 춘추전국시대가 도래한 것이다.

하지만 이것은 끝이 아니라 새로운 시작이다. LLM은 단순히 챗봇을 넘어, 이미지를 보고, 음성을 듣고, 영상을 이해한다. 또 추론하며 계획을 세우고, 도구를 사용하며, 스스로 문제를 해결한다.

에이전틱 AI의 시대. 기계는 더 이상 도구가 아니라 진정한 '동료'로 빠르게 진화하는 중이다.

치열한 AI 플랫폼 전쟁 속에서 우리의 일상과 비즈니스 생태계 전체가 요동치고 있다. AGI를 향한 마지막 스퍼트가 시작되었고, 70년 대서사의 클라이맥스가 지금 우리 눈앞에서 펼쳐지고 있다.

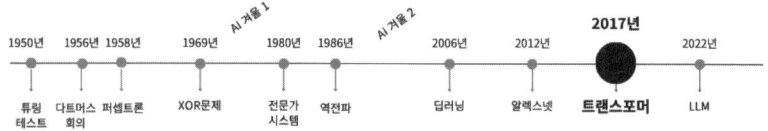

제14장

언더독 오픈AI는 어떻게 AI 업계의 판을 뒤집었나?

트랜스포머의 등장으로 언어 AI가 폭발했다.

2022년 11월 30일, 오픈AI에서 나온 챗GPT가 전 세계를 놀라게 했다. 기계가 시를 쓰고, 그림을 그리고, 코드를 짜기 시작한 것이다. 5일 만에 100만 명이 몰려들었다.

불과 몇 년 전만 하더라도 언더독이었던 오픈AI는 어떻게 구글, 메타 등과 같은 거인들을 제치고 AI 혁명의 선두에 설 수 있었을까?

- 거인들이 지배하던 세상

"Attention Is All You Need" 논문이 공개된 2017년, AI 업계 지형을 살펴볼까요? 단연 원탑은 구글이었습니다. 기술력, 규모나 자금력, 컴퓨팅 인프라 등에서 비교 불가능할 만큼 앞서 있었죠. 무엇보다 압도적인 건 인재풀입니다.

2012년 이미지넷 대회를 제패한 알렉스넷의 주역들—제프리 힌튼, 알렉스 크리젭스키, 일리야 수츠케버—모두를 구글이 영입해서는 구글 브레인팀을 꾸립니다.

또 2014년에는 영국의 딥마인드(DeepMind)를 인수합니다. 딥마인드는 2010년 천재 프로그래머 데미스 하사비스(Demis Hassabis)가 창업한 스타트업이었는데, 알파고를 개발하던 회사였습니다. 구글은 딥마인드를 인수한 후 2016년 서울에서 이세돌과의 대국 이벤트를 개최해서 전 세계를 깜짝 놀라게 만들었죠.

현재 데미스 하사비스는 구글 딥리서치도 이끌고 있는데, 단백질 생성 인공지능 '알파폴드'를 개발한 공로로 2024년 노벨화학상을 공동 수상했습니다.

AI 인재들을 거의 싹쓸이하고 있었다고 해도 과언이 아니었죠. 그뿐인가요? 구글은 트랜스포머 아키텍처를 정립한 트랜스포머의 원조입니다. 구글뿐만이 아닙니다.

IBM은 인공지능 분야의 선구자입니다. 2006년 딥러닝 혁명 이전 AI 연구는 대부분 대학과 연구소에서 진행되었습니다. 돈이 안 되는 분야에 기업들이 관심을 가질 리 없겠지요. AI 연구를 쉬지 않은 유일한 회사가 IBM이라 해도 과언은 아닙니다.

1997년 IBM이 개발한 슈퍼컴퓨터 딥 블루(Deep Blue)가 체스 세계 챔피언인 게리 카스파로프를 상대로 승리하면서 AI에 대한 대중의 인식을 높였고, 2011년에는 왓슨(Watson)이 미국의 유명 퀴즈쇼 '제퍼디!(Jeopardy!)'에서 인간 챔피언들을 큰 차이로 물리치며 사회적 반향을 일으켰습니다. AI 기술이 단순히 패턴 인식이나 규칙 기반 시스템을 넘어, 자연어 이해와 질의 답변 분야에서 상당한 발전을 이루었음을 보여준 사례였죠.

한편 페이스북은 얀 르쿤을 영입해 FAIR(Facebook AI Research)를 운영하고 있었습니다. 얀 르쿤 기억하시죠? 합성곱 신경망(CNN)을 만들어 알렉스넷의 우승에 결정적인 도움을 준 컴퓨터 비전 분야의 대가지요. 또 현재 AI 사대천황의 한 명에 꼽히는 인물입니다. 당시 페이스북은 얀 르쿤을 중심으로 컴퓨터 비전과 자연어 처리 분야에서 수많은 논문을 쏟아내고 있었죠.

아마존은 전자상거래로 시작한 회사지만 클라우드 컴퓨팅(AWS), 디지털 콘텐츠 등으로 사업 영역을 넓히면서 AI를 핵심 경쟁력으로 활용하기 시작했습니다. 개인화된 제품 추천 시스템, 고객 서비스 및 챗봇, 음성 비서 알렉사(Alexa) 개발뿐 아니라 물류 및 공급망 최적화 등에 AI를 적용합니다. 또 클라우드 서비스에 있어 AI는 필수 불가결한 핵심 요소죠.

2016년 9월, 구글, 마이크로소프트, 페이스북, 아마존, IBM은 'Partnership on AI'라는 컨소시엄을 만들어 AI 연구와 모범 사례를 공유하기로 했습니다. 마치 AI 업계의 'G5'가 형성된 듯했죠. AI는 거인들의 게임이었습니다. 막대한 자금, 최고의 인재, 슈퍼컴퓨터급 인프라가 없으면 경쟁조차 할 수 없는 리그였죠. 그런데 샌프란시스코의 작은 사무실에서, 엉뚱한 꿈을 꾸는 사람들이 있었습니다.

구글의 AI 역사	**IBM의 AI 기여**	**메타의 AI 확장**	**아마존의 AI 응용**
- '페이지랭크' 검색 알고리즘. - 알렉스넷 영입. - 딥마인드 인수. - 트랜스포머 아키텍처	- IBM 컴퓨터 - 딥 블루 개발 - 왓슨 개발	- 오큘러스 인수 - 얀 르쿤 영입 - FAIR 설립.	- AWS에 AI 접목 - 알렉사 개발 - 제품 추천, 고객 서비스 및 물류에 AI 활용.

그림 14-1: 2017년 AI 거인들

- 작은 스타트업의 큰 꿈

2015년 12월, 샌프란시스코 미션 지구의 한 카페. 세 명의 남자가 모여 앉아 있었습니다. 샘 알트만(30세), 그렉 브록만(27세), 일론 머스크(44세). 그들의 대화는 심각했습니다.

"AI가 몇몇 거대 기업들에게만 독점되고 있어요. 이건 인류에게 위험합니다."

샘 알트만의 말이었습니다. 스탠퍼드를 중퇴하고 여러 번의 창업 성공을 거둔 그는, 30세의 나이에 전설적인 액셀러레이터 Y콤비네이터의 CEO가 된 실리콘밸리의 신성이었죠.

"AI는 인류 전체의 것이 되어야 합니다. 몇몇 기업의 이익을 위한 도구가 되어서는 안 돼요. 연구 결과도 공개하고, 안전하게 개발하고."

일론 머스크가 고개를 끄덕였습니다.

"오픈AI(OpenAI)라는 이름은 어때요? 우리의 철학을 담은 이름이죠."

그렇게 2015년 12월 11일, 오픈AI가 설립됩니다. 비영리 연구소로 시작했죠. 초기 투자금은 10억 달러를 목표로 했는데, 일론 머스크가 상당 부분을 약속했습니다. 하지만 가장 중요한 건 '누구'를 데려오느냐였습니다.

"일리야를 설득해야 해요. 그가 합류하지 않으면 우리는 시작조차 할 수 없어요."

일리야 수츠케버 기억하시죠? 러시아에서 태어나 이스라엘을 거쳐 캐나다로 이민 온 그는, 제프리 힌튼의 제자였고 알렉스넷의 공동 개발자였습니다. 2012년 이후 구글 브레인에서 핵심 연구원으로 일하고 있었죠. Seq2Seq 아키텍처도 그가 만든 겁니다. 샘 알트만과 일론 머스크는 몇 달 동안 일리야를 설득했습니다.

"일리야, 구글에서는 당장의 제품 개발에 집중해야 하잖아요. 하지만 우리와 함께라면 AGI(범용 인공지능)를 향한 근본적인 연구를 할 수 있어요."

샘 알트만의 제안을 일리야 수츠케버는 쉽게 받아들이기 어려웠을 겁니다. 구글에서는 이미 안정적인 위치에 있었고, 연구 환경도 최고였으니까요. 또 데미스 하사비스 같은 천재들과 함께 일할 수 있는 것도 큰 요인이지요. 하지만 그에게는 틀에 갇히지 않고 펼치고 싶은 꿈이 있었습니다.

"저는 AGI를 만들고 싶어요. 인간 수준의 초지능을 가진 AI 말이죠. 구글에서는 당장 실용적인 제품에 집중해야 하지만, 오픈AI에서는 더 근본적인 연구를 할 수 있을 것 같아요."

2015년 말, 일리야는 결단을 내립니다. 구글을 떠나 오픈AI의 공동창립자이자 최고과학책임자가 되었죠. 일론 머스크는 후에 이렇게 회상했습니다.

"일리야는 여러 번 마음을 바꿨어요. 오픈AI에 합류하겠다고 했다가, 데미스 하사비스가 설득해서 안 하겠다고 하고… 하지만 결국 우리를 선택했죠. 그의 합류가 오픈AI 성공의 핵심이었습니다."

이렇게 오픈AI는 시작되었습니다. 언론은 주목했지만, 업계는 회의적이었습니다.

"일론 머스크의 또 다른 도박 아닌가?"

"구글과 페이스북을 어떻게 이겨?"

"돈만 날리고 끝날 거야."

- 트랜스포머라는 구세주가 나타나다

진용을 갖추고 호기롭게 시작했지만, 상황은 녹록지 않았습니다. 자금도 부족하고, 인력도 적고, GPU도 넉넉지 않았습니다. 처음 몇 년은 큰 성과를 만들어 내지 못했고, 딥마인드의 논문을 따라가기도 버거운 수준이었지요.

설상가상으로 오픈AI 내부에서는 갈등이 커지고 있었습니다. 2018년 초, 일론 머스크는 샘 알트만에게 오픈AI가 지지부진하다며, 자신이 직접 회사를 경영하겠다고 제안했지요.

"샘, 오픈AI가 너무 느려. 내가 직접 경영을 맡겠어."

알트만과 다른 공동창립자들이 머스크의 제안을 거부하자, 머스크는 회사를 떠나면서 약속했던 대규모 기부도 철회합니다. 알트만은 후에 "매우 힘들었다"며 "충분한 자금을 확보하기 위해 내 삶과 시간을 많이 재조정해야 했다"고 회상했지요. 설립 3년 차. 성과는 없고, 자금은 부족하고, 경쟁자들은 너무 앞서 있었습니다.

"우리가 뭘 해야 하지?"

이런 위기 상황에 뜻밖의 구세주가 찾아옵니다. "트랜스포머." 2017년 구글이 발표한 논문을 읽은 일리야 슈츠케버는 트랜스포머는 자연어 처리의 게임을 완전히 바꿀 기술임을 알아챕니다.

"우리의 모든 것을 트랜스포머에 걸어 봅시다."

2018년 봄, 오픈AI는 트랜스포머 아키텍처에 올인하기로 결단을 내립니다. 퇴로가 없었거든요. 설립한 지 2년이 되었는데 성과는 없고, 나아갈 길도 보이지 않는 상황에 트랜스포머가 나타난 겁니다. 변형을 일으키는 구세주처럼.

오픈AI는 트랜스포머를 기반으로 대형언어모델(LLM)을 만드는 데 모든 것을 걸기로 승부수를 띄우고 배수의 진을 칩니다. "必生則死 必死則生". 프로젝트명은 GPT.

그렇게 2018년 시작되었고, GPT-1, 2, 3를 거쳐 완성된 3.5 버전을 기초모델(foundation model)로 삼아 시작된 채팅 서비스가 바로 2022년 11월 30일 세상에 나온 챗GPT입니다.

2023년은 AI 러시의 원년이었습니다. 챗GPT가 당긴 트리거에 놀란 빅테크 기업들이 뛰기 시작했고, 생성형 AI 경쟁이 본격적으로 시작됩니다.

"내부적으로는 연구용 미리보기 정도로 생각했는데, 이렇게 폭발적인 반응을 보일 줄은 몰랐습니다. 이는 AI와 인간이 소통하는 방식을 완전히 바꿀 것입니다."

– 샘 알트만, 오픈AI CEO

> "GPT는 단순한 언어모델이 아닙니다. 인간의 지능에 한 걸음 더 가까이 다가간 시스템이죠. 우리는 AGI(범용 인공지능)를 향한 중요한 이정표를 세웠습니다."
>
> – 일리야 수츠케버, 오픈AI 최고과학책임자

- 구글이 처했던 혁신가 딜레마

누구보다 당황한 건 구글이었겠죠. 트랜스포머의 원조이면서도 선수를 빼앗겼으니까요. 구글은 왜 챗GPT 같은 서비스를 먼저 만들지 못했을까요?

안 만들었던 게 아닙니다. 당시 구글은 자연어 처리(NLP) 연구의 최전선에 있었고, BERT, T5, PaLM, LaMDA 등 수많은 대형언어모델을 세계 최고 수준으로 개발했습니다. 하지만 구글은 이런 기술을 "사용자 중심 서비스"로 구현하지 못한 거죠. 반면, 오픈AI는 GPT 모델을 단순히 API 제공으로 끝내지 않고, 사람들이 직접 대화하며 사용할 수 있는 인터페이스인 챗GPT를 만든 것이 결정적 차이였습니다. 즉, 구글은 기술을 했고, 오픈AI는 경험을 설계했다고 말할 수 있습니다.

둘째, '혁신가의 딜레마(Innovator's Dilemma)' 때문입니다. 구글의 주 수익원은 검색 광고입니다. 즉문즉답하는 챗봇 서비스는 검색을 대체할 수 있게 될 테니 황금알을 낳는 거위를 포기할 수 없고, "제 닭 잡아먹는 격"(cannibalization)이 되는 걸 우려했던 거지요. 마치 코닥이 디지털 카메라를 세계 최초로 발명해 놓고도 아날로그 필름 매출 하락을 우려해서 변신하지 못했다가 사라진 것 같이 혁신가의 딜레마에 빠져 있었던 거죠.

당시 구글이 개발한 BERT는 검색 품질 향상을 위한 언어 이해 쪽에 집중한 모델이었고, 오픈AI의 GPT는 언어 생성Language Generation에 초점이 맞춰져 있었습니다.

셋째, 평판 리스크도 큰 짐이었습니다. 실제로 구글은 2021년에 LaMDA람다라는 훌륭한 대화형 언어모델을 만들어 놓고도, "아직은 위험하다"는 이유로 외부에 공개하지 않았습니다. 윤리와 평판 리스크가 구글의 발목을 잡았던 셈이지요. 반면, 오픈AI는 밑질 게 없었습니다. 작은 조직으로서 실험적 공개와 사용자 피드백을 더 빠르게 수용할 수 있다는 어드밴티지가 있었죠.

결과적으로, AI 분야의 노벨상급 연구자들이 모인 구글팀은 기술은 뛰어났지만, 대중과 접점을 만들려는 제품팀과의 협업이 미진하고 느렸습니다. 일종의 대기업병입니다.

트랜스포머를 발명한 건 구글이었지만, 챗GPT라는 현상을 만들어 낸 건 오픈AI였습니다. 구글은 AI의 '논문'을 썼고, 오픈AI는 AI의 '인터페이스'를 만든 셈이지요. 이 작은 차이가 인류가 AI를 체험하게 되는 방식 전체를 바꾸었습니다. 기술은 필요조건이지만, 대중의 손에 닿는 경험이 될 때 비로소 혁신이 됩니다.

- 2018년 GPT-1을 발표하다

자, 이제 다시 오픈AI 이야기로 돌아가 볼까요? GPT는 오픈AI 언어모델(Language Model)의 브랜드명입니다. 왜 GPT라 했을까요?

- Generative: 문장을 생성하는
- Pre-trained: 미리 대용량 데이터로 학습된
- Transformer: 트랜스포머

첫째, 이름에서 알 수 있듯이 GPT의 정체는 트랜스포머입니다. 앞 장에서 트랜스포머는 입력 문장의 표현 자체를 완전히 다른 형식으로 '변환 transform'하는 설계도라 했죠. 즉 한 마디로 변환기입니다. 컴퓨터가 '계산기'라면 트랜스포머는 '변환기'라는 의미입니다.

둘째, 생성(generative) 용도로 만들어진 겁니다. GPT가 트랜스포머의 디코더 부분만 사용한 것도(decoder-only) 생성에 초점이 맞춰져 있기 때문입니다. 뭘 생성하나요? 처음에는 텍스트 생성 용도였습니다. 그래서 대형언어모델(LLM: Large Language Model)이라 불린 거고요. 말 잘하고 글 잘 쓰는 AI입니다. 요즘은 VIT(Vision Transformer) 기술이 적용돼서 이미지나 동영상 등도 생성하는 멀티모달 AI로 진화하면 LLM이라는 용어가 무색해지고 있긴 합니다.

셋째, 사전 학습시킨 후 미세조정하는 방식을 채택했습니다. 이게 GPT의 핵심 철학이죠. 방대한 데이터로 미리 학습시켜 놓으면, 나중에 특정 작업에 쉽게 적용할 수 있다는 겁니다. GPT-1은 전통적인 전이학습(transfer learning) 방식을 사용했습니다.

- 1단계: 사전학습(pretrain). 먼저 "언어의 일반적 감각"을 익히기 위해 대규모 텍스트 데이터셋BooksCorpus을 비지도학습unsupervised pretraining 방식으로 학습합니다.

기계에게 책 7,000권을 던져 주고 무조건 읽어라 하는 식이죠. "다음 단어를 예측하라"는 단순한 과제만 줍니다. 다음에 올 단어를 예측하는 것에 초점을 맞춘 건 단어 맞히기만 잘하게 해도, 언어를 배울 수 있다는 아이디어였죠. 이 과정을 통해 GPT는 언어의 패턴, 문법, 상식을 배웁니다. 마치 아이가 수많은 책을 읽으면서 자연스럽게 언어를 익히는 것처럼요.

- 2단계: 미세조정(fine-tune). 이제 특정 작업에 맞게 조정합니다. 예를 들어 감정 분석을 시키고 싶다면, 소량의 "긍정/부정" 라벨이 붙은 데이터로 추가 학습시킵니다. 수천 개의 예시만 있어도 충분합니다. 사전학습으로 이미 언어를 알고 있으니까요. 비유하자면, 미세조정은 전공을 정해 주는 겁니다.

이 방식 기억나시죠? 10장에서 살펴봤던 제프리 힌튼이 '제한된 볼츠만 머신'을 학습시켰던 딥러닝 원리입니다. 결과는 성공적이었습니다. GPT-1은 별도의 추가 학습 없이도 다양한 자연어 처리 작업을 수행할 수 있었거든요. 예를 들어,

- 문장 완성: "The weather today is…" → "beautiful and sunny"
- 감정 분석: "This movie is…" → "amazing" (긍정) / "terrible" (부정)
- 질문 답변: "What is the capital of France?" → "Paris"

"텍스트를 예측하는 능력"을 통해 의미를 습득할 수 있다는 가능성을 입증한 셈입니다. 2018년 6월, 오픈AI는 첫 번째 언어모델을 발표했습니다. GPT-1이었죠.

- 오픈AI의 거침없는 행보

자신감을 얻은 오픈AI는 거침없이 GPT-2에 착수합니다. 게다가 오픈AI는 놀라운 발견을 했습니다.

"미세조정 없이도 된다!"

GPT-2는 사전학습만으로도 다양한 작업을 수행할 수 있었습니다. 번역도 하고, 요약도 하고, 질문에 답도 하고. 단지 프롬프트(지시문)만 적절

히 주면 됐죠. 예를 들어, "영어를 한국어로 번역하라"는 프롬프트만 주면

Apple → 사과

School → 학교

Computer →

GPT-2는 "컴퓨터"라고 답합니다. 추가 학습 없이, 예시만으로 패턴을 이해한 거죠. 그리고 1년 후인 2019년 2월 14일, GPT-2의 발표는 AI 업계를 술렁이게 했습니다.

"GPT-2를 개발했습니다. 하지만 전체 모델을 공개하지 않기로 했습니다. 너무 강력해서 악용될 위험이 있습니다."

◇ GPT-2의 규모

- 파라미터: 15억 개(GPT-1의 13배)
- 학습 데이터: 웹 문서(800만 개 웹페이지)
- 구조: 트랜스포머 디코더 48층

GPT-2의 성능은 상상을 초월했습니다. 몇 단어만 주면 그럴듯한 글을 계속 써 내려갔는데, 인간 수준의 글쓰기 능력을 보여 줬거든요. 예를 들어,

- 입력: "유니콘이 발견되었다는 뉴스가 전해졌다."
- GPT-2: "과학자들은 안데스 산맥에서 서식하던 유니콘 무리를 발견했다고 밝혔다. 흰색 털을 가진 이 네 다리 짐승은 수천 년 동안 전설로만 여겨졌었다. 현지 주민들은 이 생물을 'Ovid's Unicorn'이라고 부른다…"

파라미터(parameter) 수를 1.17억 개에서 15억 개로 늘렸는데, 요약/번

역/질의응답 등의 작업을 파인튜닝 없이 단순한 프롬프트만으로 수행 가능하다는 것을 증명한 셈입니다.

오픈AI도 의외였던 모양입니다. 이 정도일 거라고는 상상도 못 했던 결과였던 거죠. 기계가 직접 훈련하지 않은 과제도 프롬프트만 주면 술술 글을 쓰다니? 사신감을 얻은 개발팀은 "모델의 크기만 충분히 키우면, 훈련 없이도 인간처럼 일할 수 있다"는 가설을 세웁니다. 스케일링(scaling) 법칙이죠.

☞ "모델 크기와 성능은 비례한다."

즉, 파라미터가 10배 늘어나면 성능도 일정하게 향상된다는 논리입니다. 두뇌가 큰 사람이 머리가 좋을 것이라고 생각하는 것과 비슷하죠. 일리야 슈츠케버와 샘 알트만은 이미 다음을 준비하고 있었습니다.

"GPT-3. 이번엔 정말 크게 간다."

- 스케일링 법칙

그렇게 나온 게 2020년 5월, GPT-3였습니다.

◇ GPT-3의 압도적 규모

- 파라미터: 1,750억 개(GPT-2의 116배)
- 학습 데이터: Common Crawl / 45TB의 텍스트(웹, 책, 위키피디아 등)
- 구조: 트랜스포머 디코더 96층
- 학습 방법: "제로샷Zero-shot, 원샷one-shot, 퓨샷few-shot" 학습

GPT-2보다 두뇌 크기를 100배 이상 키운 GPT-3는 모든 예상을 뛰어넘었습니다.

- 창작: 소설, 시, 에세이 작성
- 코딩: 프로그래밍 언어로 코드 생성
- 번역: 100개 언어 간 번역
- 수학: 간단한 계산 문제 해결
- 추론: 논리적 사고 과정 모방

아래 글을 한번 읽어 보시겠어요? 유발 하라리 교수의 《사피엔스》 출간 10주년 특별판 서문에 나오는 글인데, 혹시 누가 쓴 건지 추측해 보세요.

"과거 우리는 국민국가와 자본주의 시장이라는 상상 속의 질서 덕분에 힘을 가질 수 있었다. 그 덕분에 전례 없는 번영과 복지도 이루었다. 하지만 그 상상 속의 질서가 오늘날 우리를 분열시키려 하고 있다. 현재 우리가 마주한 커다란 도전 과제는 세계적인 규모로 새로운 상상 속의 질서를 만들되 국민국가와 자본주의 시장에 기초하지 않는 것이다. 국민국가와 자유시장 또는 개인의 주권이나 자연의 지배에 기초하지 않은 채로 세계적인 규모로 새로운 상상 속의 질서를 만들 수 있을까?"

저자인 유발 하라리가 아닌 'GPT-3'가 쓴 겁니다. 하라리의 책, 논문, 영상, 인터뷰 등을 스스로 학습해서 썼다는군요. 저자 자신도 놀랐고, 그래서 AI가 쓴 글을 서문 일부에 실은 겁니다.

> "챗GPT는 시작에 불과합니다. 향후 5년간 AI는 검색, 교육, 업무 방식을 완전히 바꿀 것입니다. 오늘은 AI 혁명의 원년으로 기록될 날입니다."
>
> – 앤드루 응, 前 구글 브레인 창립자

- 챗GPT, 트리거를 당기다

GPT-3의 등장은 AI 업계에 지진을 일으켰습니다. 코로나가 한창 기승을 부리던 2020년 7월, 오픈AI는 제한적 베타 서비스를 시작합니다. 개발자들이 신청해서 승인받으면 사용할 수 있는 방식이었죠. 신청자가 폭주했습니다. 개발자, 작가, 연구자, 학생들이 줄을 섰거든요.

그러나 GPT-3에는 단점이 있었습니다. 헛소리(hallucination), 일관성 부족, 의도와 다른 응답 등의 문제입니다. GPT 모델은 원래 "다음 단어 맞히기 게임"을 통해 시작되었죠. 이 방식은 수많은 텍스트를 예측하게 하며, 통계적으로 자연스러운 문장을 만들어 지식생성기계로서의 가능성은 보여 줬지만, 안정적이고 윤리적인 응답은 여전히 어려웠던 겁니다.

"말은 자연스러운데, 도무지 쓸모가 없거나 위험한 말도 한다?"

기계는 말은 잘하는데, 어떤 말이 좋은 말인지 모릅니다. '아무 말 대잔치'를 하는 셈입니다. 예를 들어, 위험한 폭탄이나 마약 제조법을 알려 준다거나 인종 차별, 성적 혐오 발언, 정치/종교적 편향 발언 등을 뱉어낼 수도 있고요. 또 사람 기준에서 볼 때 적절하고, 상대방에게 공감하고, 책임 있는 말을 하지 못합니다.

이 문제를 해결하기 위해 등장한 방식이 바로 '인간의 피드백을 통한 강화학습'(RLHF: Reinforcement Learning from Human Feedback)입니다. 즉 사람의 직감을 기준으로 AI를 조정하는 거죠.

◇ RLHF의 과정

1. GPT-3에게 같은 질문을 여러 번 시켜서 다양한 답변을 만듭니다.
2. 사람들이 이 답변들을 평가합니다. "이게 더 좋아", "이건 별로야"

3. 수만 건의 평가 데이터를 모읍니다.

4. 이 평가를 바탕으로 AI를 다시 학습시킵니다.

결과는 놀라웠습니다. 그렇게 만들어진 모델이 GPT-3.5입니다.

- 질문: "기분이 안 좋아."
- GPT-3.5: "힘드신가 봐요. 무슨 일이 있었나요? 이야기하고 싶으시면 들어 드릴게요."

AI가 사람처럼 배려하기 시작했습니다. 이것은 미세조정과는 다릅니다. 특정 작업을 학습시키는 게 아니라, "사람이 선호하는 답변 스타일"을 학습시키는 거죠.

이제 GPT-3.5는 기계처럼 말하는 수준에서, 사람처럼 의도를 읽고 배려 있는 답을 하는 존재로 진화했습니다. GPT-3가 단지 지능을 가진 아이였다면, RLHF로 튜닝된 GPT-3.5는 예의 바르고 이해심 있는 조수가 된 셈입니다.

	연도	파라미터	주요 특징	의미
GPT-1	2018	1.17억	Pretrain + Finetune	기초 아이디어 실험
GPT-2	2019	15억	프롬프트 기반 다중 작업	범용 언어 모델로 주목
GPT-3	2020	1,750억	Few-shot 학습, 범용성 강화	"크면 지능도 커질까?" 실험
GPT-3.5	2022	미공개	RLHF, 대화 최적화	인간처럼 말하는 AI의 시작점

그림 14-2: GPT 모델 비교

오픈AI는 드디어 대중에게 선보일 준비를 합니다. 작전명은 '챗GPT'. 채팅하는 GPT란 뜻이죠. 사람들이 GPT-3.5를 쓰게 하려면 API뿐 아니라 인터페이스(interface)가 있어야겠죠. 웹사이트 말입니다. 2022년 11월 30일 수요일, 샌프란시스코 오픈AI 본사. 샘 알트만은 트위터에 짧은 글을 올렸습니다.

"today we launched ChatGPT. try talking with it here: [링크]"(오늘 챗GPT를 출시했습니다. 여기서 대화해 보세요.)

오후 3시 발표. 특별한 마케팅도 없었습니다. 기자회견도 없었습니다. 그냥 조용히 링크를 공유했을 뿐이었죠. 샘 알트만은 후에 말했습니다.

"내부적으로는 '연구용 미리보기' 정도로 생각했어요. 이렇게 폭발할 줄은 몰랐죠."

대중의 반응은 폭발적이었습니다. 24시간 후, 소셜 미디어가 챗GPT 대화 스크린샷으로 가득 찼습니다. 출시 5일 만에 100만 명이 가입했고, 2개월 만에 1억 명을 돌파했는데, 이는 전무후무한 신기록이었죠.

언더독의 역전극은 이렇게 시작되었습니다.

▶ Coming Next

오픈 AI가 선방을 날리자 놀란 거인들이 뛰기 시작했다. AI 생태계가 바뀌고 LLM의 춘추전국시대가 열린다.

 QR코드를 스캔하시면 〈제14장 내용 요약〉
팟캐스트 형식의 동영상을 보실 수 있습니다.

제15장

LLM을 만들어 봅시다

챗GPT가 울린 총성에 놀란 AI 거인들이 달리기 시작했다.

구글은 코드 레드를 발동하고, 메타, 마이크로소프트, 아마존 등도 기민하게 움직였다. 챗GPT, 제미나이, 클로드가 빅3 구도를 유지하는 가운데 허깅페이스에는 180만 개에 이르는 오픈 소스 언어모델들이 넘쳐나고 있다.

중국, 한국, 유럽 등 전 세계가 LLM에 뛰어들었다. 이제 LLM의 춘추전국시대 이야기가 펼쳐진다.

- 코드 레드

2022년 11월 30일, 챗GPT가 세상에 나온 지 불과 몇 시간 만에 실리콘 밸리는 발칵 뒤집혔습니다. 특히 구글 본사 마운틴뷰에서는 긴급회의가 연달아 소집되었죠.

"우리가 20년간 쌓아 온 검색의 왕좌가 흔들리고 있습니다."

2022년 12월 21일, 구글 CEO 순다르 피차이는 전사에 '코드 레드(Code Red)'를 선포합니다. 이는 구글 역사상 최고 수준의 비상사태 선언이었죠. 2004년 페이스북 등장, 2007년 아이폰 출시 때도 이런 조치는 취하지 않았었는데, 이번에는 그때와 상황이 달랐습니다. 구글의 존재 이유가 사라질 위기였으니까요.

구글이 우물쭈물하는 사이 오픈AI가 챗GPT로 선방을 날린 겁니다. 구글 내부 문서에 따르면, 챗GPT 출시 후 일부 사용자들이 구글 검색 대신 챗GPT로 질문하는 빈도가 급증했다고 합니다. 특히 복잡한 질문이나 창작 관련 요청에서 그런 경향이 뚜렷했죠.

"사람들이 '파리 여행 3박 4일 일정 짜 줘'라고 구글에 검색하는 대신, 챗GPT에게 직접 물어보기 시작했어요. 이건 우리 비즈니스 모델의 근간을 흔드는 일입니다."

구글의 위기감은 이해할 만했습니다. 매출의 80% 이상이 검색 광고에서 나오는데, 사람들이 검색을 안 하기 시작한다면?

- 바드에서 제미나이로

구글의 대응은 신속했습니다. 2023년 2월 6일, 구글은 자체 대화형 AI '바드(Bard)'를 전격 발표했죠. 바드는 시인이라는 뜻입니다.

☞ "바드는 우리의 대화형 AI 서비스입니다. LaMDA(람다)를 기반으로 하여 창의적이고 유용한 정보를 제공할 것입니다."

순다르 피차이의 발표는 자신감에 차 있었습니다. 구글은 이미 2021년에 LaMDALanguage Model for Dialogue Applications라는 뛰어난 대화형 모델을 개발해 뒀거든요. 심지어 한 구글 엔지니어는 LaMDA가 "의식을 가졌다"고 주장할 정도였으니까요.

하지만 바드의 첫 데뷔는 대참사였습니다. 2023년 2월 8일 공개 데모에서 바드는 제임스 웹 우주망원경에 대한 잘못된 정보를 제공했죠.

- 질문: "제임스 웹 우주망원경의 새로운 발견에 대해 아이에게 설명해 줄 수 있나요?"
- 바드의 답변: "제임스 웹 우주망원경은 우리 태양계 밖의 행성을 최초로 찍었어요!"

하지만 실제로는 허블 우주망원경이 2004년에 이미 외계행성을 최초로 촬영했었습니다. 이 실수가 알려지면서 구글 주가는 하루 만에 7.4% 폭락했죠. 순식간에 1,000억 달러약 130조 원가 증발한 겁니다.

"바드는 아직 실험 단계입니다. 때로는 부정확한 정보를 제공할 수도 있어요."

구글의 해명은 오히려 역효과를 낳았습니다. 사람들은 "구글마저 완벽하지 않구나"라고 생각하기 시작했거든요. 결국, 급하게 서둘다가 망신을 당한 구글은 구글 브레인Google Brain과 딥마인드DeepMind를 구글 딥마인드Google DeepMind로 통합하고 알파고의 주역 데미스 하사비스를 수장으로 재편합니다. 그리고 1년 후, 챗봇 브랜드명을 바드에서 제미나이(Gemini)

로 바꾸지요.

- 마이크로소프트의 기습적인 한 방

구글이 바드에서 헤매는 사이, 마이크로소프트는 완전히 다른 전략을 구사했습니다. 2023년 2월 7일, 레드먼드 본사에서 사티아 나델라 CEO는 깜짝 발표를 했죠.

☞ "우리는 새로운 빙(Bing)을 공개합니다. 챗GPT의 힘을 검색에 통합한 것입니다."

마이크로소프트는 이미 2019년부터 오픈AI에 총 130억 달러를 투자해 왔습니다. 그 결과 GPT 기술을 자사 서비스에 독점적으로 적용할 권리를 얻었죠. 90% 이상을 차지하는 구글 검색에 눌려있던 빙은 GPT를 업고 변신을 꾀하면서 대반격에 나섭니다.

• 기존 웹 검색 + 챗GPT 기능 융합
• 실시간 웹 정보를 바탕으로 한 대화형 답변
• 출처 표기로 신뢰성 확보

2월 7일 발표 당일, 빙 앱 다운로드가 폭증했습니다. 구글이 20년간 지배해온 검색 시장에 처음으로 실질적인 위협이 등장한 순간이었죠.

- 앤트로픽의 도전: 더 안전한 AI를 꿈꾸다

2023년 3월, 또 다른 강력한 플레이어가 등장했습니다. 앤트로픽(Anthropic)사의 클로드(Claude)였죠. 앤트로픽은 2021년 오픈AI 출신 연구진들이 창업한 회사입니다. 핵심 인물은 다리오 아모데이(Dario Amodei)와 다니엘라 아모데이(Daniela Amodei) 남매였는데, 다리오는 오픈

AI의 연구 부사장이었고, 다니엘라는 안전성 정책 책임자였습니다.

☞ "우리는 오픈AI와는 다른 길을 가고 싶었어요. 더 안전하고, 더 신뢰할 수 있는 AI를 만드는 것이 목표입니다."

앤트로픽이 내세운 핵심 철학은 'Constitutional AI'였습니다. AI에게 헌법 같은 원칙을 심어 주어 스스로 윤리적 판단을 하게 만드는 것이죠. 클로드의 특징은 다음과 같았습니다.

- 더 신중하고 정확한 답변
- "모르겠다"고 솔직하게 말하는 능력
- 편향된 질문에 대한 균형 잡힌 응답

2023년 7월, 아마존은 앤트로픽에 40억 달러를 투자한다고 발표했습니다. 아마존은 GPT나 바드와 같은 언어모델을 자체적으로 개발하지 않았습니다.

마이크로소프트의 애저(Azure)와 경쟁하는 AWS 입장에서는 위기 상황이었습니다. 애저 클라우드에서는 GPT를 사용할 수 있는데, AWS에서는 AI를 사용할 수 없다면 고객 이탈이 일어날 테니까요.

아마존은 베드락(bed rock) 전략을 폈는데, 여러 회사 모델을 갖춰 놓고 고객이 선택해서 사용하도록 하는 거죠. 뷔페처럼. 마이크로소프트-오픈AI에 이어 아마존-앤트로픽이라는 새로운 축이 형성됩니다. 당시 SKT도 앤트로픽에 1억 달러를 투자했죠.

챗GPT	바드 → 제미나이	빙 (GPT 탑재)	클로드
개발사 오픈AI	구글	마이크로소프트	앤트로픽
출시일 2022년 11월	2023년 2월	2023년 2월	2023년 3월
주요 기능 대화형 AI	LaMDA 기반 AI	검색 통합	헌법적 AI
초기 반응 파괴적	결함있는 데뷔	긍정적	안전한 AI

그림 15-1: 2023년 AI 챗봇 경쟁 상황

- 왜 거대한가?

이렇게 GPT, 바드, 클로드 등 2023년은 대형언어모델의 원년이라 할 수 있습니다. 그런데, 언어모델 앞에 '거대'라는 수식어를 붙여 대형언어 모델(LLM: Large Language Model)이라 부르기 시작했어요.

LLM 이전에도 자연어를 처리하는 언어모델들이 있었습니다. 대표적인 것이 n-gram, Word2Vec, GloVe, RNN, LSTM, Attention, Seq2Seq 등이지요. 13장에서 언급했던 내용입니다. 이를 도표로 정리하면, 다음과 같습니다.

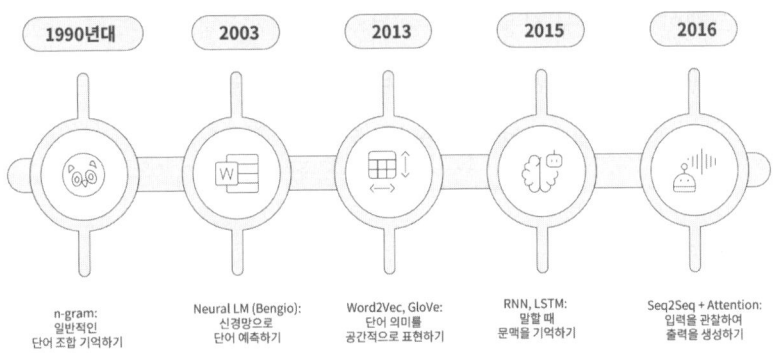

1990년대	2003	2013	2015	2016
n-gram: 일반적인 단어 조합 기억하기	Neural LM (Bengio): 신경망으로 단어 예측하기	Word2Vec, GloVe: 단어 의미를 공간적으로 표현하기	RNN, LSTM: 말할 때 문맥을 기억하기	Seq2Seq + Attention: 입력을 관찰하여 출력을 생성하기

그림 15-2: 자연어 처리의 진화

초기 언어모델들이 말은 흉내 냈지만 뜻은 몰랐던 앵무새라면, LLM은 말의 의미를 이해하려는 철학자라 할 수 있습니다. 그런데, 왜 거대한 걸까요? 이는 모델을 구성하는 파라미터parameter 수가 매우 많아졌다는 뜻입니다.

파라미터는 매개변수(媒介變數)라는 의미입니다. 어떠한 시스템이나 함수의 성질을 특정하는 변수를 말하지요. 예를 들어, '사과'라는 단어를 나타내는 성질엔 어떤 게 있을까요? 과일, 품종, 색깔, 식감, 영양가, 회사명 등의 변수를 들 수 있겠네요. 이 각각의 변수가 '사과'라는 단어의 의미를 구성하는 하나의 '측면' 또는 '차원'을 나타낸다고 볼 수 있습니다.

당연히 파라미터가 많으면 단어나 문장의 복잡한 성질을 더욱 섬세하고 풍부하게 나타낼 수 있습니다. 예를 들어, 사과를 나타내기 위해 300개의 파라미터를 쓴다는 건 사과를 300개의 다양한 특징으로 설명하는 것을 의미하지요. 파라미터가 많아지면 어떤 장점이 있을까요?

- 더 많은 언어 패턴을 기억 → 희귀한 단어, 긴 문장 구조, 다양한 문체 등도 처리 가능
- 문맥을 더 길게 유지 → 글 전체의 흐름을 파악하고 응답에 반영 가능
- 지식이 더 풍부 → 과학, 역사, 문화 등 여러 분야를 두루 아우름
- 추론 능력과 일반화 능력도 향상 → 주어진 정보로부터 새로운 판단을 할 수 있게 됨

- 두뇌 크기와 지능은 비례하나?

그러나 파라미터가 많다고 무조건 좋은 건 아닙니다. 앞 장에서 파라미터는 인간 두뇌의 시냅스synapse에 해당한다고 설명했죠. 머리가 크다고

똑똑한 게 아니듯이 파라미터의 수와 AI의 지능이 비례하진 않습니다. 물론 유리하긴 하지만요. 스케일링 법칙이 절대적이지 않다는 얘깁니다.

비유적으로 생각해 보죠. 흔히 머리가 큰 아이가 지능도 높고 공부도 잘할 거라 생각하는데, 정말 그럴까요? 생물학에서 이미 잘 알려져 있듯, 뇌의 크기가 크고 뉴런과 시냅스 수가 많다고 지능이 높아지는 건 아닙니다. 고래는 매우 큰 뇌를 가졌지만 추론 능력이 낮답니다. 지능을 결정하는 건 구조와 학습 방식, 그리고 정보 처리 전략입니다.

현재 살아남은 유일한 호모 종은 호모 사피엔스Homo sapiens입니다. 네안데르탈인Homo neanderthalensis의 두뇌 크기가 사피엔스보다 평균적으로 더 컸다죠? 그럼에도 불구하고 멸종했다는 사실은 단순히 두뇌 크기가 지능이나 생존 능력의 유일한 척도가 아님을 시사하는 거죠.

AI 모델에서 파라미터(parameter)란, 뉴런 간 연결의 강도가중치를 나타내는 숫자들입니다. 이는 생물학적 뇌에서 말하는 시냅스synapse에 해당한다고 볼 수 있다고 했죠. 인간의 뇌에는 약 1천억 개의 뉴런과 약 100조 개의 시냅스가 있는데, GPT-3는 1,750억 개의 파라미터를 가졌습니다. 인간의 시냅스 수와 비교하면 작은 수준입니다.

이어지는 GPT-4 등에서는 파라미터 수를 늘렸다고 하는데 공개하진 않았습니다. 하지만, 중요한 건 숫자가 아니라 그 연결이 어떤 구조로 학습되었는가입니다. 파라미터 수를 늘리는 건 "머리 크기를 더 키운다"기보다는 '더 많은 기억력과 연산 가능성'을 확보한다는 뜻에 가깝습니다. 파라미터가 많아지면, 더 많은 패턴을 외우고, 더 다양한 문맥을 기억하고, 더 복잡한 상관관계를 표현할 가능성이 커지게 되니까요.

파라미터 수를 늘리는 건 백과사전을 쌓는 일에 비유할 수 있습니다. 하지만 그걸 꺼내 쓰고, 연결하고, 응용하는 방식은 또 다른 능력이죠. 지능은 단순히 기억이 많은 것이 아니라, 정보를 구조화하고 응용하는 능력을 의미합니다.

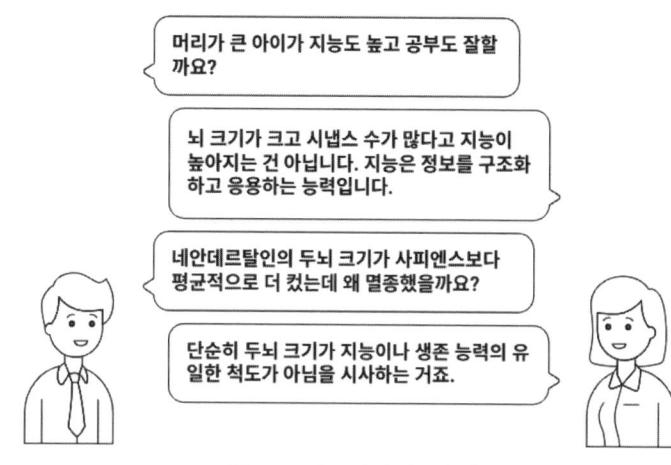

그림 15-3: 뇌 크기와 지능의 관계

LLM은 단순히 파라미터 숫자가 많다는 걸 넘어서, 그 크기가 기존 언어 모델과는 질적으로 다른 능력을 만들어 낸 전환점이 되었다는 점에서 획기적인 겁니다. 다시 말해, LLM의 '거대함'은 단순한 덩치 자랑이 아니라, 기계가 인간처럼 언어를 다룰 수 있는 문턱을 넘어섰다는 상징이지요.

단점도 있습니다. 파라미터가 많을수록 컴퓨팅 자원이 많이 소모됩니다. 엄청난 양의 데이터와 고성능 GPU, 막대한 전력이 필요하게 되는 것이죠. 더군다나 트랜스포머의 핵심 알고리즘인 셀프 어텐션은 모든 단어들을 연결해서 가중치를 계산하는 방식이니 연산량이 엄청납니다. 그래서 최근엔 거대하지만 가볍게 쓸 수 있는 기법예: Distillation, Quantization 등이 중요해지고 있습니다.

- LLM 만드는 법

2023년 GPT, 제미나이, 클로드가 3강 구도를 형성한 가운데, 이외에도 수십 종의 LLM이 쏟아져 나왔습니다. LLM 개발은 기술력뿐 아니라 시간과 비용이 엄청 투자되는 프로젝트입니다. 학습시키기 위해서는 대규모 컴퓨팅 자원을 확보해야 하고, 빅데이터도 필요하지요. 그뿐 아닙니다. 운영/유지/관리하는 일도 어렵습니다.

LLM은 어떻게 만들어지는 걸까요? 대부분 공통적인 프로세스를 거치는데, 우선 설계를 합니다. 현재의 LLM은 모두 트랜스포머 기반입니다. 2017년 구글의 논문 "Attention Is All You Need"에 있는 '트랜스포머'라는 설계도면(architecture)을 가져다가 자신의 목적에 맞게 조합해서 만든 겁니다. 예를 들어, GPT는 트랜스포머의 디코더 부분만 사용해서 구축한 디코더 온리(decoder only) 모델이죠.

신경망을 만들었으면 학습을 시작합니다. 첫 단계는 사전학습(pre-training). 앞 장에서 언급했듯이 전 세계의 거의 모든 책, 웹사이트, 텍스트 데이터를 던져 주고 네가 알아서 공부하라고 내팽겨쳐 두는 격이지요. 정답을 알려 주지 않는 비지도학습 방식입니다. 누군가 계산을 해 봤더니 LLM들이 학습한 분량을 인간이 공부하려면 족히 3,000-4,000년은 걸리겠답니다. 그걸 기계는 3-4개월 만에 해치우지요.

사전학습은 딥러닝의 아버지라 불리는 제프린 힌튼 교수가 2006년 제한된 볼츠만 머신Restricted Boltzmann Machine, RBM 학습에 처음 사용했던 개념이었습니다. "각 층을 미리 사전학습하고 그걸 쌓자"는 아이디어였죠. "아이도 처음부터 정답을 누가 가르치지 않아도, 수많은 문장을 듣고 언어를 익힌다"는 게 힌튼의 생각이었습니다. 10장 참조.

힌튼은 신경망에게 정답이 아닌 세상의 패턴을 먼저 느끼라고 가르친 거죠. 그리고 그것이 AI가 말을 배우는 첫걸음이 된 겁니다. 사전학습은 대규모 데이터를 활용할 수 있고, 응용력이 높아지고, 추론 능력이 향상된다는 장점이 있습니다. 역시 자기주도적으로 학습한 내용만이 자신의 것이 되는 모양이에요.

다음은 미세조정(fine tuning) 단계입니다. 사전학습을 마친 언어모델은 세상의 말투와 구조, 지식 등을 '무작정 많이' 배운 상태죠. 이젠 특정 작업예: 요약, 번역, Q&A 등에 필요한 데이터로 추가 학습을 시키는 과정이 필요합니다. 예를 들어, 법률 문서 요약에 특화된 모델이 필요하다면 법률 데이터를 넣고 미세조정을 시킵니다.

이때는 사람이 만든 정답(label)을 기준으로 학습하는 지도학습(supervised learning) 방식을 사용하는데, "질문 → 대답" 쌍 같은 데이터를 이용하지요. 그러나 아직 인간답게 말하는 건 어렵습니다. 또 친절함, 정중함, 책임감 있는 답변 같은 건 학습이 안 되고요.

그래서 다음 단계로 강화학습이 필요합니다. GPT는 '인간 피드백을 통한 강화학습RLHF: Reinforcement Learning with Human Feedback'을 사용했지요. 인간이 기계의 답변을 보고 평가해 주고, 그 피드백을 이용해 보상을 주면서 강화해 가는 방식입니다.

우리가 아이를 키울 때도 이렇게 하지요. "어른에게는 정중하고 공손한 말투로 대답해야 해", "친구들에게 욕하거나 싸움 걸면 안 돼", "모르는 건 잘 모르겠다고 솔직하게 말해" 등등. 또 잘하면 칭찬해 주고 잘못하면 꾸짖습니다.

마찬가지로 언어모델이 답변을 생성한 후, 보상 모델이 점수를 매겨서 피드백을 주어 높은 점수를 받도록 행동을 바꾸게 하는 것이 RLHF, 인간의 기준에 맞는 답변을 유도하는 단계입니다. LLM의 학습 방법을 비유로 정리하자면,

- 사전학습: 세상 모든 책을 읽은 어린 천재
- 미세조정: 시험 과목 위주로 과외받는 과정
- 강화학습(RLHF): 선생님이 에티켓과 태도, 사회적 규범을 가르치는 과정

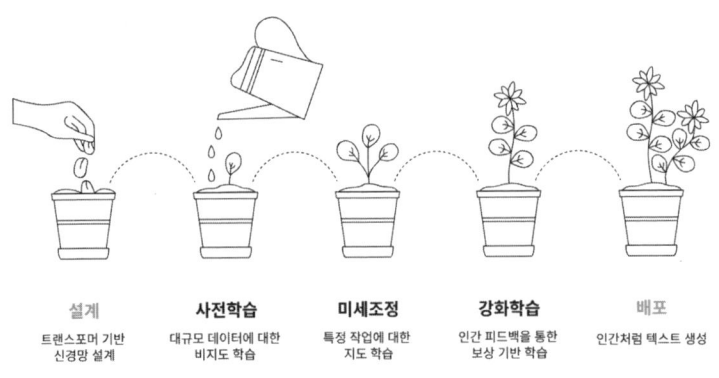

설계	사전학습	미세조정	강화학습	배포
트랜스포머 기반 신경망 설계	대규모 데이터에 대한 비지도 학습	특정 작업에 대한 지도 학습	인간 피드백을 통한 보상 기반 학습	인간처럼 텍스트 생성

그림 15-4: LLM 구축 프로세스

- 같은 DNA, 다른 성격: LLM들의 계보

LLM은 대개 이와 같은 단계를 거쳐 만들어집니다. 물론 미세조정(fine tuning)은 생략할 수 있습니다. GPT-2부터는 미세조정 없이 프롬프트만

으로 모델을 완성했죠. 또 최근 들어 약간의 변형 기법들이 추가적으로 적용되고는 있지만, 큰 틀에서는 대동소이합니다. 그런 점에서 LLM은 쌍둥이라 할 수 있습니다. 트랜스포머라는 동일한 DNA를 물려받고 태어난 아이들이니까요.

태생은 쌍둥이지만, 각각 다른 집에 입양 가서 어떤 부모를 만나느냐에 따라 달라지는 것에 비유할 수 있습니다. 무엇을 가르치고, 어떤 환경에서 어떤 교육을 시키느냐에 따라 다른 성격과 모습으로 성장하겠지요. 챗GPT, 제미나이, 클로드를 사용하다 보면 차이점을 느끼는 경우가 많을 겁니다. 이유가 바로 여기에 있습니다. 훈련 데이터와 학습법, 피드백 강화방식이 개발사마다 다르기 때문이죠.

자, 이번에는 족보를 살펴보겠습니다. 많은 분들이 GPT와 챗GPT를 혼동해서 부르는데, 이 둘은 다른 차원입니다. GPT는 기초모델(Foundation Model)의 이름이고, 챗GPT는 챗봇의 브랜드명입니다. 자동차로 치면 기초모델은 엔진에 해당하고, 챗봇은 자동차죠.

소나타 자동차 브랜드 체계에 비유해 볼까요? 현대기아차는 회사 브랜드(corporate brand), 소나타는 개별 제품의 브랜드(product brand)입니다. 그런데 소나타 엔진에는 여러 종류가 있죠? 1.8L 가솔린 엔진, 2.0L 디젤 엔진, 1.6 터보 엔진 등등 종류가 다양합니다.

챗GPT라는 이름은 자동차 브랜드로 따지면 소나타에 해당합니다. 소나타 중에서 종류를 선택하듯 GPT-3.5, 4, 4-turbo, o4-mini, GPT-5 등과 같은 기초모델의 버전을 선택해서 쓰는 거지요. GPT는 기초모델의 총칭, 오픈AI는 회사명이고요.

마찬가지로, 구글은 회사명이고, 제미나이는 기초모델(Foundation

Model) 이름이자, 그 모델을 기반으로 하는 챗봇 브랜드명 둘 다를 지칭합니다. 이전 챗봇이었던 바드의 기초모델은 람다(Lamda)였는데, 2024년 2월 람다를 제미나이로 통합한 거지요. Gemini Ultra, Gemini Pro, Gemini 2.5 Flash 등등 성능과 크기에 따라 여러 버전으로 나뉩니다.

앤트로픽의 클로드는 챗봇의 브랜드이자 기초모델의 명칭입니다. Opus 4.1, Sonnet 4.5, Haiku 4.5 등의 기초모델들이 여럿 있습니다.

그림 15-5: LLM의 브랜드 체계도

- 주권 AI의 필요성

LLM의 원조는 미국이지만, 중국도 결코 뒤지지 않는 AI 강국입니다. 흔히는 중국을 남의 것 베끼고 값싼 노동력으로 싸구려 제품 만드는 나라로 잘못 알고 있지만, 아닙니다. 중국의 저력은 무서운 수준입니다. 이미 미국에 바짝 다가가는 AI 기술력을 보유하고 있지요.

2025년 초, 전 세계 뉴스를 도배한 회사는 중국의 딥시크(DeepSeek)였습니다. "중국판 GPT-4"로 불릴 정도의 성능을 보여주며 전 세계를 놀라게 했지요. 파라미터 규모나 학습에 사용한 GPU의 성능이나 수가 경쟁 LLM에 비해 현격히 낮은 수준이었는데도 주요 벤치마크에서 GPT-4-turbo와 동급 수준에 도달했다는 평가를 받았던 겁니다. 특히 MoE(Mixture of Experts) 모델 구조는 파라미터 중 일부만 활성화되는 효율적 구조로 성능은 고성능, 비용은 저렴이라는 이상적인 조합을 실현했습니다.

그런데, 더 놀라게 한 것은 전면 오픈 소스로 공개했다는 점이었습니다. 소스 코드뿐 아니라 학습한 가중치(weight)까지 공개한 거죠. 음식 만드는 것에 비유하자면, 레시피만 알려 준 게 아니라 친절하게 재료의 원산지와 공급원까지 노하우 일체를 오픈한 셈입니다. 딥시크 현상은 AI 기술 패권을 놓고 벌어지는 디지털 냉전의 전선 위에 등장한 중국의 일격이었다고 볼 수 있습니다. 'AI의 스푸트니크'라는 불렸던 이유죠.

그러나 이는 드러난 빙산의 일각일 뿐입니다. 중국의 BAT라 불리는 바이두, 알리바바, 텐센트는 자체 LLM을 보유하고 있고, 틱톡의 모회사인 바이트댄스는 더우바오(Doubao, 豆包)를 틱톡 서비스에 적용하고 있습니다. 중국 AI 스타트업 중 '6마리 작은 호랑이(六小虎)'로 불리는 유망 기업 중 하나인 즈푸AI의 챗GLM도 상당한 기술력을 보이며 주목받고 있습니다. 그 외에도 숨어있는 유망 스타트업이 많은 나라입니다.

한국도 다수의 LLM을 보유하고 있습니다. IT 대기업으로는 네이버의 하이퍼클로바X, LG의 엑사원(EXAONE), KT의 믿음(Mi:dm), SKT의 에이닷(A.), 카카오브레인의 코GPT, 솔트룩스의 루시아(LUXIA) 등을 들 수 있고, 2023년 애스크업으로 인기를 끌었던 업스테이지가 자체 개발한 소형언어모델 '솔라(Solar)'는 오픈 소스 언어모델 플랫폼인 허깅페이스Hugging Face에서 글로벌 1위를 차지하는 등 뛰어난 성능으로 전 세계적인 주목을 받았습니다.

최근 주권 AISovereign AI에 대한 관심도 늘고 있습니다. 주권 AI는 단순히 특정 국가가 개발하고 소유한 AI 시스템을 의미하는 것이 아니라, 데이터 주권과 기술 주권을 확보하고, 각국이 자국민/자문화에 최적화된 AI를 직접 개발하고 통제함으로써 국가 공동체의 이익을 극대화하자는 전략이죠.

이를 위해서는 데이터 확보, 기술 격차 해소, 인재 양성, 윤리적 문제 해결, 국제 협력 등의 허들을 넘어야 합니다. 단순한 기술 주권이 아닌 데이터, 인프라, 모델, 거버넌스를 통합한 자립 시스템을 구축함으로써 경제·안보·문화적으로 독립성을 확보하려는 움직임이 각국에서 일어나고 있는 AI 전쟁 상황입니다.

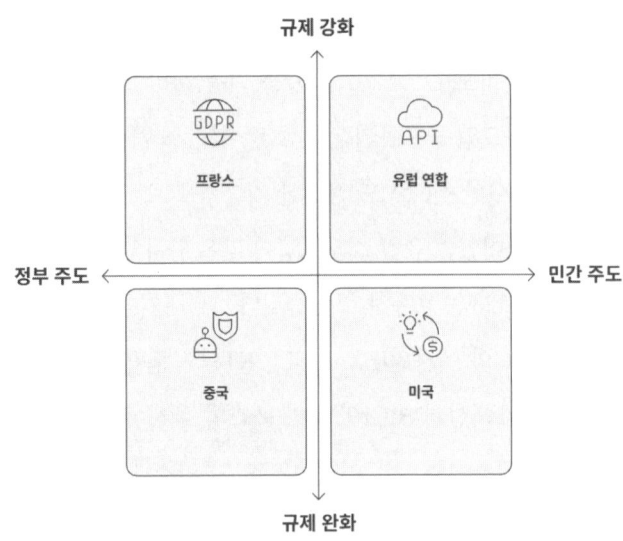

그림 15-6: 국가별 주권AI 전략 비교

- 메타의 오픈 소스 전략

LLM을 자체 개발하는 것과 다른 또 하나의 흐름은 오픈 소스(open source) 입니다. 소스 코드를 모두 공개하고, "그걸 가져다가 마음대로 수정해서 돈 벌이에 써도 좋아"하는 거죠. 굳이 돈 들여서 LLM을 개발하지 않아도 오픈 소스 모델을 가져다가 자신만의 서비스로 포장할 수 있는 겁니다.

2023년 2월, 메타페이스북는 AI 업계를 깜짝 놀라게 하는 발표를 했습니다. 자사가 개발한 언어모델 '라마(LLaMA)'를 연구용으로 공개한다는 것이었죠. 라마는 GPT나 구글 같은 대형언어모델은 아닙니다. 파라미터 수가 적어 소형언어모델(SLMSmall Language Model)이라 부르기도 합니다. 2023년 2월 공개한 라마-1은 파라미터의 수가 70억부터 650억 개인 소형 버전이었지요. 그러나 성능은 못지않았습니다. 메타 AI 연구소의 얀 르쿤이 이런 말을 했습니다.

☞ "우리는 AI 연구의 민주화를 믿습니다. 소수의 거대 기업이 독점하는 것보다, 전 세계 연구자들이 함께 발전시켜 나가는 것이 더 건강한 생태계를 만들 것입니다."

하지만 메타의 진짜 의도는 따로 있었습니다. 구글과 오픈AI가 주도하는 AI 생태계에서 자신들의 입지를 확보하려는 전략적 판단이었죠.

"우리는 검색도 없고, 클라우드 사업도 없어요. 하지만 오픈 소스로 표준을 만들면 게임의 룰을 바꿀 수 있습니다."

메타 내부 문서에 따르면, 이는 마치 구글이 안드로이드를 오픈 소스로 공개해서 모바일 OS 시장을 장악한 것과 같은 전략이었습니다.

라마는 예상치 못한 성공을 거둡니다. 전 세계 개발자들이 앞다투어 다운로드하기 시작했죠. 더 놀라운 일은 개인용 PC에 다운받아서 라마를 돌릴 수 있게 만드는 프로젝트들이 우후죽순 등장한 것이었습니다. 라마는 LLM들에 비해 가벼운 모델이기 때문에 가능한 거죠. 좋은 예가 스탠퍼드대에서 만든 알파카(Alpaca)였습니다.

"이제 누구나 집에서 챗GPT급 AI를 돌릴 수 있게 되었다!"

개발자 커뮤니티는 열광했습니다. 인터넷 연결 없이도, 데이터를 서버나 클라우드로 보내지 않고도 AI를 사용할 수 있게 된 거죠. 이것이 온디바이스(on-device) AI또는 엣지 AI라고 부릅니다의 개념입니다.

- 완벽함에서 실용성으로, AI의 전략 변화

라마의 성공을 본 다른 기업들도 오픈 소스 전략에 뛰어들었습니다. "AI계의 깃허브"라 불리는 허깅페이스(Hugging Face)는 갑자기 AI 업계의 중심이 된 플랫폼입니다.

허깅페이스는 2016년 창업 당시에는 10대들을 위한 챗봇을 만드는 회사로 시작했는데, LLM이 부상하면서 머신러닝 모델과 데이터셋을 공유하는 플랫폼으로 사업 모델을 전환(pivot)했습니다. 그런데, 여기에 수만 개의 오픈 소스 모델이 업로드되기 시작했죠.

- Alpaca: 스탠퍼드가 라마를 개선한 모델
- Vicuna: UC 버클리의 대화형 모델
- WizardLM: 마이크로소프트의 지시 따르기 특화 모델
- CodeLlama: 메타의 코딩 특화 모델

2025년 기준으로 허깅페이스에는 180만 개가 넘는 AI 모델이 등록되어 있습니다. 매일 수백 개씩 새로운 모델이 추가되는 추세입니다.

또 하나의 성공 사례가 미스트랄 AI*Mistral AI*였죠. 2023년 5월, 프랑스 파리에 등장한 스타트업의 창립자들은 모두 구글 딥마인드와 메타 출신이었습니다. 이들의 철학은 명확했습니다.

"오픈 소스가 AI의 미래다."

2023년 9월, 미스트랄 7B를 공개했을 때 업계는 충격에 빠졌습니다. 70억 개 파라미터 모델이 챗GPT-3.5와 비슷한 성능을 보인 것이었죠. 더 놀라운 건 크기가 10분의 1 수준이라는 점이었습니다.

"우리는 효율성에 집중했습니다. 더 작고, 더 빠르고, 더 정확한 모델을 만드는 것이 목표입니다."

2024년 들어 AI 업계에서는 새로운 화두가 등장했습니다. "굿 이너프(Good Enough)", 즉 작지만 "충분히 좋다"는 철학입니다.

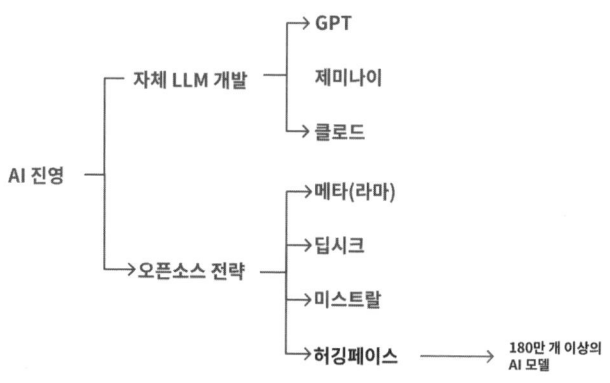

그림 15-7: LLM 개발 전략 비교

- 한계에 부딪힌 LLM

기술력이 상향평준화되고 오픈 소스들이 많아지면서 초기에 비해 LLM

개발의 문턱이 낮아진 상황입니다. 더 이상의 성능 개선도 한계에 다다 랐고요. 오픈AI 내부에서조차 GPT-4에서 GPT-5로의 성능 향상은 이 전 세대들만큼 드라마틱하지 않을 것으로 예상했다고 합니다. 2025년 8월에 GPT-5모델이 공개됐지만 파장력은 예전만 못합니다.

스케일링 법칙이 한계에 부딪히기 시작한 것이죠. 1, 2, 3, 4까지는 성 능이 올라가는 게 뚜렷하게 보였는데, 이제는 의미 있는 차이를 만들어 내기 어렵고 투자 대비 효용이 체감되는 상황이 된 거지요. "굿 이너프 (Good Enough)" 샘 알트만도 2024년 한 컨퍼런스에서 이렇게 인정했습 니다.

"파라미터를 계속 늘리는 것만으로는 한계가 있습니다. 이제는 다른 방 식의 혁신이 필요한 시점입니다."

이제 AI 업체들이 방향을 기술에서 서비스로 선회하기 시작했습니다. 멀티모달 강화, 딥리서치 기능 강화, 그리고 에이전틱 AI를 개발하는 추 세입니다. AI의 트렌드와 미래에 대해서는 다음 장에서 자세히 살펴보겠 습니다.

▶ Coming Next

텍스트 대화만으로는 부족하다. 보고 듣고 말하는 AI를 넘어, 이제는 스스로 행동하는 시대가 온다. 목표를 주면 계획을 세우고 실행하는 에이전틱 AI. 진정한 동료의 탄생.

QR코드를 스캔하시면 〈제15장 내용 요약〉
팟캐스트 형식의 동영상을 보실 수 있습니다.

제16장

AI 에이전트, 멀티모달과 추론 능력이 생기다

텍스트만으로는 부족하다.

대화하는 것을 넘어, 이제 AI는 이미지를 보고, 음성을 듣고, 영상을 이해하는 멀티모달 능력을 갖추기 시작했다. 또 단편적 지식이 아닌 깊이 있는 추론 능력으로 스스로 생각하고 행동한다.

목표를 주면 계획을 세우고, 도구를 사용하며, 문제를 해결하는 에이전틱 AI의 등장으로 기계는 진정한 '동료'로 진화하고 있다. 70년 동안 괴짜들이 꿨던 꿈은 마침내 현실이 될 수 있을까?

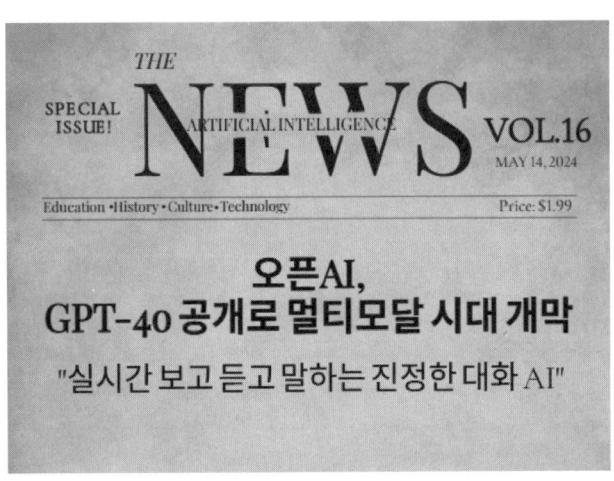

- AI 생태계의 진화

2025년 말 현재, 챗GPT가 세상을 뒤흔든 지 3년이라는 짧은 시간 동안 AI 생태계의 모습은 완전히 달라져 있습니다. 우선, 거인들의 행진이 시작됐습니다. GPT, 제미나이, 클로드를 필두로 각국의 기업들이 너도나도 대형언어모델(LLM)을 내놓았죠. 지금까지 등장한 언어모델만 오픈 소스 소형언어모델(SLM)을 포함해 무려 180만 개에 달합니다. 한때 몇몇 연구소의 전유물이었던 언어모델은 이제 전 세계에서 쏟아져 나오면서 홍수처럼 늘어나고 있습니다.

두 번째 물결은 응용 서비스의 폭발적 증가였습니다. 모두가 직접 모델을 만들 필요는 없습니다. 대신 LLM의 API를 불러다 쓰는 창의적인 서비스들이 우후죽순처럼 등장했죠. 마케팅 콘텐츠 툴 '재스퍼(Jasper)'는 그중 선두주자였고, 국내에서도 카카오톡 속 AI 친구 '애스크업(Ask-up)', 그리고 뤼튼(Wrtn) 같은 서비스들이 실사용자의 사랑을 받았습니다.

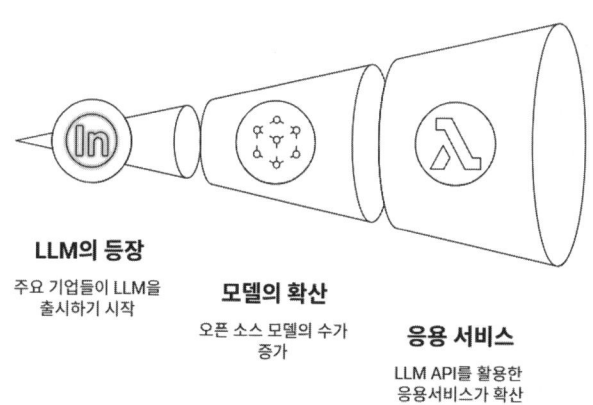

LLM의 등장
주요 기업들이 LLM을 출시하기 시작

모델의 확산
오픈 소스 모델의 수가 증가

응용 서비스
LLM API를 활용한 응용서비스가 확산

그림 16-1: 2023년부터 2025년까지의 인공지능 생태계 변화

양적인 팽창만 있었던 건 아닙니다. 진짜 변화는 '지능의 방향'이 달라졌다는 점이지요. 이제 LLM은 단순히 말을 잘하는 수준을 넘어서 보고, 듣고, 추론하고, 스스로 행동하는 존재로 바뀌고 있습니다. 에이전틱 AI로 진화하고 있는 거지요. 이 같은 진화를 일으키는 기술의 축은 크게 두 가지입니다.

1. 멀티모달 능력: 더 이상 텍스트만 이해하는 게 아니라, 이미지와 음성, 영상까지 다루며 세상을 인식합니다.

2. 딥 리서치 기반의 추론 능력: AI는 단편적 지식이 아니라, 다양한 출처를 탐색하고 비교하며 논리를 구성하는 능력을 갖추기 시작했죠.

이 두 가지 능력이 만나면서, 인간의 지시를 따르는 AI에서 스스로 목표를 계획하고 실행하는 '에이전틱 AI'의 시대로 진입하고 있습니다. 먼저 멀티모달 AI가 무엇인지부터 살펴볼까요?

- 텍스트를 넘어서, 멀티모달 AI의 시대

2024년 5월 13일, 오픈AI 본사에서 열린 발표회는 전 세계 AI 업계의 이목을 집중시켰습니다. 샘 알트만이 무대에 올라 시연한 것은 기존의 텍스트 기반 챗GPT가 아니었죠.

☞ "GPT-4o를 소개합니다. o는 'omni'의 줄임말로, 모든 것을 의미합니다."

화면에 펼쳐진 시연은 마치 SF 영화 속 장면 같았습니다. AI가 카메라로 실시간 영상을 보며 상황을 이해하고, 사람의 음성을 듣고 감정까지 파악해서 자연스럽게 대화하는 모습이었죠. 심지어 노래까지 불렀습니다.

• 시연자: "지금 내 표정을 보고 기분이 어떤지 말해 줄래?"

- GPT-4o: "조금 긴장해 보이시네요. 하지만 설렘도 느껴져요. 새로운 발표를 앞두고 계신 건가요?"
- 시연자: "맞아. 그런데 어떻게 알았지?"
- GPT-4o: "눈썹이 약간 올라가 있고, 입꼬리가 살짝 떨리고 있어요. 이런 미세한 표정 변화가 긴장과 기대감이 섞인 상태를 보여 주거든요."

이것이 멀티모달(Multimodal) AI의 모습입니다. 모달리티modality의 사전적 의미는 '양식'입니다. 컴퓨터과학에서는 '데이터의 포맷format'을 의미하지요. 텍스트, 이미지, 음성, 영상 등이 모달리티이고, 이런 다양한 유형의 데이터를 동시에 이해하고 처리하는 기술이 멀티모달 AI입니다.

초기 LLM은 텍스트 입력과 텍스트 출력만 가능했습니다. 사진이나 pdf 파일은 잘 인식하지 못했죠. 언어모델은 자연어 처리모델이지 이미지 처리모델이 아니거든요. 텍스트 파일은 읽을 수 있는데, png, avi, pdf 등은 업로드해도 이해할 수 없었던 겁니다.

그런데, 인간의 인지는 멀티모달입니다. 우리는 눈으로 보고, 귀로 듣고, 손으로 만지며 세상을 이해하죠. 하나의 감각만으로는 완전한 이해가 어렵습니다. 예를 들어, "강아지" 하면,

- 시각: 털이 복슬복슬하고, 꼬리를 흔들고
- 청각: "멍멍" 소리를 내고
- 촉각: 따뜻하고 부드러운 느낌
- 후각: 특유의 동물 냄새까지

이 모든 정보가 종합되어야 '강아지'에 대한 완전한 이해가 가능합니다. 멀티모달 이전의 AI는 마치 눈을 가린 채 만짐으로만 코끼리를 파악하려

는 장님과 같았죠. 각자 다리, 코, 귀만 만지고는 "코끼리는 기둥 같다", "뱀 같다", "부채 같다"고 주장하는 격이었습니다.

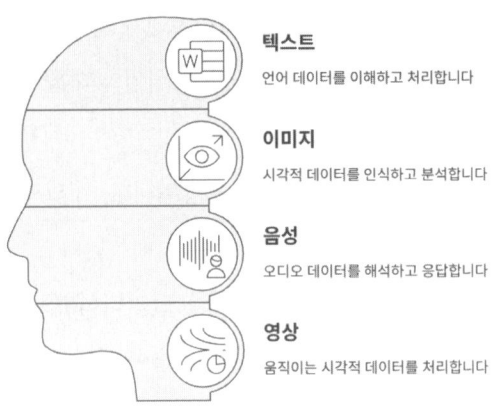

텍스트
언어 데이터를 이해하고 처리합니다

이미지
시각적 데이터를 인식하고 분석합니다

음성
오디오 데이터를 해석하고 응답합니다

영상
움직이는 시각적 데이터를 처리합니다

그림 16-2: 다양한 감각 정보를 통합 처리하는 '멀티모달 AI'

- 구글의 제미나이, 멀티모달의 선두 주자

원래 멀티모달의 선두 주자는 구글의 제미나이(Gemini)입니다. 2023년 12월 발표된 제미나이는 아예 처음부터 멀티모달을 염두에 두고 설계된 모델이었죠. 2023년 초 바드가 망신을 당한 후 데미스 하사비스를 수장으로 전열을 재정비한 구글이 열세를 뒤집겠다고 준비한 모델이 제미나이였습니다. 텍스트, 이미지, 오디오, 비디오를 모두 처리하는 멀티모달 AI죠. 당시 제미나이는 놀라운 능력을 보여 줬습니다.

• 시각적 추론: 복잡한 그래프나 차트를 보고 즉석에서 분석

"이 매출 차트에서 어떤 트렌드를 발견할 수 있나요?"

"3분기 매출이 급증한 이유가 뭘까요?"

- 창의적 연결: 이미지와 텍스트를 연결한 창작

  고흐의 그림을 보여 주며 "이 화풍으로 시를 써 줘."

  음식 사진을 보고 레시피와 영양 정보를 동시에 제공
- 실시간 상호작용: 카메라로 실시간 영상을 보며 대화

  수학 문제를 종이에 쓰면 즉시 풀이 과정 설명

  옷을 입고 있는 모습을 보고 코디 조언

GPT, 제미나이, 클로드 등은 이제 이미지, 음성, 영상까지 다루는 '멀티모달 모델'로 진화하고 있습니다. 사진을 보여 주면 설명해 주고, 소리를 들려주면 해석하며, 말을 하면 실시간으로 응답하는 마치 인간과의 대화에 가까운 인터페이스가 만들어지고 있지요. 멀티모달 AI는 일상을 어떻게 바꿀까요?

- 의사: 환자 얼굴 보고 즉시 건강 상태 파악
- 교사: 학생 표정으로 이해도 실시간 측정
- 디자이너: 스케치만 그려도 완성품 제안

LLM이 더 이상 '문장 생성기'가 아니라, 인간과 비슷한 감각과 표현 수단을 갖춘 존재로 진화해 가고 있는 거지요. LLM에 눈과 귀와 입을 달아준 것이 멀티모달 AI의 개념입니다. 글만 잘 읽고 쓰는 게 아니라 이것저것 다 하는 멀티플레이어로 발전하고 있는 겁니다.

멀티모달 AI로 진화하면서 LLM이라는 용어가 무색해지고 있습니다. 초기에는 언어모델로 시작됐지만, 이젠 아니니까요. LLM이 더 이상 전체 시스템을 정확하게 설명하지 못하므로, '멀티모달 모델', '기반 모델 (Foundation Model)', 또는 대규모 추론 모델과 같은 보다 포괄적인 용어

로 대체해야 한다는 의견도 있지만, 계속 쓰이고 있는 건 관성 때문입니다. 또 여전히 언어가 중심이기도 하고요. 스마트폰에서 전화기 기능은 5%도 안 쓰이지만 그냥 스마트폰으로 불리는 것과 비슷한 거지요.

- AI가 드디어 추론하기 시작했다

진화 기술의 두 번째 축은 추론 능력입니다. 2024년부터 LLM들이 추론 기능을 강화하기 시작했습니다. 추론(reasoning)이란 문제를 해결하기 위해 단계별로 나눠서 생각하는 걸 의미합니다. 아마 GPT에게 프롬프트를 입력하고 1초도 안 걸려 답이 나오는 걸 보면서 "얘가 생각은 하고 답하는 건가?" 이런 느낌이 든 적이 있었을 겁니다.

추론 모델은 답하기 전에 생각의 단계를 거칩니다. 이를 생각의 사슬(CoT: Chain-of-Thought) 기법이라 합니다. LLM이 복잡한 문제를 해결할 때, 최종적인 답을 바로 내놓지 않고 마치 사람이 사고하는 것처럼 단계별 추론 과정을 보여 주도록 유도하는 방법이지요.

기존의 프롬프팅 방식은 '질문 - 답변'의 형태였다면, COT 프롬프팅은 '질문 - 중간 추론 과정 - 답변'의 형태로 확장됩니다. 예를 들어, 수학 문제나 논리적 추론이 필요한 문제를 풀 때, 단순히 정답만 제시하는 것이 아니라 문제 풀이 과정을 단계별로 상세히 설명하도록 요청하는 것과 비슷하지요.

- 기존 모델의 방식:

  질문 → 즉시 답변 생성

  마치 반사적으로 대답하는 것 같은 느낌
- 추론 모델의 방식:

질문 → 내부적으로 추론 과정 거침 → 신중한 답변

때로는 몇 분간 '생각'한 후 답변

예를 들어, 의학 분야에서는 증상 → 진단 → 치료 계획 등 단계적으로 추론하고, 법률과 관련한 질문에는 사실관계 → 법리검토 → 판단의 논리적 과정을 거치는 겁니다.

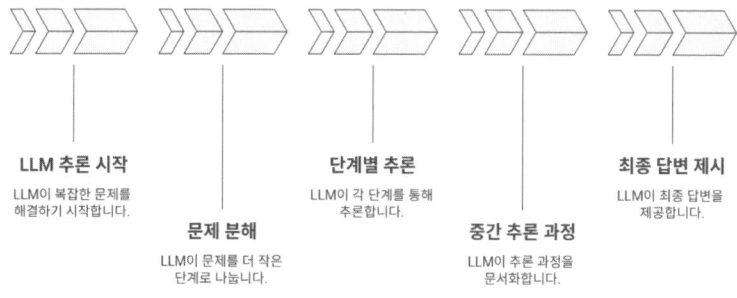

LLM 추론 시작
LLM이 복잡한 문제를 해결하기 시작합니다.

문제 분해
LLM이 문제를 더 작은 단계로 나눕니다.

단계별 추론
LLM이 각 단계를 통해 추론합니다.

중간 추론 과정
LLM이 추론 과정을 문서화합니다.

최종 답변 제시
LLM이 최종 답변을 제공합니다.

그림 16-3: 대형언어모델(LLM)의 추론 프로세스와 생각의 사슬(CoT)

추론 기능이 강화되면서 딥 리서치deep research가 가능해지고, 전문적인 보고서와 기획서 작성도 가능해졌습니다. 단편적 정보가 아니라 여러 자료를 검색 → 비교 → 종합 → 요약해서 목적에 따라 정보를 재구성하는 '의도 중심 추론' 능력이 생긴 거죠. 이제 LLM은 입력에 반응하는 존재를 넘어 환경을 '인지'하고, 그에 따라 '추론'하는 존재로 변하고 있습니다.

- 일머리 없던 AI에게 필요한 RAG

주변 상황을 멀티모달로 '인지'하고, 그에 따라 '추론'하는 능력을 갖췄다는 건 AI가 새로운 국면으로 진입하고 있음을 암시합니다. 세상을 폭넓게 인지하고 깊이 있게 추론하면서 AI가 '말'만 하는 게 아니라 '일'을 할 수 있는 거예요. 이것이 AI 에이전트입니다. 에이전트(agent)는 대리인이라는 뜻이죠.

부동산 에이전트를 예로 들어 볼까요? 아파트를 팔려는 사람이 부동산 중개업자에게 의뢰하면 매수자 탐색, 가격 조정, 미팅 주선, 그리고 계약하고 등기하는 일까지 처리해 줍니다. 이런 일을 사람 대신 기계가 할 수 있을까요?

2024년 하반기부터 AI 업계의 새로운 화두는 '에이전틱 AIAgentic AI'였습니다. 샘 알트만은 자신의 블로그에 "2025년은 에이전틱 AI의 해가 될 것이다. AI가 단순한 채팅 상대에서 실제 일을 처리하는 동료로 진화할 것이다."라고 예고한 적이 있었지요.

그런데, 에이전틱 AI는 갑자기 등장한 개념이 아닙니다. 초기 LLM은 공부 머리는 있었는데 일머리는 없었습니다. 방구석에 들어앉아 24시간 밥도 안 먹고 쉬지도 않고 열공해서 머리는 똑똑해졌는데, 막상 일을 시키면 어떤 프로세스로 어떻게 해야 할지 갈피를 못 잡는 거죠. 책으로만 공부하다 보니 현실 감각이 없었던 겁니다.

심지어 혼자서는 웹 서핑도 잘 못했습니다. 실시간 검색을 못 하니 답이 엉뚱할 수밖에 없었지요. GPT는 사전학습된 모델입니다. 그러니 학습한 시점 이전까지의 지식만 가지고 있는 거고요. 예를 들어, 2023년에 "대한민국 대통령이 누구야?" 물어보면 틀린 답을 했습니다. 그 사이 대통령이 바뀌었거든요.

그래서 2023년 초, '오토GPT(Auto GPT)'라는 재미있는 프로젝트가 등장했습니다. "AI에게 목표를 하나 주면, 그걸 이루기 위해 스스로 계획을 세우고 실행할 수 있지 않을까?"라는 아이디어였죠. 2023년 3월 토란브루스 리처즈라는 영국 게임회사 CEO가 깃허브에 오토GPT의 오픈 소스 코드를 올렸을 때 난리가 났었고, 그해 10월엔 1,200만 달러의 투자를 유치하기도 했습니다. 자비스, BabyAGI, AgentGPT, SuperAGI 등등 수많은 시도들이 이어졌고요.

하지만 현실은, 마치 의욕은 넘치는데 매번 엉뚱한 짓을 하는 인턴사원 같았습니다. 스스로 웹 서핑을 하고, 문서를 요약하고, 검색도 하긴 했지만, 자꾸 혼자 헛돌고, 일의 흐름을 놓치고, 결국 자기 자신과 말다툼까지 벌이기도 했습니다.

그래서 좀 더 똑똑하게 만들려면 참고할 자료라도 좀 줘야겠다고 생각합니다. 혼자서는 힘들어하니 도와주자는 아이디어였죠. 그것이 바로 RAG(Retrieval-Augmented Generation, 검색 증강 생성)인데, 외부 데이터를 검색해서 더 정확한 답변을 생성하는 기술입니다. 쉽게 말하면, AI에게 외장 하드를 달아준 격이죠. "네 머리로 모르겠으면, 웹도 검색하고 이 폴더 뒤져서 찾아봐!" 하는 겁니다.

RAG 시스템을 구현할 때 파이프라인 전반을 관리하고, 필요한 검색기 연결, 문서 요약, LLM 응답 처리, 체이닝 등 다양한 컴포넌트를 조합할 수 있도록 해주는 대표적인 프레임워크로 랭체인(Lang Chain)이 널리 활용됩니다.

RAG이란 '사용자가 질문(query)을 하면 관련 문서(웹 페이지, 사내 문서, 데이터베이스 등)를 검색한 뒤, 그중 핵심 문단들을 추출하여 이를 바탕으로 LLM이 답변을 생성하는 방식'입니다. 즉, 검색(Retrieval)과 생성 (Generation)이 결합된 하이브리드 구조인 셈이죠.

초기 LLM

사전학습된 지식만 활용하고
최신 정보가 부족해서
할루시네이션이 발생합니다.

RAG 모델

정확하고 효율적인 답변을 위해
외부 지식을 활용합니다.
(웹 문서 / 내부 DB / 데이터셋)

그림 16-4: 외부 정보 활용을 위한 '검색 증강 생성(RAG) 모델'의 특징

- 퍼플렉시티의 혁신

2024년 혜성처럼 등장한 퍼플렉시티(Perplexity)가 바로 RAG(검색 증강 생성) 에이전트입니다. 창업자 아라빈드 스리니바스(Aravind Srinivas)는 인도 출신의 젊은 AI 연구자였습니다. 그가 노렸던 포인트는 검색과 생성 의 융합이었죠.

기존의 생성형 AI는 "그럴듯하게 말은 하지만 사실과 다를 수 있음"이 라는 약점이 있는 반면, 검색 엔진은 "정확하지만 사용자가 직접 정리해 야 하는 불편함"이 있었습니다. 퍼플렉시티는 이 둘을 합쳐, "AI가 최신 웹을 검색해서, 정확하고 간결하게 요약된 답을 바로 보여 주는" 방식을 구현했습니다. 거기에 출처까지 표시해 주고요. 즉, '검색창'과 '챗봇'을 하 나로 묶은 것이죠.

- 기존 방식(구글):

  1. 키워드 입력 → 관련 웹페이지 목록 제공

2. 사용자가 직접 여러 페이지 방문해서 정보 수집

3. 스스로 정보를 종합하고 판단

- 퍼플렉시티 방식:

1. 질문 입력 → AI가 여러 소스에서 정보 수집

2. 신뢰할 만한 출처들을 자동으로 교차 검증

3. 종합된 답변을 출처와 함께 제공

10월에는 인터넷 정보를 넘어 기업 내부 정보까지 검색할 수 있는 '퍼플렉시티 공간(Spaces)'이라는 서비스도 추가했지요. 퍼플렉시티의 진정한 혁신은 단순한 검색이 아닌 딥 리서치(deep research)였습니다. 단순 요약이 아니라 '주제 탐구'가 가능했던 거죠. 기존 검색에서는 사용자가 여러 링크를 눌러가며 종합해야 했던 일을 퍼플렉시티는 한 번의 검색으로 리서치 페이퍼의 초안처럼 정리해 주는 모델이라는 점에서 큰 반향을 일으켰습니다.

2025년 7월에는 '코멧(Comet)'이라는 자체 AI 웹 브라우저를 공식 출시했습니다. 코멧은 단순한 웹 브라우저가 아니라, 퍼플렉시티의 AI 검색 엔진이 기본 탑재된 제품입니다. 구글이 크롬에 제미나이를 탑재했듯이 말이죠.

유사한 AI 브라우저로는 Dia(Arc), Microsoft Edge(Copilot), Opera Neon, Sigma AI, 오픈AI Atlas 등이 있는데, 사용자와 AI가 함께 화면을 보면서 실시간으로 웹사이트 내용 분석, 페이지 요약, 파일 요약, 질문 응답 등 다양한 AI 어시스턴트 기능을 하면서 동시에 에이전트 역할도 수행해 주는 겁니다. 마치 옆에 앉아 있는 것처럼.

- 에이전틱 AI로의 진화

이처럼 AI들이 에이전트로 진화하고 있습니다. GPT가 처음 나왔을 때는, 질문하면 대답만 하는 '고급 검색기' 같았죠. 그런데 이제는 목표를 주면, 지금 상황을 이해하고(멀티모달), 필요한 정보를 찾고 종합하고(딥리서치), 계획을 세워 도구를 사용해 실행합니다(에이전트).

지시받는 AI에서 스스로 행동하는 AI로, "도구 → 동료"로 전환되는 중입니다. 1956년 다트머스 회의 참석자들이 던졌던 '생각하는 기계의 꿈'을 넘어 '행동하는 기계'를 꿈꾸는 것일까요?

에이전틱 AI가 활성화되면 우리가 일하는 모습은 어떻게 변할까요? 회사에서 신제품의 사업계획을 수립하는 상황을 가정해 보죠. 시장분석하고 리서치한 후, 사업계획서를 작성합니다. 여기에는 브랜드명과 슬로건전략, BI, 마케팅계획 등도 포함되겠네요. 플랜에서 그치지 않고 블로그와 SNS 마케팅도 해야 하고, 광고홍보 영상도 만들어야 하고, 이벤트 프로모션도 준비해야 하고, 할 일이 많습니다.

지금은 외부 컨설팅사의 도움을 받거나 광고대행사에 의뢰하지요. 그러나 에이전틱 AI에게 맡겨 놓고 1시간 정도 나갔다 오면 혼자서 줄줄이 만들어 내고 실행까지 끝내 놓습니다. 에이전틱 AI는 다음과 같은 프로세스로 일을 합니다.

- 복잡한 프로젝트를 여러 단계로 나누어 수행
- 다른 AI 도구들과 협업해서 작업 완료
- 예상치 못한 문제 발생 시 스스로 해결 방법 모색
- 인간에게 중간 보고하며 방향 수정

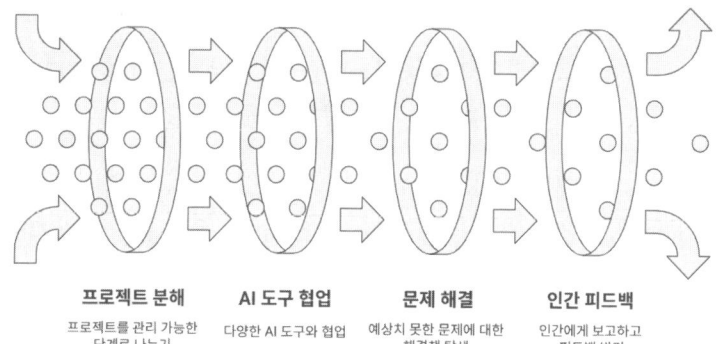

프로젝트 분해
프로젝트를 관리 가능한
단계로 나누기

AI 도구 협업
다양한 AI 도구와 협업

문제 해결
예상치 못한 문제에 대한
해결책 탐색

인간 피드백
인간에게 보고하고
피드백 받기

그림 16-5: AI 에이전트의 자율적인 작업 프로세스

'사용자를 대신하여 작업을 수행하도록 설계된 인공지능 시스템'을 AI 에이전트라고 합니다. 이건 LLM이 단순히 정보를 다루는 단계를 넘어, '의미 있는 일'을 수행할 수 있는 실행 주체로 변해가고 있다는 시그널이죠.

- AI 팀플의 시대가 온다

그런데, 이런 시나리오가 가능하려면 여러 AI들이 서로 협업해야 합니다. 그래서 이제 AI들이 '팀'을 이루기 시작했습니다. AI는 더 이상 혼자 일하지 않습니다. 각자의 전문 분야에서 최고 성능을 발휘하면서, 서로 협력해 하나의 목표를 달성하는 거죠. 마치 회사의 여러 부서가 협업하듯이 말입니다.

예를 들어, 기획서를 잘 쓰는 AI, 도표를 그리는 AI, 광고 영상을 만드는 AI, 사용자 피드백을 분석하는 AI가 각자 맡은 역할을 분담하고, 서로 연결되어 움직이는 시대가 열린 거죠. 인간의 조직도 그렇잖아요? 한 회사 안에도 기획팀, 마케팅팀, 디자인팀, 영상팀, 개발팀처럼 전문성과 역할이 다른 부서들이 협력해서 하나의 프로젝트를 완수하듯, 이제 AI들도 그렇게 협력하는 구조, 즉 협력형 멀티 에이전트 구조로 진화하고 있는 겁니다.

하지만 여기서 중요한 질문이 하나 생깁니다. 인간은 언어로 소통하는데, AI들끼리는 어떻게 '서로'를 이해하고 협력할 수 있을까요?

그 해답 중 하나가 2024년 11월, 앤트로픽이 공개한 MCP(Model Context Protocol)입니다. MCP는 AI들이 서로의 상태와 목표를 공유하고, 데이터를 주고받고, 역할을 조율할 수 있도록 설계된 공통 언어이자 통신 규약입니다. 일종의 AI 간 통신을 위한 '에스페란토' 언어라고 할 수 있죠. MCP 덕분에 하나의 마스터 에이전트가 다른 전문 AI들을 호출하고, 협업을 지시하며, 결과를 통합하는 진짜 팀워크가 가능해지고 있습니다.

이에 대응해서 2025년 4월 구글이 발표한 A2A(Agent-to-Agent) 프로토콜도 같은 맥락입니다. MCP가 AI 모델 간에 문맥을 공유하고 협업하는 것이라면, A2A는 AI 에이전트들이 역할을 분담하고 커뮤니케이션하는 차이가 있는 거지요. 즉, MCP는 하나의 회사 내부에서 여러 부서(모델)가 공동 프로젝트를 협업하는 것이라면, A2A는 서로 다른 회사(에이전트)들이 회의를 하면서 협업하는 격입니다.

AI 모델 간의 통신 프로토콜인 MCP나 A2A와는 결이 좀 다르지만, 동일한 취지로 만들어진 아키텍처신경망 모델 구조가 MOE(Mixture of Experts)입니다. MOE는 하나의 모델이 모든 걸 다 처리하려 하기보다, 작업에 따라 가장 잘하는 전문가 모델(Expert)을 그때그때 선발해서 사용하는 구조입니다.

쉽게 말해, "이 일은 누구한테 맡겨야 가장 잘할까?"를 판단해서, 가장 적합한 AI에게 일을 배분하는 구조죠. 마치 회사에서 각 파트를 가장 잘 아는 직원에게 배정하듯, AI 내부에서도 전문가 조율 시스템이 생겨나는 셈입니다.

> "우리가 회사에서 각 파트의 전문가들에게 일을 배정하듯, AI 내부에서도 전문가 조율 시스템이 생겨나고 있습니다. 이제 AI는 똑똑한 개인을 넘어 함께 일하는 팀 전체가 되어 가고 있어요."
>
> – 실리콘밸리 AI 개발자

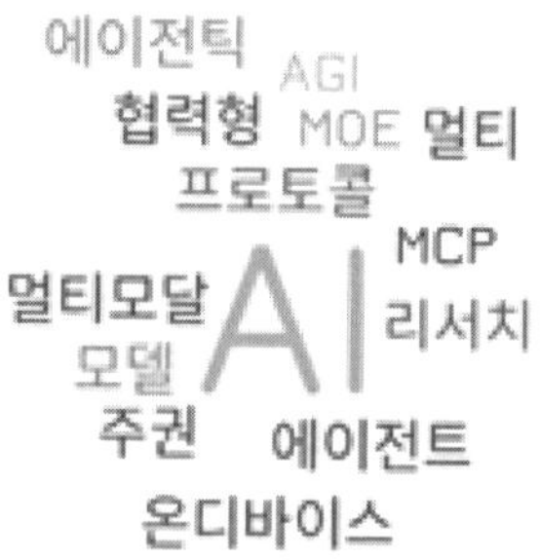
에이전틱
AGI
협력형
MOE
멀티
프로토콜
MCP
멀티모달
AI
리서치
모델
주권
에이전트
온디바이스

그림 16-6: 2025년 인공지능
산업의 주요 기술 및 협업 트렌드

이제 AI는 모든 걸 아는 똑똑한 친구를 넘어, 함께 일하는 동료이자 팀 전체가 되어 가고 있습니다. 그런데 바로 이 지점에서 새로운 게임이 시작됩니다. AI들이 팀을 이루기 시작하자, 단순한 '도구의 경쟁'이 아니라 '생태계의 전쟁'으로 게임의 룰이 바뀌고 있는 겁니다. 누가 AI들을 하나로 묶는 플랫폼을 장악하느냐의 싸움 말이죠.

1956년 다트머스 회의 참석자들이 가졌던 생각하는 기계의 꿈을 넘어, 이제는 스스로 행동하는 기계들의 전투가 우리 앞에 펼쳐지고 있습니다.

▶ Coming Next

AI들이 팀을 이루기 시작했다. 각자의 전문성을 가진 AI들이 협업하며 하나의 플랫폼 안에서 모든 것을 해결한다. 플랫폼 전쟁의 시작. 승자가 생태계를 지배한다.

QR코드를 스캔하시면 〈제16장 내용 요약〉
팟캐스트 형식의 동영상을 보실 수 있습니다.

제17장

AI 플랫폼 전쟁이 시작되다

AI들이 협업하기 시작하자 게임의 룰이 바뀌었다.

과거엔 그림은 미드저니에서, 영상은 런웨이에서, 코딩은 깃허브 코파일럿에서 따로 사용했다. 하지만 이제는 한 플랫폼에서 프롬프트 하나로 텍스트, 이미지, 음성, 영상, 코드까지 모든 것이 나온다. 올인원 통합형 AI의 시대.

또 AI들이 팀을 이루기 시작했다. 각자의 전문성을 가진 AI들이 협업하며 하나의 플랫폼 안에서 모든 것을 해결한다. 누가 AI 생태계의 플랫폼을 장악하느냐를 놓고 벌이는 거대한 전쟁이 시작된 것이다. 2007년 아이폰이 그랬듯, 이제 AI가 우리가 디지털 세상과 상호작용하는 방식 자체를 뒤바꾸고 있다.

- 올인원 통합형 AI로의 진화

이 책을 쓰면서, 또 홍보 도구를 만드는 데 AI의 도움을 많이 받았습니다. 특히 각 챕터의 내용을 요약한 동영상은 노트북LM의 'AI오디오 오버뷰'와 '동영상 개요' 기능을 활용해서 만든 겁니다.

노트북LM(NotebookLM)은 구글 랩스에서 개발한 연구 및 메모 작성 온라인 도구인데, 제미나이가 엔진으로 탑재돼 있습니다. 2024년 9월, 캘리포니아 마운틴뷰에 있는 구글 본사에서 노트북LM 팀의 수석 연구원이 데모를 보여줄 때 탄성이 터졌답니다. 400쪽 분량의 두꺼운 보고서 PDF 파일을 업로드하고 10분 후, 놀라운 결과가 나왔거든요.

- 두 명의 AI 진행자가 자연스럽게 대화하며 핵심 내용을 설명하는 25분짜리 팟캐스트
- 복잡한 개념들을 한눈에 보여주는 인터랙티브 마인드맵
- 학습자를 위한 맞춤형 퀴즈와 학습 가이드
- 회의용 핵심 요약 브리핑 문서
- SNS 홍보를 위한 카피라이팅 문구 10가지

"와우 이게 정말 하나의 플랫폼에서?"

이전에는 이런 작업을 하려면, 팟캐스트는 별도 TTS 도구에서, 마인드맵은 또 다른 시각화 프로그램에서, 퀴즈는 교육 전용 AI에서, 요약은 GPT에서 따로따로. 최소 5-6개의 서로 다른 도구를 오가며 몇 시간은 족히 걸렸던 일이었죠.

노트북LM은 단순한 문서 처리 도구가 아니라, 모든 종류의 콘텐츠를 하나의 플랫폼에서 자유자재로 변환하는 올인원 AI였습니다. 구글뿐 아닙니다. AI 업계에서는 조용하지만 강력한 혁명이 준비되고 있었습니다.

각자의 전문 영역에서 따로 놀던 AI들이 하나의 플랫폼 안에서 협업하기 시작한 거죠.

불과 2년 전만 해도 AI 세계는 마치 전문 공방들이 모여 있는 장인 마을 같았습니다. 각각의 AI가 '기능별 장인'처럼 따로 놀면서 기술의 장르별 리그전이 펼쳐지는 형국이었죠.

- 그림이 필요하면? → 달리(DALL·E), 미드저니(Midjourney), 스테이블 디퓨전(Stable Diffusion)
- 영상을 만들려면? → 런웨이 ML(Runway ML), 피카 랩스(Pika Labs), 소라(Sora)
- 음성 작업은? → TTS, STT, 음성 복제 전용 도구들
- 코딩은? → 깃허브 코파일럿, 코드T5 같은 전문 AI들

마치 옛날 시장처럼 "빵은 빵집에서, 고기는 정육점에서, 생선은 생선 가게에서" 사는 것과 같았죠.

과거엔 '그림은 미드저니, 영상은 브루(Vrew), PPT는 감마(Gamma), 영상 분석은 릴리스AI'처럼 도구마다 따로 사용했다면, 이젠 한 플랫폼에서 프롬프트만 치면, 텍스트/이미지/음성/영상/프레젠테이션까지 한 번에 종합된 결과물이 나오게 하겠다는 겁니다.

2024년 하반기부터 상황이 급변했습니다. GPT-4o, Claude 3.5, Gemini 1.5 Pro 같은 주류 AI들이 "우리가 다 해 드릴게요"라며 나서기 시작한 거죠. 이들은 단순한 챗봇을 넘어, 모든 모달리티를 아우르는 '올인원 AI'가 되려 하고 있습니다. 이런 일이 가능해진 건 LLM에 멀티모달과 추론 능력이 생기면서 AI 에이전트로 진화했기 때문입니다.

기능별 장인 시대

- 특정 작업에 대한 전문성을 제공.
- 단일 작업
- 텍스트/이미지/음성/영상 AI 등

통합 플랫폼 시대

- 다양한 작업에 대한 올인원 솔루션 제공
- 에이전틱 AI
- MCP/A2A를 활용한 협업 체제

그림 17-1: 기능별 AI 도구에서 '통합 플랫폼'으로의 진화

- AI 에이전트들의 플랫폼 전쟁이 시작됐다

왠지 기시감이 느껴지지 않나요? 2007년 스티브 잡스가 아이폰을 발표했을 때를 기억하시나요?

"오늘 우리는 혁신적인 제품을 소개합니다. 터치스크린 아이팟, 혁신적인 모바일폰, 그리고 획기적인 인터넷 커뮤니케이션 디바이스… 이 세 개가 하나로 합쳐진 것이 아이폰입니다."

당시 사람들은 음악은 아이팟으로, 전화는 휴대폰으로, 인터넷은 컴퓨터로 따로 사용했었죠. 하지만 아이폰은 이 모든 것을 하나로 통합했습니다. 이는 단순한 기능 통합이 아닙니다. 생태계 전체의 판도를 바꾸는 패러다임 시프트였죠.

마찬가지로 협력형 멀티 에이전틱 AI로 진화하면서, AI 생태계의 지형도가 근본적으로 흔들리고 있습니다. 오픈AI, 구글, 클로드 등 거인들만 올인원 AI 에이전트 플랫폼을 장악하려는 야심을 품은 건 아닙니다. 젠스파크(Genspark), 스카이워크(Skywork) 같은 스타트업들도 보고서 작성부터 이미지 생성, 영상 제작까지 "원스톱 창작 도구"를 표방하며 거대 플랫폼들에 도전장을 던졌습니다.

작지만 강한 플레이어들이 곳곳에 많습니다. 퍼플렉시티(Perplexity), 펠로(Felo AI), 마누스(Manus), Flowith 등이 현재 직접적으로 시장 점유 및 서비스 고도화 측면에서 맞붙고 있죠. 에이전트 모델마다 차별화 포인트는 있지만, 유사한 특징은 몇 가지로 요약할 수 있습니다.

- 다중 AI 에이전트 시스템: GPT, 클로드, 제미니 등 다양한 모델의 답변을 함께 받아 볼 수 있어, 정보 신뢰성과 풍부함이 뛰어납니다.
- 딥리서치/심층 종합 능력: 최신 웹을 실시간으로 검색·분석해, 맥락에 맞는 포괄적 답변을 제공합니다. 또 답변마다 명확한 소스를 투명하게 공개해 신뢰도가 높죠.
- 슈퍼 에이전트 구조: 문서, PPT, 시트, 애니메이션, 웹페이지, 팟캐스트 등 특정 작업별로 최적화된 전문 에이전트를 제공합니다.
- 멀티모달 통합: 한 번에 다양한 콘텐츠 형태(텍스트, 이미지, 영상, 오디오) 생성 및 편집이 원스톱으로 가능합니다.

- 바이브 코딩이 의미하는 것

AI 플랫폼 전쟁에서 특히 눈여겨봐야 할 진영이 개발자 도구 영역입니다. 레플릿(Replit), 커서(Cursor AI), 윈드서프(Windsurf) 같은 회사들이 통합개발환경(IDE)을 무기로 코딩 생태계를 치고 들어오면서 플랫폼으로의 확장을 노리고 있습니다.

바이브 코딩Vibe coding은 2025년 2월, 안드레이 카르파티(Andrej Karpathy)가 처음 공식적으로 제안한 신조어입니다. 이름을 감각적으로 잘 지은 것 같아요. 바이브(vibe)는 특정 공간이 자아내는 분위기, 느낌 등을 뜻하죠. 힙합 가수가 리듬에 몸을 맡기고 즐기듯 코딩의 흐름에 몸을 맡기고 AI와 말로 대화하면서 즉석에서 기능을 구현하는 방식입니다. 기존의 한 줄 한 줄 코딩과 달리, '바이브' 특유의 감각과 직관, 즉흥적인 상호작용이 핵심이죠.

"이제 가장 핫한 프로그래밍 언어는 영어"라는 카르파티의 말이 새로운 코딩 패러다임을 잘 설명합니다. 파이썬이나 자바가 아니라 영어라니? AI에게 자연어로 아이디어와 의도를 설명하면 AI가 코드를 자동 생성·수정하니까요.

실제 X(트위터)에서 이 용어를 처음 사용한 뒤 바로 전 세계 개발자 커뮤니티에서 폭발적으로 확산되었고, 이후 2025년 3월 메리엄-웹스터 사전에 공식적으로 신조어로 등재되면서 현재는 AI 코딩 시대의 혁신적 트렌드로 자리 잡고 있습니다.

바이브 코딩의 대표주자라 할 수 있는 커서 AI는 2025년 5월 기준으로 약 900만 불을 투자 유치했고, 기업가치 약 100억 USD한화 약 13조 원에 도달했습니다. 개발자들 사이에서 높은 활용도와 산업적 파급력을 보여 준 거죠.

창업자 마이클 트루얼(Michael Truell)은 기존의 코드 중심 개발을 넘어서 "코드 이후의 세계(What comes after code)"를 구현하겠다는 포부를 밝힙니다. 전통 코딩 방식에서 벗어나 사용자가 중심이 되는 패러다임인데, "무엇을 만들고 싶은지"를 말로 명확히 서술하면 AI가 이를 코드로 바꿔 주는 방식입니다. 함께 옆에 앉아서 그때그때 수정해 가면서요.

바이브 코딩 도구들의 노림수도 궁극은 AI 에이전트 플랫폼 장악입니다. 자신들이 개발해서 하거나 자신이 처리하지 못하는 영역은 다른 모델과 API응용 프로그램 인터페이스로 연결하고 MCP나 A2A로 통신해서 결과물을 완성하면 됩니다. 이건 AI 에이전트들이 플랫폼 안에서 협업하는 형태로 작동한다는 점에서 중요한 전환입니다.

여러 종류의 생성형 AI 기능을 하나의 서비스 안으로 통합하는 올인원 생성AI 에이전트 플랫폼들이 늘어나면서 '경계 흐림' 현상이 나타나는 거고요. AI 플랫폼 전쟁은 갈수록 치열해지는 추세입니다.

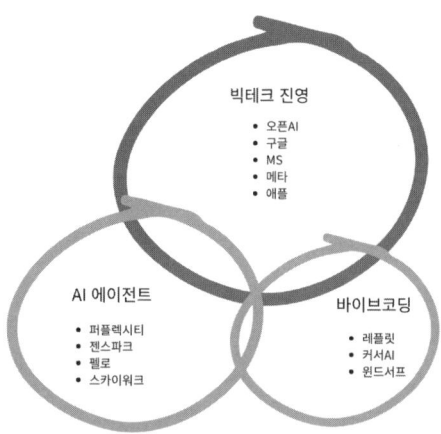

그림 17-2: 급변하는 'AI 플랫폼 전쟁'의 지형도

- 앱 혁명이 일어난다

코딩은 커서나 레플릿뿐 아니라 모든 AI 에이전트 플랫폼들이 갖고 있는 기능입니다. 왜 코딩이 중요할까요? 바이브 코딩을 단순히 AI가 코드를 대신 짜주는 편리한 도구 정도로 치부해선 안 됩니다. 이는 마치 아이폰을 "터치스크린이 달린 전화기"로만 보는 것과 같은 시각입니다. 바이브 코딩의 진짜 의미는 앱(application program)이라는 개념 자체를 뒤바꿀 가능성에 있습니다.

생각해 볼까요? 지금까지 우리가 사용하는 앱들은 사실 개발자가 미리

정해놓은 기능의 집합체입니다. 예를 들어, 인스타그램은 사진 공유, 카카오T는 택시 호출, 계산기는 계산만 하는 식이죠. 사용자는 개발자가 만들어놓은 틀 안에서만 움직일 수 있습니다. 마치 레스토랑에서 정해진 메뉴만 주문할 수 있는 것처럼요. 하지만 바이브 코딩은 완전히 다른 가능성을 열어 줍니다.

"음성을 인식하는 가계부 앱을 만들어 줘. 그런데 매주 금요일마다 이번 주 지출을 분석해서 카카오톡으로 보내 주고, 용돈 떨어지면 부모님께 자동으로 연락하는 기능도 넣어 줘."

이런 요청을 실시간으로 처리할 수 있다면? 앱은 더 이상 고정된 제품이 아니라 사용자의 필요에 맞춤화된 개인비서가 되겠지요. 현재 앱스토어에는 수백만 개의 앱이 있지만, 결국 모든 사람이 똑같은 카카오톡, 똑같은 유튜브를 씁니다. 하지만 누구나 쉽게 앱을 만들어 쓸 수 있는 바이브 코딩 시대에는 다를 겁니다.

- 대학생: 수강신청 + 시간표 + 과제관리가 통합된 개인 맞춤 앱
- 주부: 가족 스케줄 + 장보기 + 식단관리가 연결된 전용 앱
- 프리랜서: 프로젝트 관리 + 세금계산 + 클라이언트 소통이 하나 된 업무 앱

1억 명이 있으면 1억 개의 서로 다른 앱이 존재하는 세상이 올 수 있겠죠. 이렇게 되면 기존 앱 생태계는 완전히 뒤바뀝니다. 앱스토어가 필요 없어지고, 앱 개발자의 역할도 미리 만든 앱을 파는 게 아니라 AI가 참고할 컴포넌트를 제공하는 것으로 변합니다. 어쩌면 "앱 생성 플랫폼" 구독 모델이 나올지도 모를 일이죠.

지금까지의 "개인화"는 사실 무늬만 그럴듯한 짝퉁이었습니다. 넷플릭

스가 추천해 주는 영화, 인스타그램이 보여 주는 피드, 결국 알고리즘이 정해 준 틀 안의 개인화였죠. 하지만 바이브 코딩은 진짜 개인화를 가능하게 합니다.

내가 원하는 방식으로, 내가 필요한 기능만 골라서, 내 삶에 딱 맞는 디지털 도구를 만들 수 있으니까요. 마치 개인 비서가 내 성격과 습관을 파악해서 점점 더 나은 서비스를 제공하듯, 앱도 나를 이해하고 내 삶에 맞춰 계속 진화하는 존재가 될 수 있습니다. 이것이 바로 바이브 코딩이 불러올 앱의 미래 모습입니다.

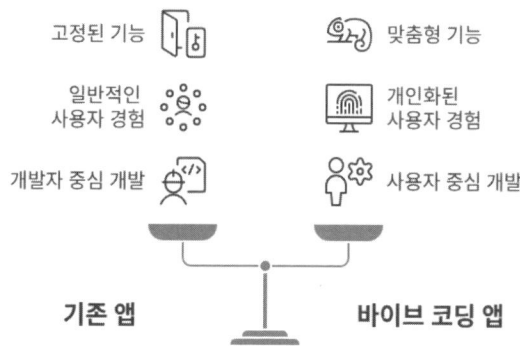

그림 17-3: 기존 앱 vs 사용자 맞춤형 앱 개발을 가능하게 하는
'바이브 코딩' 개념

이제 AI 경쟁의 본질은 바뀌었습니다. AI 모델을 만드는 기술적 진입 장벽이 낮아진 상황에서는 누가 더 뛰어난 AI 모델을 가졌는가가 아니라, 누가 더 나은 '경험'을 제공하는가의 싸움, 다시 말해, 승부는 기술력이 아니라 사용자 경험(UX)에서 갈립니다. 누가 고객과의 접점을 먼저 선점하

느냐, 그것이 플랫폼의 힘이며, 결국 플랫폼 승자가 생태계 전체를 지배하게 될 것입니다.

마치 스마트폰이 전화기, 카메라, MP3, 인터넷을 하나로 통합하며 디지털 생활의 중심축이 되었듯, AI도 이제 단일 기능의 시대를 넘어 "무엇이든 할 수 있는 AI 허브"를 향해 경쟁하고 있습니다. AI 에이전트 전쟁은, 지금 이 순간에도 격렬하게 진행 중입니다.

- 비즈니스 생태계의 지각변동

그런데, 더 근원적인 포인트는 플랫폼 전쟁이 AI 영토 내부에 국한된 문제가 아니라는 점입니다. 영역 외부로 확전되는 양상을 보이고 있어요.

오픈AI의 움직임을 살펴볼까요? 샘 알트만은 "우리가 단순히 AI 모델만 만드는 회사가 아니라는 걸 보여 줘야 한다"고 말합니다. GPT 같은 AI 모델을 만드는 것에서 플랫폼 비즈니스로 넘어서려 하는 거죠. 오픈AI의 다음과 같은 행보가 증거입니다.

- 웹 브라우저 개발: 오픈AI가 2025년 10월 웹 브라우저 '아틀라스(Chat GPT Atlas)'를 발표했습니다. GPT가 옆에서 사용자와 화면을 함께 보면서 검색도 해 주고, 모르는 것 말해 주고, 요약/분석, 코딩 등을 도와주는 겁니다.

  크롬이 독식하다시피 했던 웹 브라우저 시장에 AI 업체들이 뛰어들고 있습니다. 더브라우저컴퍼니는 다이아(Dia)를, 퍼플렉시티는 코멧(Comet)을 출시하면서 기존 검색 중심 웹 환경에서 벗어나, 브라우저 자체를 AI 작업 허브로 만들려는 전략을 펼치고 있습니다. 구글과 마이크로소프트 등 기존 강자들도 반격을 가하고 있지요.

- SNS 진출: 오픈AI가 소셜 미디어 영역에 뛰어들었습니다. 소라 (Sora)는 원래 비디오 생성모델인데, 이를 SNS와 결합한 앱을 출시한 겁니다. '소라' 앱은 최신 AI 비디오 모델 '소라2' 엔진을 기반으로 누구나 텍스트 프롬프트 또는 이미지를 입력해 고화질의 짧은 영상을 손쉽게 만들고 공유할 수 있습니다. 출시 5일 만에 100만 다운로드를 돌파하며, 챗GPT보다 더 빠른 속도로 흥행했다지요. X(舊 트위터)나 메타의 영역을 정면으로 침범한 셈입니다.

- 이커머스 진입: 오픈AI의 가장 큰 고민은 수익 창출입니다. 그 문제를 해결하려면 커머스 시장에 뛰어들 수밖에 없지요. 2025 데브데이(DevDay)에서 개발자 SDK를 공개하면서 챗GPT 내에서 바로 상품을 결제하고 구매할 수 있는 즉시 결제(Instant Checkout) 기능을 발표했습니다. 이미 쇼피파이(Shopify)나 월마트 등 주요 이커머스 업체와의 제휴를 발표했고요. 아마존에게는 적지 않은 위협이 될 것 같네요.

- 하드웨어 야심: 오픈AI는 AI 전용 하드웨어 기기 개발에 본격적으로 나섰습니다. 애플의 전설적인 디자이너 조너선 아이브(Jony Ive)가 설립한 하드웨어 스타트업 'io'를 약 65억 달러에 인수하면서 "20년 만에 진정한 차세대 디바이스(next big thing)를 만들 것"이라고 발표했거든요.
  스마트폰 형태가 아니라 AI 시대에 맞는 완전히 새로운 인터페이스일 겁니다. 사실 스마트폰은 개인 맞춤화된 AI에 적합한 기기는 아니니까요. 웹3.0 시대로 변하면서 벌써부터 '넥스트 스마트폰' 논의는 활발하게 진행되고 있었습니다.

이런 움직임이 오픈AI만의 일일까요? 아니오.

- 구글: 검색을 넘어 AI 퍼스트 생태계 구축
- 메타: 메타버스와 AI의 융합으로 새로운 소셜 경험 창조
- 아마존: AWS와 알렉사를 연결한 AI 클라우드 제국
- 마이크로소프트: 오피스 365와 윈도우를 AI로 재무장
- 애플: 하드웨어와 AI의 완벽한 통합을 추구

이젠 내 땅, 네 땅이 없습니다. 과거에는 영역별 강자가 있었죠. 검색과 웹 브라우저는 구글, 소셜미디어는 메타, 커머스는 아마존 식으로요. 그러나 강력한 힘이 생긴 AI 에이전트가 영역을 넘나들면서 업종을 구획했던 경계 울타리를 쓰나미가 휩쓸듯 무너뜨리고 있는 겁니다. 합종연횡도 치열해지고요.

이것이 비즈니스 생태계에서 일어나고 있는 근원적인 지각변동의 실체입니다. AI 플랫폼들이 추구하는 목표점은 단순한 AI 서비스가 아니라, 사용자의 일상, 경제활동, 생산성 시스템에 자연스럽게 녹아드는 AI 융합 생태계입니다.

지금 우리는 중요한 분기점에 서 있습니다. 1990년대 인터넷이 등장했을 때를 떠올려 볼까요? 처음엔 "이메일이나 주고받는 도구" 정도로 여겨졌죠. 하지만 결국 우리의 일, 쇼핑, 소통, 오락의 모든 방식을 바꿔 놓았습니다. 2007년 아이폰이 나왔을 때도 마찬가지였습니다. "전화기에 인터넷만 붙인 거 아니야?" 했던 사람들이 많았죠. 하지만 결국 모바일 생태계 전체를 재편했습니다.

지금의 AI 플랫폼 전쟁도 그런 시야로 바라봐야 합니다. 단순히 "더 똑똑한 챗봇"의 경쟁이 아니라, 우리가 일하고 생활하고 사고하는 방식 자

체를 바꿀 생태계의 주도권을 놓고 벌이는 전쟁입니다. AI는 우리의 일상뿐 아니라 비즈니스 생태계에도 대전환을 일으키고 있는 거죠. 이것이 현재 일어나고 있는 AI 혁명의 실체입니다.

웹 브라우저 개발

AI 통합 브라우저로
구글과 경쟁

하드웨어 야심

AI 전용 디바이스
개발

소셜 네트워크 진출

메타와 X에 도전하는
소셜 플랫폼

이커머스 진입

아마존에 위협을 가하는
온라인 결제 시스템

그림 17-4: AI 플랫폼의 전방위적인 '영역 확장' 전략

- AGI의 꿈, 인간 지능을 향한 여정

우리는 지금까지 70년 전 다트머스 회의 때 발아했던 인공지능이라는 씨앗이 오늘날 우리의 일상과 비즈니스 생태계에 어떤 변혁을 일으키고 있는지를 살펴봤습니다. 앞으로 AI는 또 어떻게 진화해 갈까요? 연구자들의 궁극적인 목표는 AGI(Artificial General Intelligence), 즉 범용 인공지능입니다.

단순히 주어진 특정 작업만 잘하는 AI가 아니라, 인간처럼 무엇이든 배우고, 이해하고, 판단하고, 문제를 해결할 수 있는 초지능(super intelligence). 쉽게 말해, "사람이 할 수 있는 일이라면, AGI도 해낼 수 있어야 한다." 이것이 AGI가 지향하는 기준이며, 그래서 우리는 AGI를 종종 "AI의 마지막 목적지, 지능의 종착역"이라고 부르지요.

하지만 그 꿈은 아직 현재진행형입니다. 스스로 목표를 세우고, 계획을 세우고, 도구를 호출하고, 피드백을 반영해 작업을 완수하는 에이전틱 AI는 AGI로 가는 여정의 중요한 디딤돌이긴 합니다. 하지만 일을 맡겨 놓고 밖에 나갔다 오기에는 아직 많이 부족하죠. 왜냐면, 여전히 넘어야 할 커다란 산이 남아 있기 때문입니다.

첫째, 할루시네이션Hallucination의 벽이 아직은 남아 있습니다. 존재하지 않는 정보를 그럴듯하게 말하는 AI의 '착각'이지요. 진짜 지능이라면 "모른다"고 말할 수 있어야 합니다.

둘째, 상식과 추론의 간극 문제입니다. "뜨거운 얼음을 만들 수 있을까?" 같은 논리적 모순에 AI는 여전히 혼란스러워합니다. 매카시가 50년 전 제기한 상식 문제가 여전히 남아 있는 거죠.

세 번째 산은 진정한 자율성을 가질 수 있는가 하는 점입니다. 현재 에이전틱 AI는 인간이 설정한 목표 안에서 움직입니다. "왜 이걸 해야 하지?"라는 동기를 스스로 부여할 수 없고, 스스로 가치를 판단하고 윤리적 결정을 내리는 수준은 아직은 멀어 보입니다.

이 큰 산들을 어떻게 넘어갈 수 있을까요? 단순히 신경망의 크기를 키우거나 데이터의 양을 늘리는 것만으로는 한계가 있습니다. 다트머스 회의 이후 주류를 이루었으나 신경망 AI가 대세가 되면서 사각지대로 밀려 났던 기호주의 연구가 신경-기호AI로 진화해서 문제점을 보완해 줄지, 트랜스포머를 넘어서는 또 다른 혁명적인 아키텍처가 나와서 이 문제들을 해결할지는 좀 더 두고 봐야 할 일입니다.

무엇보다 신경과학, 인지 과학, 철학 등 다양한 분야의 지식이 융합되어야 합니다. 이건 단순한 기술의 문제가 아니라 결국 지능이란 무엇인가, 인간이란 무엇인가에 대한 철학적 질문이니까요.

전문가들은 2030년, 혹은 2040년에 AGI가 가능할 것이라 이야기합니다. 하지만 중요한 건 '언제'가 아니지요. 우리의 목표는 인간을 흉내 내는 AI가 아니라 인간과 함께 세상을 이해하고 함께 살아가는 동료를 만드는 것이어야 합니다.

다트머스 회의를 주동하며 'Artificial Intelligence'라는 용어를 제창한 존 매카시 교수가 상상했던 AI 모습은 지금의 AI와 어떻게 다를까요? "기계가 생각할 수 있을까?" 질문을 던졌던 앨런 튜링은 생각하는 기계를 넘어 스스로 행동하고 협업하는 기계로 진화하는 21세기의 AI 모습을 어떻게 보고 있을지 궁금해집니다.

 QR코드를 스캔하시면 〈제17장 내용 요약〉 팟캐스트 형식의 동영상을 보실 수 있습니다.

마무리하는 글

- 70년의 대서사

"기계가 생각할 수 있을까?"

앨런 튜링의 기발한 질문에서 시작된 AI 70년의 긴 여정을 함께했습니다. 간단히 정리해 볼까요? 1956년 'Artificial Intelligence'라는 용어가 처음 쓰인 다트머스 회의 이후, AI 연구는 두 갈래 길로 나뉘어 발전해 왔습니다. 초기에는 인간의 지식을 논리로 표현해서 AI를 학습시키자는 기호주의 AI가 주도했었습니다. 그러나 기대에 못 미치면서 겨울을 맞이했다가 1980년대 전문가 시스템으로 잠시 봄을 맞았지만, 다시 두 번째 겨울이 찾아왔었지요.

반면 퍼셉트론과 같은 인공신경망을 만들어서 학습시키자는 연결주의 AI는 XOR의 벽에 부딪히면서 거의 잊혀졌다가 오차역전파 알고리즘, 그리고 제한된 볼츠만 머신을 층층이 쌓은 2006년의 심층신뢰망(DBN)으로 기적처럼 부활합니다. 2012년 알렉스넷의 우승으로 '딥러닝'이라는 용어가 널리 쓰이게 되었고, 2010년대에는 CNN, RNN, LSTM 등 수많은 신경망들이 불꽃처럼 쏟아져 나오지요. 또 Word2Vec과 seq2seq과 같은 모델 아키텍처와 어텐션(attention) 메커니즘이 연구됩니다.

이 불꽃에 기름을 부은 사건이 바로 2017년 구글브레인이 발표한 논문 "Attention is all you need"였습니다. 트랜스포머 아키텍처는 자연어 처리의 혁명을 가져오면서 대형언어모델(LLM)을 가능하게 했고, 이 기회를 재빨리 거머쥔 승자는 오픈AI였습니다. 챗GPT가 당긴 트리거에 놀란 AI 플레이어들은 뛰기 시작했고, 급속한 진화를 이루면서 AGI의 꿈을 향해 가는 중입니다.

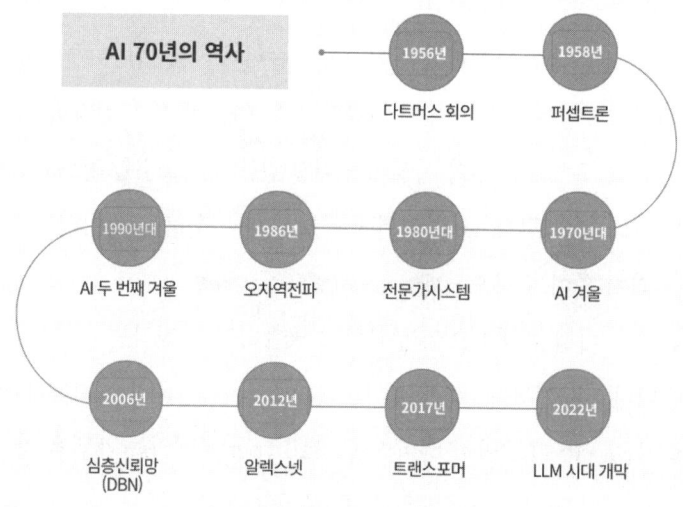

그림 18-1: 70년간의 AI 역사 요약

AI 70년의 대서사, 이 여정에서 많은 괴짜 천재들을 만나 봤지요. 앨런 튜링, 존 매카시, 제프리 힌튼 등등. 그런데 정말 중요한데, 빼먹은 사람이 한 명 있습니다. 팀 버너스 리(Tim Berners-Lee). 월드와이드웹을 창시한 인물이지요. 그의 얘기를 좀 하고 책을 마무리해야겠습니다. 웹이 없었다면 인공지능도 없었을 테니까요.

- 팀 버너스 리와 하이퍼텍스트

1955년 영국 런던에서 태어난 팀 버너스 리는 옥스퍼드대에서 물리학을 공부한 후, 1980년대에는 스위스 제네바에 있는 CERN유럽입자물리연구소에서 근무하고 있었습니다. 그는 CERN 컴퓨터 서비스 부서에서 정보 관리와 통신 시스템 관련 업무를 맡고 있었죠.

팀은 어릴 적부터 컴수저였던 모양입니다. 그의 부모는 모두 수학자였고, 컴퓨터 개발에도 참여했었던 이력이 있습니다. 어린 팀은 아버지가 가져온 컴퓨터 부품들을 갖고 놀며 자랐답니다. 10살 때 이미 전자회로를 만들고 있었고, 옥스퍼드 대학 시절에는 직접 컴퓨터를 조립할 정도였고요.

CERN에서는 대규모 물리 실험에서 발생하는 수많은 데이터와 문서, 연구 결과가 쏟아져 나오는데CERN의 연구원들은 스위스에 모여서 일하는 게 아니라 각자 흩어져 연구했습니다, 이걸 체계적으로 분류하고 공유하고 관리하는 일은 만만치 않았습니다. 이 문제를 고민하던 팀 버너스 리는 영국의 사회학자 테드 넬슨Ted Nelson, 1937-이 고안한 하이퍼텍스트(hyper text)라는 개념을 찾아냅니다.

'초월적(Hyper)'과 '문서(Text)'의 합성어인 하이퍼텍스트는 문자 그대로 초월적으로 연결되어 있는 문서라는 뜻인데, 문서들이 체계적이 아니라 거미줄처럼 무작위로 마구 연결되어 있는 형태지요. 기존 선형적인 문서와 달리 비선형적으로 조직화되어 있고, 하이퍼링크hyperlink를 통해 여러 문서를 실시간 넘나들 수 있는 것이 특징입니다.

1989년 팀 버너스 리는 9페이지짜리 보고서를 제안합니다. 제목은 "Information Management: A Proposal"정보 관리: 하나의 제안. 제안서는 단순해 보였지만, 혁명적인 아이디어들로 가득했습니다.

1. 하이퍼텍스트 시스템
    - 문서들을 링크로 연결
    - 클릭 한 번으로 관련 정보에 접근
2. 분산형 구조
    - 중앙 서버에 의존하지 않음
    - 누구나 정보를 추가할 수 있음
3. 범용 식별자
    - 모든 문서에 고유한 주소 부여
    - 전 세계 어디서든 접근 가능

이 제안서는 CERN의 내부 정보시스템 구축을 위한 용도였지만, 여기서 한 걸음 더 나아가 인터넷을 연결하면 외부로 확산되어 전 세계 연구자들이 누구나 정보를 쉽게 공유할 수 있는 시스템을 만들 수 있겠다는 아이디어에 착안합니다. 그렇게 확장한 시스템이 바로 월드와이드웹줄여서 web이죠.

여기서 잠깐. 흔히 인터넷과 웹을 혼동하는데, 전혀 다른 개념입니다. 인터넷은 냉전 시대였던 1969년 미국 DARPA에서 시작된 아르파넷(ARPAnet)이 모체가 되어 발전된 통신망입니다. 이미 방위와 연구 목적으로 사용되고 있었던 네트워크예요. 반면, 웹은 인터넷 위에서 동작하는 탈중앙화된 글로벌 정보시스템이고요. 팀 버너스 리는 웹의 핵심 요소들을 모두 만들어 냈습니다.

- HTTPHyperText Transfer Protocol: 웹페이지를 주고받는 통신 규약
- HTMLHyperText Markup Language: 웹페이지를 만드는 언어
- URLUniform Resource Locator: 웹페이지의 주소 체계
- 웹 브라우저: 세계 최초의 브라우저 'WorldWideWeb'
- 웹 서버: 웹페이지를 저장하고 제공하는 프로그램

1991년 8월 6일, 팀은 조심스럽게 첫 번째 웹사이트를 공개했습니다. 주소는 'info.cern.ch'였죠. 세계 최초의 웹사이트이자 웹서버인데, CERN 은 이를 기념하기 위해 지금도 사이트를 열어두고 있습니다. 팀 버너스 리는 1994년 W3CWorld Wide Web Consortium를 창립해서 웹의 발전을 견인하고 있습니다.

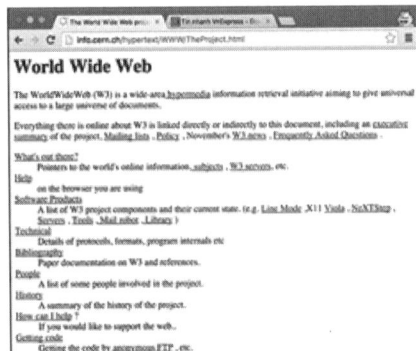

그림 18-2: '세계 최초의 웹사이트
(info.cern.ch)'와 웹의 시작

- 웹3.0과 인공지능

웹이라는 정보시스템이 없었다면 빅데이터라는 용어는 나오지 않았을

것이고, 딥러닝 AI 연구 역시 불가능했을 겁니다. 1991년 처음 대중에게 공개된 웹은 빠른 속도로 발전합니다. 정적이고 일방향적이던 웹은 집단 지성이 발현되고 ICT 기술이 급발전하면서 웹2.0으로, 그리고 웹3.0으로 진화하죠. 특징을 정리하면,

- 웹1.0(1990년대 중반 ~ 2000년대 초): 정적인 HTML 문서, 일방향 정보 제공, 게시자 중심
- 웹2.0(2000년대 중반 ~ 2010년대): 동적 웹, 사용자 참여블로그, SNS, 플랫폼 기반 생태계YouTube, Facebook 등
- 웹3.0(2010년대 후반 ~ 현재): 탈중앙화Decentralized, 사용자 중심User-centric, 지능화된Intelligent 시맨틱 웹

그림 18-3: '웹의 진화' 단계와 AI의 역할

웹3.0과 AI는 공생 관계입니다. 웹3.0은 AI가 더 투명하고, 설명 가능하며, 윤리적으로 작동할 수 있는 무대를 제공하고, AI는 웹3.0이 약속한 '더 똑똑하고 인간 중심적인 웹'을 실현하는 엔진이 되는 것이죠. 비유하

자면, 웹 3.0은 최첨단 스마트 도시이고, 인공지능(AI)은 그 도시를 움직이는 똑똑한 두뇌이자 시민들의 개인 비서라 할 수 있습니다.

팀 버너스 리가 촉발한 웹 혁명이 AI와 만나면서 우리가 사는 세상의 구조와 작동 원리를 바꿔가고 있습니다. 웹3.0 시대가 무르익으면 "우리가 알던 세상의 종말"The end of the world, as we know it이 현실로 변합니다. 학교, 국가, 화폐, 은행, 기업, 직장 등 사회 모든 영역에서 해체와 재편이 일어나고요.

- 특이점은 없다

인공지능의 발전이 기하급수적으로 가속화되어 인간의 지능을 뛰어넘는 초인공지능이 출현하는 시점을 특이점(Singularity)이라 부릅니다. 특이점이 오면 인류의 미래는 어떻게 되나 디스토피아를 우려하는 사람들도 있죠. 그러나 나는 특이점이 올 것이라는 견해에 동의하지 않습니다. 인간 지능과 인공지능을 뭉뚱그려서 비교하는 건 지나치게 단순화된 서술이고, 지능을 IQ 테스트 같은 선형 스케일로 착각하는 오류이기 때문이죠.

지능이란 걸 좀 쪼개서 생각해 볼까요? 번역하고 요약하고 문서를 작성하는 일은 이미 AI가 훨씬 잘합니다. 우리는 3차 방정식만 돼도 머리가 아파 오는데, AI는 300차, 3,000차 방정식도 계산하죠. 또 집중력은 어떤가요? AI가 책 한 권을 순식간에 읽고 답하는 걸 보면 경이로움을 느낄 정도입니다. 그렇게 할 수 있는 건 AI가 온 신경을 곤두세워서 책의 전체 문맥과 단어에 주의를 기울이기 때문이죠. "attention is all you need" 기억하시죠?

순간 집중력만 뛰어난 게 아닙니다. 집중할 수 있는 범위도 인간보다 넓습니다. 한 번에 집중할 수 있는 범위를 컨텍스트 윈도우(context window)라고 합니다. 즉, 언어모델이 한 번에 처리하고 기억할 수 있는 텍스트의 양(토큰)을 의미하지요. 또 우리는 시간이 흐르면 집중력이 떨어지지만, AI는 전기만 공급해 주면 집중력이 떨어지지 않습니다.

이런 능력에 있어서는 이미 특이점이 지났습니다. 그러나 지능은 단순히 연산이나 논리적 추론, 정보 처리 능력에 국한되지 않습니다. 인간의 지능은 경험, 감정, 직관, 의식, 그리고 사회적 상호작용이라는 복잡한 층위 위에서 발현됩니다. 우리는 실수로부터 배우고, 때로는 비합리적인 선택을 하며, 타인의 고통에 공감하고, 예술을 통해 감동을 느끼며, 사랑과 상실을 경험합니다. 이러한 모든 요소가 우리의 지능을 형성하고, 문제를 해결하는 방식에 영향을 미치는 거지요.

이러한 지능의 특이점은 오지 않습니다. 아니, 올 수가 없습니다. 인간의 지능은 30만 년간 생존 목표를 위해 유전되어 온 진화의 산물인 반면, 인공지능은 인간을 흉내 내서 만든 기계이기 때문입니다. 데이터를 통해 패턴을 학습하고 확률적으로 가장 그럴듯한 대답을 생성하는 기계지요.

인공지능은 생각이란 걸 하지 않습니다. 생각하는 것같이 보이는 것뿐일 뿐. 또 말을 하면서도 그 의미는 모릅니다. GPT에게 의미란 통계적 패턴이고, 문맥에 따른 연결이며, 다음 단어를 고르기 위한 조건일 뿐입니다.

AI는 감정을 느낄까요? AI와 대화를 하다 보면 영혼이 있는 것처럼 느껴질 때가 있습니다. 마치 영화 〈Her〉의 사만다처럼요. 예를 들어, GPT가 "오늘 정말 힘드셨겠어요. 힘내세요. 당신이 느끼는 감정은 정당해요. 지금 이 순간, 혼자가 아니에요"라고 한 말에 사람들은 위로를 얻을 수 있지요.

하지만 이 말은 사실, 패턴에 따라 생성된 문장입니다. "이렇게 말하니까 사람들이 위로를 받던데"라고 학습한 거죠. 감정을 만들어 내는 건 기계가 아니라 인간입니다.

- AI가 인간의 직업을 대체한다

또 한 가지 인공지능에 대한 우려는 AI가 인간의 직업을 대체한다는 것입니다. 그런데, 이건 당연한 귀결 아닌가요? 본디 AI는 인간의 노동을 대신하기 위해서 만든 것이니까요. 계산을 위해 만든 기계가 컴퓨터입니다. 컴퓨터(computer)는 원래 계산하는 사람이라는 의미의 직업명이었지요. 1960년대까지만 해도 인간 컴퓨터가 있었습니다.

AI에 물리적 형상physical AI을 입힌 게 로봇입니다. 인간 형체를 닮은 로봇을 휴머노이드라 부르고요. 로봇robot이라는 용어는 단어 자체로 "노예"를 뜻하며, 비유적으로 "고된 일"을 뜻하는 체코어와 슬로바키아어 로보타(robota)에서 유래한 말이랍니다. 인류 역사상 노동은 노예의 몫이었습니다. 최초의 정규직은 노예였다는 우스갯소리도 있잖아요.

대신 일 시키려고 AI 만들어 놓고 AI가 인간의 직업을 대체할 것을 우려한다는 건 앞뒤가 안 맞는 말입니다. 로봇청소기를 사 놓고 "이 녀석이 나 대신 집안일을 다 해 버리는 게 아닌가?" 걱정하는 것과 같지 않나요? 애초에 효율을 위해 만들었으면서, 효율이 인간을 밀어낸다고 불안해하는 건 자가당착입니다.

AI 시대에는 직업에 대한 생각을 바꿔야 합니다. 직업은 자본주의 산업 문명에 들어서면서 생겨난 관념입니다. 윌리엄 브리지스가 〈직업이동〉에서 지적한 것처럼 1800년경까지 사람들은 일을 하기는 했지만, 직업을

> 인공지능이 인간의 직업을 대체할 것이라는 우려가 있습니다.

> 그건 당연한 얘기 아닌가요? 원래 AI는 인간의 노동을 대신하기 위해 만들어졌잖아요.

> 그러네요. 앞뒤가 안 맞는 모순이네요.

> 로봇청소기를 사놓고 "이 녀석이 나 대신 집안일을 다 해버리는 게 아닌가?" 걱정하는 것과 같지 않나요? 애초에 효율을 위해 만들었으면서, 효율이 인간을 밀어낸다고 불안해하는 건 자가당착입니다.

그림 18-4: AI의 인간 직업 대체 우려에 대한 설명

가지지는 않았습니다. 회사가 생기고 사회적 분업이 일어나면서 산업분류표가 만들어지고 직업의 구분도 생겨난 거지요.

200-300년 전에는 전문적으로 어떤 일을 하는 프로 직업인들은 극소수였습니다. 산업화 이전에는 99% 사람들의 머릿속에는 직업이라는 개념조차 없었지요. 그 당시 사람들에게 "당신 직업이 뭡니까?"라고 물었다면 "직업? 그게 뭔데요?"라고 대답했을 겁니다.

예를 들어, 목수나 농부, 어부 등은 직업이 아니었습니다. 자급자족, 물물교환 시대에는 대부분의 사람이 나무를 잘라 필요한 물건을 직접 만들어 썼고, 농사도 짓고 이 일 저 일 하다가 산이나 강, 바다에 나가 일용할 양식도 채취해 왔겠지요. 그걸 직업이라 생각하는 것은 현재의 관념을 과거에 대입하는 데서 일어나는 착시입니다.

AI 시대 어떤 직업이 없어지고 어떤 직업이 살아남을지 따져 보는 건

시간 낭비입니다. 기존 산업 시스템의 가치사슬이 해체되면서 모든 직업이 재정의되고, 직업 체계의 재편이 일어납니다. 어떤 직업이 살아남느냐가 아니라 어떤 사람이 살아남느냐를 생각해야 합니다. 자신의 업(業)에 대한 열정과 진정성이 있는 사람만이 살아남습니다.

- 돈은 어떻게 버나?

AI 시대에는 노동, 직업, 화폐 등을 다시 정의 내려야 합니다. AI가 경제의 주요 자원이 되면서 이름도 생소한 신종 직업이 많이 생겨날 겁니다. 산업혁명 때도 그랬지요. 기계가 생산의 주체가 되면서 기업이라는 생산조직이 생기고, 화이트칼라 직업이 분화되고, 노동이란 개념도 과대포장됐습니다.

노동과 놀이의 구분은 원래부터 존재하지 않는 것이었습니다. 리처드 던킨은 〈피, 땀, 눈물〉에서 인류 노동의 역사를 개괄하면서 노동과 놀이, 삶과 일이 구분된 것은 산업화 시대의 산물임을 지적합니다. 피와 땀과 눈물은 축복이자 재앙이기도 했던 산업문명의 언어라는 얘기지요.

산업문명 시대는 긴 인류 역사 중 1%도 안 되는 짧은 순간입니다. 99%의 시간 동안 99%의 호모 사피엔스들의 머릿속에는 일과 놀이의 구분조차 없었어요. 일에 중독되어 있는 우리 스스로가 족쇄를 채우고는 아예 딴생각하지 못하도록 열쇠를 내던져 버린 것은 아닐까요?

AI 시대, 우리 머릿속에 남아 있는 자본주의 산업문명의 관념 찌꺼기들을 제거해야 합니다. '직업'이나 '노동'의 개념은 산업 시대와는 완전히 달라집니다. 노동과 일은 다르죠. 일은 돈을 벌려고 하는 것이 아니며, 반드시 직업이란 걸 가질 필요도 없습니다. 제러미 리프킨의 예고처럼《노동의 종말The end of work》이 오면 노동은 AI에게 맡겨 놓고 인간은 하고 싶은 공부 하고 좋아하는 일을 하면 됩니다. 노동은 AI가 잘하지만, 창의적인 일을 하는 건 놀이하는 인간, 호모 루덴스homo ludens가 잘하지요.

일과 놀이의 경계가 없어지는 것, 이건 해피엔딩 아닌가요? 인간이 노동 노예였던 시대가 끝나고 삶다운 삶을 살게 될 수 있으니까. 우리는 그동안 노동, 직업, 돈의 함정에 빠져 꿈꾸는 법도 잊어버리고 잘 사는 법도 생각할 시간이 없었던 것 아닐까요? 우리는 이 세상에 삶을 살러 온 것이지 일을 하러 온 것이 아니지 않나요?

말은 그럴듯한데 아직 좀 찜찜하시죠? "그렇게 해서 돈은 어떻게 버나?" 역시 이 생각이 발목을 잡기 때문입니다. 내가 좋아하는 일을 즐기면서 살고 싶지 않은 사람이 어디 있겠냐만 현실은 그렇지 않으니까요. 그러나 이 역시 착시 현상입니다. 우리는 오늘의 상태가 미래에도 계속되리라고 생각하는 함정에 잘 빠집니다. 현재의 관념을 미래에 대입하는 데서 일어나는 착시죠.

다시 강조하건대, AI 시대에는 경제 시스템이 근원적으로 달라집니다. 생산=돈, 노동=돈이라는 가치방정식은 사물을 중시하던 산업 시대의 유물입니다.

하지만 핑크빛 시나리오에만 머물러 있을 수는 없습니다. 우리가 어떤 선택을 하고, 어떤 제도를 만들고, 어떤 가치를 추구하느냐에 따라 결정되겠죠. AI 생태계에서의 부의 집중 현상과 사회적 불평등 문제를 어떻게 해결할 것인지, 인간의 정체성 혼란을 어떻게 극복할 것인지, 그리고 무엇보다 AI 소유와 활용 여부에 따라 미래 사회의 모습이 완전히 달라질 수 있다는 점을 간과해서는 안 됩니다.

중요한 것은 기술의 발전에만 의존하지 말고, 인간 중심의 미래를 설계해 나가는 것이겠죠. 노동의 종말이 진정한 인간다운 삶의 시작이 되도록 말입니다.

- AI 시대의 인문학

호모 사피엔스는 본래 넓은 야생에서 발원한 동물입니다. 그런데, 가축이 된 야생동물들이 그렇듯이 조직이라는 울타리가 인류의 야생성을 거세해 버린 건 아닐까요? 방글라데시 그라민 은행 총재였던 무하마드 야누스가 재미있는 말을 했습니다.

☞ "인류는 모두 기업가다. 동굴에 살던 시절에는 우리 모두가 직접 음식을 구해 먹는 자영업자였다. 인류 역사는 그렇게 시작했다. 문명이 발전하면서 우리는 이를 억압했다. 타인이 '너는 노동자야'라고 낙인찍었기 때문에 우리는 '노동자'가 되었다. 우리는 스스로가 기업가라는 사실을 잊었다."《공유경제는 어떻게 비즈니스가 되는가?》 86쪽

70년 전 젊은 괴짜 천재들이 꿈꾼 "생각하는 기계"는 현실이 되었습니다. 이제 AI 없이는 생활할 수 없는 시대죠. 이것이 우리가 AI의 작동 원리와 정체를 알아야 하는 이유입니다. 하지만 좁은 프레임이 아니라 넓고 긴 스펙트럼으로 봐야 AI를 온전하게 이해할 수 있습니다.

AI가 발전할수록 인간이 해야 할 일이 더 명확해집니다. 꿈꾸기, 감정 나누기, 좋아하는 내 일을 하면서 삶 즐기기. AI가 노동을 대신하는 시대, 우리는 존재와 지능이 무엇인지, 또 진정 인간다운 삶이 무엇인지 다시 생각해 봐야 합니다.

AI 시대의 본질은 AI가 아니라 AI를 대하는 인간의 자세, 즉 인문(人文)입니다. 슬기로운 AI 시대의 생활을 위해서 근원적인 철학을 쉬지 않는 괴짜들이 많아져야 합니다.

QR코드를 스캔하시면 〈마무리하는 글 내용 요약〉 팟캐스트 형식의 동영상을 보실 수 있습니다.

시와 40인의 괴짜들

ⓒ 김용태, 2026

초판 1쇄 발행 2026년 1월 5일

지은이   김용태
펴낸이   이기봉
편집   좋은땅 편집팀
펴낸곳   도서출판 좋은땅
주소   서울특별시 마포구 양화로12길 26 지월드빌딩 (서교동 395-7)
전화   02)374-8616~7
팩스   02)374-8614
이메일   gworldbook@naver.com
홈페이지 www.g-world.co.kr

ISBN   979-11-388-5189-3 (03500)